W9-AFD-523

Lecture Notes in Mathematics

Edited by A. Dold and B. Eckmann

683

Variétés Analytiques Compactes

Colloque, Nice, 19–23 Septembre 1977

Edité par Y. Hervier et A. Hirschowitz

Springer-Verlag
Berlin Heidelberg New York 1978

Editeurs
Y. Hervier
A. Hirschowitz
Institut de Mathématiques
et Sciences Physiques
Université de Nice
Parc Valrose
F-06034 Nice Cedex

AMS Subject Classifications (1970): 32G05, 32G99, 32L99, 14H99

ISBN 3-540-08949-7 Springer-Verlag Berlin Heidelberg New York
ISBN 0-387-08949-7 Springer-Verlag New York Heidelberg Berlin

Printing and binding: Beltz Offsetdruck, Hemsbach/Bergstr.
2141/3140-543210

AVANT - PROPOS

Le Colloque sur les Variétés Analytiques Compactes dont le présent volume rend compte, s'est tenu à Nice du 19 au 23 Septembre 1977 grâce à la clairvoyance

. du Comité Lépine qui répartit la subvention scientifique du Conseil Municipal de Nice,

. du Conseil Général des Alpes-Maritimes,

. de la Société Mathématique de France

. de la Commission des Finances de l'Université de Nice .

Leur contribution financière a assuré le succès matériel de l'entreprise et les organisateurs les remercient au nom des soixante-dix participants.

La plupart des textes reproduits dans ce volume sont des développements des exposés faits au Colloque par les auteurs; les exceptions sont les suivantes :

. l'article de W. BARTH-G. ELENCWAJG (p.1) résulte d'une collaboration entreprise à l'occasion du Colloque.

. la note de E. REES (p.25) détaille une remarque faite par son auteur à l'issue des exposés de H. GRAUERT et M. SCHNEIDER concernant les fibrés instables sur $\mathbb{P}_n(\mathbb{C})$

. enfin V. PALAMODOV, invité trop tardivement, n'ayant pu participer au Colloque, a fait parvenir une communication écrite (p.74).

TABLE DES MATIERES

****

CONCERNANT LA COHOMOLOGIE DES FIBRES ALGEBRIQUES STABLES SUR $\mathbb{P}_n(\mathbb{C})$

W. BARTH et G. ELENCWAJG.

Les fibrés $\mathcal{F}$ sur $\mathbb{P}_n$ admettant des modules sont les fibrés stables. Dans le cas du rang 2 cela signifie End$(\mathcal{F}) = \mathbb{C}$. On sait que la stabilité de ces fibrés se conserve par restrictions à des hyperplans génériques (si $n \geq 3$ et si le fibré $\mathcal{F}$ n'est pas le fibré de "corrélation nulle" sur $\mathbb{P}_3$. Voir les détails dans [3]). Ici nous étudions un fibré $\mathcal{F}$ stable sur $\mathbb{P}_n$ par une méthode géométrique simple : on éclate une droite L de $\mathbb{P}_n$ et on fibre l'éclaté en plans projectifs sur $\mathbb{P}_{n-2}$ (espace des plans par L). Dans la suite on suppose $c_1\mathcal{F}$ pair.

Si L est générale, la restriction de $\mathcal{F}$ à tous ces plans est semi-stable et stable pour au moins un de ces plans (si $\mathcal{F}$ n'est pas le fibré de "corrélation nulle"). On peut donc appliquer les résultats de [4]. L'énoncé suivant est essentiel pour interpréter la stabilité de $\mathcal{F}$ en termes d'algèbre linéaire :

Deux opérateurs linéaires d'un $\mathbb{C}$-espace vectoriel de dimension finie dont le commutateur est de rang un ont un vecteur propre commun.

Par incapacité de trouver cet énoncé dans la littérature, nous le démontrons en appendice du § 1.

Nous supposons $c_1(\mathcal{F}) = 0$ et définissons une sorte de filtration sur $H^1(\mathcal{F}(-1))$ par les espaces $H^1(\mathcal{F}(-i))$ (pour un énoncé précis, voir (2.2.1)).

L'énoncé évoqué plus haut permet de prouver que cette filtration est "bonne" (Proposition (2.5)).

Nous espérons que cette filtration puisse être utile à la classification des fibrés. Cependant nous n'en donnons que les applications suivantes :

1) - Un théorème d'annulation de cohomologie ("Vanishing Theorem") démontré en (3.6) : Soit $\mathcal{F}$ un fibré algèbrique stable de rang 2 sur $\mathbb{P}_n$ $(n \geq 3)$, vérifiant $c_1\mathcal{F} = 0$. Alors, si on pose $d = c_2(\mathcal{F})$,

$$H^1(\mathbb{P}_n, \mathcal{F}(-i)) = 0 \qquad \text{si} \quad i > \left[\frac{d+1}{2}\right]$$

$$H^{n-1}(\mathbb{P}_n, \mathcal{F}(i)) = 0 \qquad \text{si} \quad i > \left[\frac{d+1}{2}\right] - n - 1$$

2) - Soit $\mathcal{F}$ stable de rang 2 sur $\mathbb{P}_3$ avec $c_1(\mathcal{F}) = 0$

. Si $c_2(\mathcal{F}) = 1$ ou 2 alors $h^1(\mathcal{F}(-2)) = 0$

. Si $c_2(\mathcal{F}) = 3$ ou 4 et $a(\mathcal{F}) = 0$ (invariant d'Atiyah-Rees) alors $h^1(\mathcal{F}(-2)) = 0$ (une des propriétés des fibrés associés aux instantons : cf. l'article de M.F. Atiyah et R.S. Ward aux Commun. Math. Phys. 55, 117-124, 1977)*. Pour ce résultat, voir (3.6.1.).

3) - Il n'existe pas de fibré algébrique de rang 2 sur $\mathbb{P}_4$ ayant comme classes de Chern $c_1 = 0$, $c_2 = 3$. C'est ce que nous démontrons au § 4.

CONVENTIONS ET NOTATIONS :

. La notation $a := b$ ou $b =: a$ signifie que a est défini par l'égalité $a=b$.

. Le mot fibré signifie fibré vectoriel algébrique (ou faisceau algébrique localement libre).

. Toutes les variétés sont définies sur $\mathbb{C}$.

. On pose $h^i(X,\mathcal{F}) := \dim_{\mathbb{C}} H^i(X,\mathcal{F})$ si $\mathcal{F}$ est un faisceau cohérent sur la variété X.

* cf. aussi l'article de M.F. Atiyah, V.G. Drinfeld, N.J. Hitchin et Yu.I.Manin "Construction of instantons" à paraître.

§ 1 UNE PROPRIETE DES 2-FIBRES STABLES SUR $\mathbb{P}_2$

Ce §, essentiellement technique, est une généralisation de la propriété ($\alpha 2$) de [4], que nous utiliserons aux §§2 et 3. Nous aurons besoin d'un résultat d'algèbre linéaire, que nous démontrons dans un Appendice.

Soit donc $\mathcal{F}$ un fibré algébrique STABLE de rang 2 sur $\mathbb{P}_2 = \mathbb{P}_2(V)$ (V espace vectoriel sur $\mathbb{C}$ de dimension 3) et vérifiant $c_1(\mathcal{F}) = 0$. Cette dernière condition implique l'existence d'une section globale sans zéro (unique à une constante près) du faisceau $\Lambda^2\mathcal{F}^*$ et fournit ainsi un isomorphisme

(1.1) $\qquad \sigma : \mathcal{F} \longrightarrow \mathcal{F}^*$

vérifiant $\ {}^t\sigma = -\sigma$.

Posons $\qquad V^* = \Gamma(\mathbb{P}_2, \mathcal{O}_{\mathbb{P}_2}(1))$

$\qquad H = H^1(\mathbb{P}_2, \mathcal{F}(-2))$

$\qquad H^* = H^1(\mathbb{P}_2, \mathcal{F}(-1))$

V^* s'identifie canoniquement au dual de V (espace dont $\mathbb{P}_2$ est le projectif) et H^* au dual de H (par dualité de Serre). Soit α la multiplication (cup-produit)

$$\alpha : V^* \otimes H \longrightarrow H^*$$

et pour une base (z_o, z_1, z_2) de V^* posons

$$\alpha_i = \alpha(z_i \otimes .) : H \longrightarrow H^*$$

D'après le théorème de Riemann-Roch et le fait que $h^o(\mathcal{F}(-2)) = h^2(\mathcal{F}(-2)) = 0$ par stabilité de $\mathcal{F}$ (et dualité de Serre) on a, si l'on pose $d := c_2(\mathcal{F})$,

(1.2) $\quad \dim H = \dim H^* = c_2(\mathcal{F}) = d.$

Rappelons les propriétés suivantes, démontrées dans [4]

(α0) Pour $z \in V^*$ l'application $\alpha(z) = \alpha(z \otimes .) : H \longrightarrow H^*$ est autoadjointe (i.e. ${}^t\alpha(z) = \alpha(z)$).

(α1) Pour $z \in V^*$ générale (i.e. élément d'un ouvert de Zariski non vide de V^*), $\alpha(z\otimes.) : H \longrightarrow H^*$ est bijective.

(α2) Pour $0 \neq \varphi \in H$, les vecteurs $\alpha_o \varphi, \alpha_1 \varphi, \alpha_2 \varphi \in H^*$ engendrent un sous-espace de dimension ≥ 2.

(α3) Si α_o est bijective, alors l'application

$$[\alpha_1, \alpha_2] := \alpha_1 \alpha_o^{-1} \alpha_2 - \alpha_2 \alpha_o^{-1} \alpha_1 : H \longrightarrow H^* \text{ est de rang 2.}$$

<u>(1.3) REMARQUES</u> : (i) Le commutateur de $\alpha_o^{-1}\alpha_1$ et $\alpha_o^{-1} \alpha_2$ est $\alpha_o^{-1}[\alpha_1, \alpha_2]$ ce qui explique la notation dans (α3), si on considère que α_o identifie H à H^*.

(ii) α est un réseau stable au sens de Mumford-Wall (cf. Wall [12, Thm. 0.1]) : c'est ce que montre la généralisation suivante de (α2) :

<u>(1.4) PROPOSITION</u> : <u>Soit</u> $0 \subsetneq K \subsetneq H$ <u>un sous-espace strict de H ; on a alors</u>

(α 2*) $\quad \underline{\dim}\ \alpha(V^* \otimes K) > \underline{\dim}\ K$

Avant de commencer la démonstration, énonçons un lemme d'algèbre linéaire dont nous donnons une démonstration en Appendice et qui sera cité (ALG. LIN.)

<u>(1.4.1.) LEMME (ALG. LIN.)</u> : <u>Soit</u> $\mathfrak{U}$ <u>un $\mathbb{C}$-espace vectoriel de dimension finie et A,B deux endomorphismes de $\mathfrak{U}$. Si leur commutateur vérifie rang</u> $[A,B] \leq 1$, <u>alors A et B ont un vecteur propre en commun</u>.

<u>Démonstration de (1.4)</u> :

Posons $L := \alpha(V^* \otimes K)$; d'après (α1) on voit que $\dim L \geq \dim K$. On va supposer $\dim L = \dim K$ et arriver à une contradiction. Choisissons une base (z_o, z_1, z_2) de V^* telle que $\alpha_o : H \longrightarrow H^*$ soit bijective. Alors $\alpha_o|K : K \longrightarrow L$ est bijective et on a $[\alpha_1, \alpha_2](K) \subset L$; comme d'après (α3) le rang de $[\alpha_1, \alpha_2]$ est 2 on distingue deux cas. <u>Premier cas : rang</u> $([\alpha_1, \alpha_2] \,|K) \leq 1$.

Alors $\alpha_o^{-1} \alpha_1$ et $\alpha_o^{-1}\alpha_2$ sont deux endomorphismes de K dont le commutateur a un rang ≤ 1 : d'après (ALG. LIN), ils ont un vecteur propre $\varphi \in H$ commun.

Par suite les vecteurs $\alpha_0\varphi, \alpha_1\varphi, \alpha_2\varphi$ sont colinéaires ce qui contredit ($\alpha 2$).

Deuxième cas : rang $([\alpha_1,\alpha_2] | K) = 2$

Notons $D: = K \cap L^{\perp}$; alors $E: = \alpha_0(D) = K^{\perp} \cap L$ (*)

En effet $\alpha_0(D) \subset \alpha_0(K) = \alpha(V^* \otimes K) = L$ et si $\psi \in K \cap L^{\perp}$ on a, pour tout $\varphi \in K$,

$< \varphi, \alpha_0(\psi) > = <\psi, \alpha_0(\varphi)>$ (d'après ($\alpha 0$)) = 0 (car $\alpha_0(\varphi) \in L$ et $\psi \in L^{\perp}$).

Par suite $\alpha_0(D) \subset K^{\perp} \cap L$ et l'inclusion $\supset$ est duale. On démontre de même que $\alpha_i(D) \subset E$ (**). Remarquons que, d'après l'hypothèse rang $([\alpha_1,\alpha_2] | K) = 2$ et ($\alpha 3$), l'on a $[\alpha_1,\alpha_2]$ (K) = $[\alpha_1,\alpha_2]$ (H) (***)

Distinguons deux sous-cas.

Premier sous-cas : $D \neq 0$.

Si rang $([\alpha_1,\alpha_2] | D) \leq 1$, on obtient grâce à (ALG.LIN.) un vecteur propre $\varphi \in D$ commun à $\alpha_0^{-1}\alpha_1|D$ et $\alpha_0^{-1}\alpha_2|D$ ce qui contredit encore une fois ($\alpha 2$).

Supposons donc rang $[\alpha_1,\alpha_2]|_D = 2$ (on ne peut pas avoir > 2, d'après ($\alpha 3$)).

Comme rang $[\alpha_1,\alpha_2] = 2$ (toujours par ($\alpha 3$)), on a $[\alpha_1,\alpha_2]$ (D) = $[\alpha_1,\alpha_2]$ (H) (****)

et, pour i = 0, 1 ou 2, $\alpha_i(D) \subset E \subset K^{\perp} \subset D^{\perp}$

(la première inclusion découle de (*), la seconde de (**) et la dernière de $D: = K \cap L^{\perp} \subset K$).

Par suite, en utilisant (****), il vient

$$[\alpha_1,\alpha_2] (D) = [\alpha_1,\alpha_2] (H) \subset D^{\perp}$$

et donc, grâce à l'égalité ${}^t\alpha_0^{-1} = \alpha_0^{-1} : H^* \longrightarrow H$,

$$\forall \varphi \in H, \forall \psi \in D \quad <\varphi, [\alpha_1,\alpha_2]\psi> = - <\psi, [\alpha_1,\alpha_2]\varphi> = 0$$

ce qui implique $[\alpha_1,\alpha_2] | D = 0$ et contredit l'hypothèse rang $([\alpha_1,\alpha_2] | D) = 2$.

Deuxième sous-cas : $D = 0$.

On a des morphismes $\alpha_i : L^{\perp} \longrightarrow K^{\perp}$ (i = 0, 1 ou 2) et $\alpha_0(L^{\perp}) = K^{\perp}$.

L'hypothèse $D = K \cap L^{\perp} = 0$ implique $\alpha_o K \cap \alpha_o L^{\perp} = L \cap K^{\perp} = 0$.

Par suite, $[\alpha_1, \alpha_2] L^{\perp} \subset K^{\perp}$ et

$[\alpha_1, \alpha_2] L^{\perp} \subset [\alpha_1, \alpha_2] H = [\alpha_1, \alpha_2] K \subset L$ (l'égalité provient de (***)).

On conclut que $[\alpha_1, \alpha_2] L^{\perp} \subset K^{\perp} \cap L = 0$ et en conséquence $\alpha_o^{-1}\alpha_1$ et $\alpha_o^{-1}\alpha_2$ ont un vecteur propre commun dans $L^{\perp}$ (d'après (ALG. LIN.)) ce qui contredit encore (α3). c.q.f.d.

(1.5) APPENDICE

Nous démontrons ici le lemme (1.4.1.)

(ALG. LIN.) : Soit $\mathcal{U}$ un $\mathbb{C}$-espace vectoriel de dimension finie et A, B deux endomorphismes de $\mathcal{U}$. Si leur commutateur vérifie rang $[A,B] \leq 1$, alors A et B ont un vecteur propre commun.

DEMONSTRATION : Si $[A,B] = 0$ l'assertion est classique et facile.

Supposons donc rang $[A,B] = 1$ et soit $W := \ker [A,B] \subset \mathcal{U}$.

Considérons les deux assertions définies pour $n \in \mathbb{N}$:

(n) $[A,B] \, P \, [A,B] = 0$ pour tout polynôme $P = P(A,B)$ de degré $\leq n$.

(n') $\mathrm{tr}\,(P.[A,B]) = 0$ pour tout polynôme $P = P(A,B)$ de degré $\leq n$.

(n') implique (n) : Comme $P\,[A,B]$ est de rang ≤ 1, on a

$P\,[A,B] = \varepsilon \otimes x \in \mathcal{U}^* \otimes \mathcal{U} = \mathrm{End}\, U$ et $(P.[A,B])^2 = \varepsilon(x)\,(\varepsilon \otimes x)$

Comme par hypothèse $\mathrm{tr}(P\,[A,B]) = 0 = \varepsilon\,(x)$, on a $(P.[A,B])^2 = 0$

Donc, ou bien $P.[A,B] = 0$, ou bien rang $(P.[A,B]) = 1$ et, dans ce dernier cas, $\ker(P.[A,B]) = \ker [A,B]$. De toutes façons (n) est vérifié.

(n) implique (n+2)' : Comme $\mathrm{tr}\,(P.[A,B])$ est linéaire en P, on peut supposer que P est un monôme $P = A^{a_1} B^{b_1} \ldots$ ou $P = B^{b_1} A^{a_1} \ldots$

Définissons alors

$a(P) := \Sigma\, a_i \quad b(P) := \Sigma\, b_i$

$\#_{AB} P$: = nombre de fois où le couple A.B se rencontre dans P, augmenté de 1 si P(A,B) est de la forme B....A

$\#_{BA} P$: = nombre de fois où le couple B.A se rencontre dans P, augmenté de 1 si P(A,B) est de la forme A...B

$c(P)$: = nombre de permutations circulaires des facteurs de P qui laissent P inchangé.

Par l'hypothèse (n), pour tous monômes R, R^1 de degré $\leq n+2$

$R[A,B] = R^1[A,B]$ si $a(R) = a(R^1)$, $b(R) = b(R^1)$

Par suite

$$\mathrm{tr}\,(R([A,B]) = \text{const.} \sum_{\substack{a(Q) = a(R)\\ b(Q) = b(R)}} \mathrm{tr}(Q.[A,B])$$

$$= \frac{\text{const.}}{n+2} \sum_{\substack{a(S) = a(R)+1\\ b(S) = b(R)+1}} \left\{ \frac{\#_{AB} S}{c(S)}\,\mathrm{tr}\, S - \frac{\#_{BA} S}{c(S)}\,\mathrm{tr}\, S\right\} = 0,$$

car $\#_{AB} S = \#_{BA} S$. Ceci démontre que (n) implique (n+2)'.

Comme (0)' et (1)' sont trivialement vérifiées (du fait que la trace d'un commutateur est nulle, et que $A[A,B] = [A,AB]$, $B[A,B] = [BA,B]$) on obtient par induction que $[A,B]\, P\, [A,B] = 0$ pour tout $P = P(A,B)$, i.e. $\mathrm{im}\,(P[A,B]) \subset W$.

Le sous-espace $W' := \sum_P \mathrm{im}(P[A,B]) \subset W$ est invariant sous A et B et non nul (puisque rang $[A,B] = 1$).

Comme $A|W'$ et $B|W'$ commutent ils ont un vecteur propre commun et par suite A et B ont un vecteur propre commun dans W'. c.q.f.d.

§ 2. QUELQUES FAISCEAUX IMAGES DIRECTES.

(2.1) Un peu de géométrie.

Soit $\mathcal{F}$ un fibré vectoriel algébrique de rang 2 sur $\mathbb{P}_n$ ($n \geq 3$) vérifiant $c_1(\mathcal{F}) = 0$ et $c_2(\mathcal{F}) = d$; on suppose $\mathcal{F}$ semi-stable (i.e. $\Gamma(\mathbb{P}_n, \mathcal{F}(-1)) = 0$), ce qui implique ([3])

(2.1.1) $d \geq 0$

et, pour toute droite L non paramétrée par une certaine hypersurface de la grassmanienne $Gr(1,n)$ des droites de $\mathbb{P}_n$

(2.1.2) $\mathcal{F}|L \simeq 2\mathcal{O}_L$.

Fixons une telle droite L. Nous allons étudier $\mathcal{F}$ en le restreignant aux plans passant par L.

Soit $p : \widetilde{P} \to \mathbb{P}_n$ l'éclaté de $\mathbb{P}_n$ le long de L et

$q : \widetilde{P} \to \mathbb{P}_{n-2}$ la projection, les fibrés $q^{-1}(e)$ étant les transformées strictes sous p des plans E de $\mathbb{P}_n$ passant par L.

(2.1.3) Interprétation géométrique : On peut réaliser la situation précédente en prenant pour $\mathbb{P}_{n-2}$ un sous-espace de codimension 2 dans $\mathbb{P}_n$, disjoint de L. Alors $\widetilde{P} \subset \mathbb{P}_n \times \mathbb{P}_{n-2}$ est défini par $\widetilde{P} = \{(x,e) \in \mathbb{P}_n \times \mathbb{P}_{n-2} \mid x \in \text{plan } (e,L)\}$,

les applications p et q sont les restrictions des projections

$$\Pi = \mathbb{P}_n \times \mathbb{P}_{n-2} \quad \begin{matrix} \overset{\pi}{\nearrow} \; \mathbb{P}_n \\ \underset{\rho}{\searrow} \; \mathbb{P}_{n-2} \end{matrix}$$

et $q^{-1}(e) = \text{plan}(e,L) \times \{e\}$

Définissons alors les fibrés images directes

$$\mathcal{V} := q_* \, p^* \mathcal{O}_{\mathbb{P}_n}(1)$$

$$\mathcal{H}_i := R^1 q_* \, p^* \mathcal{F}(-i) \qquad (i \geq 1)$$

(2.1.4.) Remarque utile.

Soit P_3 un sous-espace projectif de dimension 3 de $\mathbb{P}_n$ contenant L, soit P_1 la droite de $\mathbb{P}_{n-2}$ correspondant à la famille des plans de P_3 contenant L, soit $\tilde{P}_3 := q^{-1}(P_1)$ et enfin soit $p_3 : \tilde{P}_3 \longrightarrow P_3$ (resp. $q_3 : \tilde{P}_3 \longrightarrow P_1$) les restrictions des projections p et q.

Alors $p_3 : \tilde{P}_3 \longrightarrow P_3$ s'identifie à l'éclatement de P_3 le long de L, $q_{3*}\, p_3^* \mathcal{O}_{P_3}(1) \simeq \mathcal{V}|P_1$ (canoniquement)$(R^1 q_{3*})\, p_3^*(\mathcal{F}|_{P_3}(-i)) \simeq \mathcal{H}_i \mid P_1$ (i=1,2) etc.

d'après le théorème de changement de base ; voir dans la démonstration de 2.2.1.b ci-dessous les calculs établissant la constance de $h^1(\mathcal{F}(-i)|E)$ (i=1,2) pour $E \supset L$.

Ceci nous permettra dans certaines démonstrations de supposer n = 3.

(2.2) Cohomologie des images directes.

Nous allons maintenant relier la cohomologie des faisceaux $\mathcal{V}$ et $\mathcal{H}_i$ à celle des translatés de $\mathcal{F}$ et de leurs restrictions à des plans.

(2.2.1) Proposition :

a) On a un isomorphisme $\mathcal{V} \simeq \mathcal{O}_{\mathbb{P}_{n-2}}(1) \oplus 2\,\mathcal{O}_{\mathbb{P}_{n-2}}$. Les formes linéaires $z \in \Gamma(\mathbb{P}_n, \mathcal{O}_{\mathbb{P}_n}(1))$ nulles sur L correspondent, sous $q_* p^*$, aux sections du sous-fibré $\mathcal{O}_{\mathbb{P}_{n-2}}(1) \subset \mathcal{V}$.

b) $\mathcal{H}_1$ et $\mathcal{H}_2$ sont localement libres de rang d. Leur première classe de Chern est

$$c_1(\mathcal{H}_1) = 0, \quad c_1(\mathcal{H}_2) = -d.$$

Sous $R^1 q_* p^*$ on obtient les isomorphismes pour i = 1,2

$$H^{r+1}(\mathbb{P}_n, \mathcal{F}(-i)) = H^r(\mathbb{P}_{n-2}, \mathcal{H}_i) \quad (r \geq 0)$$

c) <u>La dualité relative fournit un morphisme bilinéaire non dégénéré de faisceaux</u>

$$\mathcal{H}_2 \otimes_{\mathcal{O}_{\mathbb{P}_{n-2}}} \mathcal{H}_1 \longrightarrow \mathcal{O}_{\mathbb{P}_{n-2}}(-1).$$

<u>Evalué en</u> $e \in \mathbb{P}_{n-2}$ <u>ce morphisme est la dualité de Serre</u>

$$H^1(E,\mathcal{F}(-2) \mid E) \otimes_{\mathbb{C}} H^1(E,\mathcal{F}(-1) \mid E) \longrightarrow \mathbb{C}$$

<u>où E désigne le plan correspondant à e.</u>

d) <u>Il existe un morphisme</u> $A : \mathcal{V} \otimes_{\mathcal{O}_{\mathbb{P}_{n-2}}} \mathcal{H}_2 \longrightarrow \mathcal{H}_1$

<u>qui évalué en</u> $e \in \mathbb{P}_{n-2}$ <u>est la multiplication (cup-produit)</u>

$$\alpha : \Gamma(E, \mathcal{O}_E(1)) \otimes_{\mathbb{C}} H^1(E, \mathcal{F}(-2) \mid E) \longrightarrow H^1(E,\mathcal{F}(-1) \mid E)$$

<u>L'application restreinte (cf.a), qui implique</u> $\mathcal{O}_{\mathbb{P}_{n-2}}(1) \otimes \mathcal{H}_2 \subset \mathcal{V} \otimes \mathcal{H}_2$)

$$A_o : \mathcal{O}_{\mathbb{P}_{n-2}}(1) \otimes_{\mathcal{O}_{\mathbb{P}_{n-2}}} \mathcal{H}_2 \longrightarrow \mathcal{H}_1$$

<u>est un isomorphisme</u>.

e) $\mathcal{H}_1$ <u>est muni d'une forme orthogonale (désignée à nouveau par</u> A_o) <u>non dégénérée</u> <u>et on a donc</u> $A_o : \mathcal{H}_1^* \xrightarrow{\sim} \mathcal{H}_1$. <u>De plus</u> $\mathcal{H}_2 = \mathcal{H}_1(-1)$ <u>et</u> $\mathcal{H}_2$ <u>est muni d'une forme bilinéaire symétrique à valeurs dans</u> $\mathcal{O}_{\mathbb{P}_{n-2}}(-2)$.

<u>Démonstration</u>.

a) Comme $h^o(q^{-1}e, p^* \mathcal{O}_{\mathbb{P}_n}(1)) = 3$ pour tout $e \in \mathbb{P}_{n-2}$, $\mathcal{V}$ est localement libre de rang 3. Utilisons, pour aider l'intuition, l'interprétation géométrique (2.1.3) : soit H_1 et H_2 deux hyperplans de $\mathbb{P}_n$ passant par $\mathbb{P}_{n-2}$ et coupant L en ℓ_1 et ℓ_2 ($\ell_1 \neq \ell_2$). Soit H_3 un hyperplan de $\mathbb{P}_n$ contenant L. Soit t_i ($1 \leq i \leq 3$) des sections de $\Gamma(\mathbb{P}_n, \mathcal{O}(1))$ vérifiant $H_i = [t_i = 0]$. Les sections t_1 et t_2 peuvent être considérées, par l'intermédiaire de $q_* p^*$, comme sections linéairement indépendantes et ne s'annulant pas du fibré $\mathcal{V}$: elles définissent le sous-fibré $2\,\mathcal{O}_{\mathbb{P}_{n-2}} \subset \mathcal{V}$. La section t_3 s'annule sur l'hyperplan $\mathbb{P}_{n-2} \cap H_3$ de $\mathbb{P}_{n-2}$ et définit un sous-fibré $\mathcal{O}_{\mathbb{P}_{n-2}}(1)$ de $\mathcal{V}$, indépendant du fibré $2\,\mathcal{O}_{\mathbb{P}_{n-2}}$ déjà trouvé et a) est ainsi démontré.

b) Remarquons d'abord que pour tout plan $E \supset L$, $\mathcal{F}|E$ est semi-stable : en effet comme $\mathcal{F}|L = 2\,\mathcal{O}_L$, $\mathcal{F}$ est aussi trivial sur une droite générale de E et par suite une section de $\mathcal{F}(-1)\,|E$ est nulle sur une droite générale de E, i.e. $h^0(\mathcal{F}(-1)|E) = 0$ (il faut noter qu'il s'agit là exclusivement d'un raisonnement de semi-continuité, la semi-stabilité de $\mathcal{F}$ sert seulement à prouver l'existence d'une droite L vérifiant $\mathcal{F}|L = 2\mathcal{O}_L$).

Par ailleurs $h^2(\mathcal{F}(-1)|E) = h^0(\mathcal{F}(-2)|E)$ (par dualité) $= 0$ (par semi-stabilité) et on a donc $h^1(\mathcal{F}(-1)|E) = -\chi(\mathcal{F}(-1)|E) = d$ (Riemann-Roch).

Donc, pour tout plan $E \subset \mathbb{P}_n$, $h^1(\mathcal{F}(-1)\,|\,E) = d$.

Par dualité, on a de même $h^1(\mathcal{F}(-2)\,|\,E) = d$ et par suite, d'après le théorème de changement de base, $\mathcal{H}_1$ et $\mathcal{H}_2$ sont localement libres de rang d.

Des égalités $h^0(\mathcal{F}(-i)\,|\,E) = h^2(\mathcal{F}(-i)\,|\,E) = 0$ $(i = 1,2)$ on déduit $R^0 q_* p^* \mathcal{F}(-i) = R^2 q_* p^* \mathcal{F}(-i) = 0$ $(i = 1,2)$ et la suite spectrale $H^r(\mathbb{P}_{n-2}, R^s q_* p^* \mathcal{F}(-i)) \Rightarrow H^{r+s}(\widetilde{\mathbb{P}}, p^*\mathcal{F}(-i))$ dégénère, ce qui fournit $H^r(\mathbb{P}_{n-2}, \mathcal{H}_i) = H^{r+1}(\widetilde{\mathbb{P}}, p^* \mathcal{F}(-i))$.

Par ailleurs $H^{r+1}(\widetilde{\mathbb{P}}, p^* \mathcal{F}(-i)) = H^{r+1}(\mathbb{P}_n, \mathcal{F}(-i))$ (car p est un éclatement) ce qui achève de prouver l'isomorphisme

$H^{r+1}(\mathbb{P}_n, \mathcal{F}(-i)) = H^r(\mathbb{P}_{n-2}, \mathcal{H}_i)$.

Pour calculer $c_1(\mathcal{H}_i)$ on va, conformément à la Remarque (2.1.4), supposer $n = 3$. Utilisons les notations de (2.1.3).

On a le diagramme $\Pi = \mathbb{P}_3 \times \mathbb{P}_1 \begin{array}{l} \overset{\pi}{\nearrow}\ \mathbb{P}_3 \\ \underset{\rho}{\searrow}\ \mathbb{P}_1 \end{array}$; le diviseur $\widetilde{\mathbb{P}} \subset \Pi$

est de bidegré (1,1). Si on pose $\mathcal{O}_{\Pi}(k,\ell) = \pi^* \mathcal{O}_{\mathbb{P}_3}(k) \boxtimes \rho^* \mathcal{O}_{\mathbb{P}_1}(\ell)$

et $\pi^*\mathcal{F}(k,\ell) = \pi^*\mathcal{F} \boxtimes \mathcal{O}_{\Pi}(k,\ell)$ on a la suite exacte

$$0 \to \pi^* \mathcal{F}(-1-i,-1) \to \pi^* \mathcal{F}(-i,0) \to p^* \mathcal{F}(-i,0) \to 0$$

d'où l'on déduit, par projection sur $\mathbb{P}_1$ (les H^0 sont nuls par semi-stabilité)

$$0 \to h^1(\mathbb{P}_3,\mathcal{F}(-1-i))\,\mathcal{O}_{\mathbb{P}_1}(-1) \to h^1(\mathbb{P}_3,\mathcal{F}(-i))\,\mathcal{O}_{\mathbb{P}_1} \to \mathcal{H}_i \to$$
$$h^2(\mathbb{P}_3,\mathcal{F}(-1-i))\,\mathcal{O}_{\mathbb{P}_1}(-1) \to h^2(\mathbb{P}_3,\mathcal{F}(-i))\,\mathcal{O}_{\mathbb{P}_1} \to 0$$

En calculant la somme alternée des premières classes de Chern, il vient

$$-h^1(\mathbb{P}_3,\mathcal{F}(-1-i)) + c_1(\mathcal{H}_i) + h^2(\mathbb{P}_3,\mathcal{F}(-1-i)) = 0$$

i.e. $$c_1(\mathcal{H}_i) = -\chi(\mathbb{P}_3,\mathcal{F}(-1-i)) = \begin{cases} 0 & \text{si } i = 1 \\ -d & \text{si } i = 2 \end{cases}$$

c) La dualité de Serre relative fournit un morphisme non dégénéré

$$R^1 q_* p^* \mathcal{F}(-2) \boxtimes R^1 q_*(p^* \mathcal{F}(+2) \boxtimes \omega_{\tilde{\mathbb{P}}/\mathbb{P}_{n-2}}) \to R^2 q_* (\omega_{\tilde{\mathbb{P}}/\mathbb{P}_{n-2}})$$

i.e., puisque $\omega_{\tilde{\mathbb{P}}/\mathbb{P}_{n-2}} = p^* \mathcal{O}_{\mathbb{P}_n}(-3) \boxtimes q^* \mathcal{O}_{\mathbb{P}_{n-2}}(1)$,

$$\mathcal{H}_2 \boxtimes \mathcal{H}_1(-1) \to R^2 q_* (p^* \mathcal{O}_{\mathbb{P}_n}(-3)) \boxtimes \mathcal{O}_{\mathbb{P}_{n-2}}(1)$$

d'où un morphisme

$$\mathcal{H}_2 \boxtimes \mathcal{H}_1 \to R^2 q_*(p^* \mathcal{O}_{\mathbb{P}_n}(-3))$$

Il reste à prouver qu'on a un isomorphisme

$$R^2 q_* (p^* \mathcal{O}_{\mathbb{P}_n}(-3)) \xrightarrow{\sim} \mathcal{O}_{\mathbb{P}_{n-2}}(-1).$$

Comme il s'agit là de trouver la classe de Chern d'un fibré en droites sur $\mathbb{P}_{n-2}$, on peut supposer $n = 3$.

On écrit alors la suite exacte longue associée à

$$0 \longrightarrow \mathcal{O}_{\Pi}(-4,-1) \longrightarrow \mathcal{O}_{\Pi}(-3,0) \longrightarrow p^{*}\mathcal{O}_{\mathbb{P}_3}(-3) \longrightarrow 0$$

sous ρ : $\Pi \longrightarrow \mathbb{P}_1$ et on obtient

$$0 \longrightarrow R^2 q_{*}(p^{*}\mathcal{O}_{\mathbb{P}_3}(-3)) \longrightarrow h^3(\mathbb{P}_3,\mathcal{O}(-4))\,\mathcal{O}_{\mathbb{P}_1}(-1) \longrightarrow 0$$

ce qui achève de prouver c).

d) Le morphisme A : $\mathcal{V}\otimes\mathcal{H}_2 \longrightarrow \mathcal{H}_1$ s'obtient par globalisation des morphismes de multiplication α définis sur les q-fibres. Soit $t \in \Gamma(\mathbb{P}_{n-2}, \mathcal{O}_{\mathbb{P}_{n-2}}(1)) \subset \Gamma(\mathbb{P}_{n-2},\mathcal{V})$ une section qui peut être vue comme une section $z \in \Gamma(\mathbb{P}_n,\mathcal{O}_{\mathbb{P}_n}(1))$.

Alors, si $t(e) \neq 0$, $t(e)$ définit la droite L dans le plan $(e,L) = :E$ (dans l'interprétation (2.1.3)).

Par suite, si $t(e) \neq 0$, $t(e)$ définit une droite non sauteuse pour $\mathcal{F}$ et d'après ([4], p.66) la multiplication par $t(e)$: $H^1(E,\mathcal{F}(-2)|E) \longrightarrow H^1(E,\mathcal{F}(-1)|E)$ est un isomorphisme. Comme $t(e) = 0$ équivaut à ce que $[z=0] \supset E$, on voit que pour e fixé, on peut choisir z telle que la section t correspondante vérifie $t(e) \neq 0$.

e) Résulte de c) et d). De façon plus précise, c) fournit un isomorphisme $S : \mathcal{H}_1 \longrightarrow (\mathcal{H}_2(1))^{*}$ qui évalué en $e \in \mathbb{P}_{n-2}$ est, comme toujours, la dualité de Serre

$$\mathcal{H}_1\,|e = H^1(\mathcal{F}(-1)\,|E) \longrightarrow (H^1(\mathcal{F}(-2)|\,E))^{*} = (\mathcal{H}_2(1)|\,e)^{*}$$

On a donc l'identification $\mathcal{H}_1 = (\mathcal{H}_2(1))^{*}$.

Le morphisme A_0 : $\mathcal{O}_{\mathbb{P}_{n-2}}(1)\otimes\mathcal{H}_2 \longrightarrow \mathcal{H}_1$ peut être vu comme forme bilinéaire non dégénérée sur $\mathcal{H}_2(1) = \mathcal{H}_1$ ou comme forme bilinéaire non dégénérée sur $\mathcal{H}_2$ à valeurs dans $\mathcal{O}_{\mathbb{P}_{n-2}}(-2)$; cette forme est symétrique (cela se voit en regardant sa valeur en chaque $e \in \mathbb{P}_{n-2}$ [4]).

Ceci munit $\mathcal{H}_1$ de la structure de fibré orthogonal.

(2.2.2) Remarque : Soit $z_1, z_2 \in \Gamma(\mathbb{P}_n, \mathcal{O}_{\mathbb{P}_n}(1))$ sans zéro commun sur L. Les sections correspondantes de $\mathcal{V}$ engendrent $\mathcal{V}$ modulo $\mathcal{O}_{\mathbb{P}_{n-2}}(1)$. Elles définissent des morphismes $A_1, A_2 : \mathcal{H}_2 \to \mathcal{H}_1$ qu'on peut regarder comme des formes bilinéaires symétriques $\mathcal{H}_2 \times \mathcal{H}_2 \to \mathcal{O}_{\mathbb{P}_{n-2}}(-1)$.

Si maintenant on suppose $\mathcal{F}$ stable (et pas seulement semi-stable) et que $e \in \mathbb{P}_{n-2}$ soit tel que $\mathcal{F}|E$ soit encore stable, alors les valeurs de A_o, A_1, A_2 en e satisfont à (α1) (α2) et (α3) (cf. § 1).

Il résulte de la Proposition (1.4) qu'il est impossible de trouver un sous-fibré $0 \subsetneq \mathcal{U} \subsetneq \mathcal{H}_1$, vérifiant $A_j(\mathcal{U}(-1)) \subset \mathcal{U}$ (j=1,2) et $A_o \mathcal{U} \subset \mathcal{U}$

§ 3. LE CAS n = 3

Si le fibré $\mathcal{F}$ est défini sur $\mathbb{P}_3$, les fibrés $\mathcal{V}$ et $\mathcal{H}_i$ sont définis sur $\mathbb{P}_1$; $\mathcal{H}_2$ est muni d'une forme quadratique à valeurs dans le fibré canonique $\mathcal{O}_{\mathbb{P}_1}(-2) = \Omega_{\mathbb{P}_1}$.

On sait alors, d'après les travaux d'Atiyah [1] et Mumford [8] que

$$h^o(\mathbb{P}_1, \mathcal{H}_2) = h^1(\mathbb{P}_1, \mathcal{H}_2) \pmod 2$$

est invariant sous les déformations de $\mathcal{F}$ (gardant une droite L avec $\mathcal{F}|L \simeq 2\mathcal{O}_L$).

Il n'est pas surprenant que cet invariant égale (d'après 2.2.1 b)) l'invariant d'Atiyah-Rees [2] .

$$h^1(\mathbb{P}_3, \mathcal{F}(-2)) = h^2(\mathbb{P}_3, \mathcal{F}(-2)) \pmod 2$$

Comme $\mathcal{H}_1$ est un fibré orthogonal, le théorème de Grothendieck ([7]) implique qu'on a une décomposition en somme directe orthogonale.

$$(3.1) \qquad \mathcal{H}_1 = \bar{d}\, \mathcal{O}_{\mathbb{P}_1} \oplus (\oplus \mathcal{L}_i)$$

où $\bar{d} = 0$ (resp.1) si d est pair (resp. impair) et où $\mathcal{L}_i$ est un "plan hyperbolique"

(3.2) $\qquad \mathcal{L}_i = \mathcal{O}_{\mathbb{P}_1}(k_i) \oplus \mathcal{O}_{\mathbb{P}_1}(-k_i) \qquad (k_i \geq 0)$

De sorte qu'on a une séquence

(3.3) $\quad k_{-[\frac{d}{2}]} \leq \cdots \quad k_{-1} \leq 0 \leq k_1 \leq \cdots \leq k_{[\frac{d}{2}]} \qquad (k_i = -k_{-i})$

telle que A_o est décrite par

(3.4) $\quad A_o(\mathcal{O}_{\mathbb{P}_1}(k_i), \mathcal{O}_{\mathbb{P}_1}(k_j)) = 0$ si $i+j \neq 0$

De plus si d est impair il faut rajouter un entier $k_o = 0$

<u>(3.5) PROPOSITION</u> : <u>Supposons que $\mathcal{F}$ soit STABLE et que $\mathcal{F}|E$ soit stable pour au moins un plan $E \supset L$ (ce qui est toujours possible si $\mathcal{F}$ est stable et $d \geq 2$, d'après [3] , th. 3). Alors la suite des entiers k_i de (3.3) est connexe; i.e. tout entier compris entre $k_{-[\frac{d}{2}]}$ et $k_{[\frac{d}{2}]}$ apparaît dans cette suite.</u>

<u>Démonstration</u> : Puisque Hom $(\mathcal{O}_{\mathbb{P}_1}(k), \mathcal{O}_{\mathbb{P}_1}(\ell)) = 0$ si $k > \ell$, on a, pour $j = 1,2$,

$$A_j(\mathcal{O}_{\mathbb{P}_1}(k_i)(-1)) \subset \bigoplus_{k_j \geq k_i - 1} \mathcal{O}_{\mathbb{P}_1}(k_j)$$

Donc si un entier k est distinct de tous les k_i et vérifie $0 \leq k < k_{[\frac{d}{2}]}$, le sous-fibré

$\mathcal{U} := \bigoplus_{k_i > k} \mathcal{O}_{\mathbb{P}_1}(k_i)$ est totalement isotrope pour A_o d'après (3.4)

et vérifie $A_j(\mathcal{U}(-1)) \subset \mathcal{U}$ pour $j = 1,2$ et $A_o \mathcal{U} \subset \mathcal{U}$.

Ceci contredit (2.2.2). c.q.f.d.

<u>(3.6) Corollaire</u> : <u>Soit $\mathcal{F}$ un fibré algébrique stable de rang 2 sur $\mathbb{P}_n$</u> $(n \geq 3)$, <u>vérifiant</u> $c_1\mathcal{F} = 0$ <u>et</u> $c_2\mathcal{F} = d$. Alors

$$H^1(\mathbb{P}_n, \mathcal{F}(-i)) = 0 \qquad \text{si } i > \left[\frac{d+1}{2}\right]$$

$$H^{n-1}(\mathbb{P}_n, \mathcal{F}(i)) = 0 \qquad \text{si } i > \left[\frac{d+1}{2}\right] - n - 1$$

<u>Démonstration</u> : La seconde assertion est duale de la première que nous démontrons donc seule :

Posons encore $\mathscr{H}_i = R^1 q_* p^* \mathscr{F}(-i)$ même pour $i > 2$.

On a encore la suite spectrale (cf. la démonstration de (2.2.1. b))

$$H^s(\mathbb{P}_{n-2}, R^t q_* p^* \mathscr{F}(-i)) \Rightarrow H^{s+t}(\widetilde{P}, p^* \mathscr{F}(-i))$$

et comme $R^0 q_* p^* \mathscr{F}(-i)$ est nul (par stabilité), on a

$$H^1(\mathbb{P}_n, \mathscr{F}(-i)) \simeq H^1(\widetilde{P}, p^* \mathscr{F}(-i)) \simeq H^0(\mathbb{P}_{n-2}, \mathscr{H}_i)$$

On est donc ramené à prouver que $\Gamma(\mathbb{P}_{n-2}, \mathscr{H}_i) = 0$ pour $i > \left[\frac{d+1}{2}\right]$.

Pour ce faire désignons par $\widetilde{L} \subset \widetilde{P}$ l'image réciproque de L par p ; on a sur $\widetilde{P}$ la suite exacte

$$0 \longrightarrow \mathcal{O}_{\widetilde{P}}(-1, 1) \longrightarrow \mathcal{O}_{\widetilde{P}} \longrightarrow \mathcal{O}_{\widetilde{L}} \longrightarrow 0$$

d'où $0 \longrightarrow p^* \mathscr{F}(-i-1) \longrightarrow \mathscr{F}(-i,-1) \longrightarrow \mathscr{F}(-i,-1)|_{\widetilde{L}} \longrightarrow 0$

La suite exacte longue des images directes sous q donne

$$q_*(\mathscr{F}(-i,-1)|\widetilde{L}) = 0 \longrightarrow \mathscr{H}_{i+1} \longrightarrow \mathscr{H}_i(-1) \longrightarrow h^1(\mathscr{F}(-i)|L)\, \mathcal{O}_{\mathbb{P}_{n-2}}(-1)$$

d'où pour $r \geq 0$

$$0 \longrightarrow \mathscr{H}_{i+1}(-r) \longrightarrow \mathscr{H}_i(-r-1) \longrightarrow h^1(\mathscr{F}(-i)|L)\, \mathcal{O}_{\mathbb{P}_{n-2}}(-r-1)$$

et par suite $\Gamma(\mathscr{H}_{i+1}(-r)) \simeq \Gamma(\mathscr{H}_i(-r-1))$

De là on tire $\Gamma(\mathscr{H}_{i+1}(-r)) \simeq \Gamma(\mathscr{H}_1(-r-i))$

i.e. $\Gamma(\mathscr{H}_1(-i+1)) \simeq \Gamma(\mathscr{H}_i)$

et si $i > \left[\frac{d+1}{2}\right]$ on a $\Gamma(\mathcal{H}_1(-i+1)) = 0$ d'après (3.5), ce qui implique bien $\Gamma(\mathcal{H}_i) = 0$ c.q.f.d.

(3.6.1.) Cas particuliers : on suppose maintenant $n = 3$:

a) Si $c_2(\mathcal{F}) = 1$ ou 2 alors $h^1(\mathbb{P}_3, \mathcal{F}(-2)) = 0$ ("Propriété des instantons")

b) Si $c_2(\mathcal{F}) = 3$ ou 4 et $a(\mathcal{F}) = 0$ alors $h^1(\mathbb{P}_3, \mathcal{F}(-2)) = 0$

Démonstration :

a) est un cas particulier de (3.6)

b) D'après (2.2.1.b), $h^1(\mathbb{P}_3, \mathcal{F}(-2)) = h^0(\mathbb{P}_1, \mathcal{H}_2)$

D'après (2.2.1.e), $h^0(\mathbb{P}_1, \mathcal{H}_2) = h^0(\mathbb{P}_1, \mathcal{H}_1(-1))$

On déduit alors de (3.5) que $h^0(\mathbb{P}_{n-2}, \mathcal{H}_1(-1)) \leq 1$ et l'hypothèse $a(\mathcal{F}) = 0$ permet de conclure.

§ 4 LE CAS d = 3.

Comme application des résultats précédents, nous allons démontrer qu'il n'existe pas sur $\mathbb{P}_4$ de fibré vectoriel algébrique de rang 2 ayant comme classes de Chern $c_1 = 0$, $c_2 = 3$.

(4.1.) Motivation et rappels.

Sur $\mathbb{P}_2$ il existe des fibrés algébriques de rang 2 avec classes de Chern arbitraires (Schwarzenberger [10]).

Sur $\mathbb{P}_3$ il en est de même à condition que ces classes de Chern satisfassent à la condition $c_1 c_2 = 0$ (mod. 2), nécessaire topologiquement d'après Riemann-Roch (Atiyah-Rees [2]).

De plus sur $\mathbb{P}_2$ et sur $\mathbb{P}_3$, tout fibré topologique de rang 2 peut être muni d'une structure algébrique.

Il n'en est plus de même sur $\mathbb{P}_4$: Grauert et Schneider [6] ont montré qu'un fibré

algébrique de rang 2 sur $\mathbb{P}_4$ indécomposable était stable : ils en déduisent immédiatement qu'un fibré topologiquement indécomposable de rang 2 sur $\mathbb{P}_4$ de classes de Chern c_1, c_2 vérifiant $c_1^2 - 4c_2 \geq 0$ (il existe de tels fibrés topologiques) n'admet aucune structure analytique, puisqu'elle serait instable d'après [3] .
Nous allons montrer qu'un fibré topologique de rang 2 sur $\mathbb{P}_4$, de classes de Chern $c_1 = 0$, $c_2 = 3$ (il en existe d'après [9]) n'a aucune structure algébrique, bien que dans ce cas $c_1^2 - 4c_2 < 0$.

Rappelons enfin que, d'après le théorème de Riemann-Roch, un fibré topologique de rang 2 sur $\mathbb{P}_4$ vérifie

$$c_2(c_2 + 1 - 3c_1 - 2c_1^2) = 0 \pmod{12}$$

Nous allons donc montrer le

<u>(4.2) THEOREME</u> : <u>Il n'existe pas de fibré algébrique de rang 2 sur</u> $\mathbb{P}_4$ <u>ayant comme classes de Chern</u> $c_1 = 0$, $c_2 = 3$.

<u>Démonstration</u> : Supposons qu'il existe un tel fibré $\mathcal{F}$; d'après Grauert-Schneider [6] ce fibré est stable, puisque ses classes de Chern l'empêchent d'être décomposable. Soit alors $L \subset \mathbb{P}_4$ une droite et $E \supset L$ un plan de $\mathbb{P}_4$ tels que $\mathcal{F}|E$ soit stable et $\mathcal{F}|L \simeq 2\mathcal{O}_L$ ([3]).
On utilise les constructions et notations des trois § précédents.
Etudions en particulier la décomposition du fibré $\mathcal{H}_1$ de rang 3 sur les droites m de $\mathbb{P}_2$.
Si m contient un point f correspondant à un plan stable F, on n'a que deux possibilités, d'après (3.5) et (2.1.4)

$$\left.\begin{array}{c} \mathcal{H}_1|m \cong 3\,\mathcal{O}_m \\ \text{ou} \\ \mathcal{H}_1|m \cong \mathcal{O}_m(-1) \oplus \mathcal{O}_m \oplus \mathcal{O}_m(1) \end{array}\right\} \quad (*)$$

La première possibilité est exclue : soit $M \simeq \mathbb{P}_3$ le sous-espace de $\mathbb{P}_4$ correspondant à m et $a(\mathcal{F}|M)$ l'invariant d'Atiyah-Rees de $\mathcal{F}|M$. On a, d'après Atiyah-Rees [2],

$$a(\mathcal{F}|M) = h^0(M,\mathcal{F}(-2)) + h^2(M,\mathcal{F}(-2)) = h^2(M,\mathcal{F}(-2)) \pmod{2}$$

Donc, d'après (2.2.1.b) et (2.2.1.e),

$$a(\mathcal{F}|M) = h^1(m, \mathcal{H}_2 | m) = h^1(m, \mathcal{H}_1(-1)|m) \pmod{2} \quad (**)$$

Par ailleurs

$$a(\mathcal{F}|M) = \frac{(-3)(-4)}{12} = 1 \pmod 2 \quad (***)$$

puisque $\mathcal{F}|M$ se prolonge à $\mathbb{P}_4$ ([2]).

de (*), (**) et (***) on déduit que pour toute droite $m \ni f$ on a

$\mathcal{H}_1|m = \mathcal{O}_m(-1) \oplus \mathcal{O}_m \oplus \mathcal{O}_m(1)$.

Soit $Z \subset \mathbb{P}_2$ l'ensemble des points de $\mathbb{P}_2$ correspondant aux plans sur lesquels la restriction de $\mathcal{F}$ est instable ; on sait que Z est un fermé de Zariski de $\mathbb{P}_2$, distinct de $\mathbb{P}_2$, puisque le point e correspondant au plan E n'est pas dans Z.

Les droites m pour lesquelles on n'a pas $\mathcal{H}_1|m \simeq \mathcal{O}_m(-1) \oplus \mathcal{O}_m \oplus \mathcal{O}_m(1)$

ne contiennent que des points de Z et on a ainsi démontré

(si on se rappelle que $\mathcal{H}_1$ est auto-dual) le

<u>(4.2.1.) Lemme</u> : <u>Pour un nombre fini (éventuellement nul) de droites m de $\mathbb{P}_2$ on a</u> $\mathcal{H}_1 | m \cong \mathcal{O}_m(-k) \oplus \mathcal{O}_m \oplus \mathcal{O}_m(k) \quad (k \geq 2)$.

<u>Pour toutes les autres</u> $\mathcal{H}_1 | m \simeq \mathcal{O}_m(-1) \oplus \mathcal{O}_m \oplus \mathcal{O}_m(1)$.

Calculons maintenant la cohomologie de $\mathcal{H}_1$

<u>(4.2.2) Lemme</u> : $\chi(\mathcal{H}_1) = 2 \quad \chi(\mathcal{H}_1(-1)) = -1$

<u>Démonstration</u> : En utilisant (2.2.1.b) et la stabilité de $\mathcal{F}$

$$\chi(\mathcal{H}_1) = h^1(\mathcal{F}(-1)) - h^2(\mathcal{F}(-1)) + h^3(\mathcal{F}(-1)) = -\chi(\mathcal{F}(-1)) = 2$$

(d'après Riemann-Roch).

Par ailleurs on a, pour m générique (çf.(4.2.1)),

$$0 \longrightarrow \mathcal{H}_1(-1) \longrightarrow \mathcal{H}_1 \longrightarrow \mathcal{O}_m(-1) \oplus \mathcal{O}_m \oplus \mathcal{O}_m(1) \longrightarrow 0$$

et donc $\chi(\mathcal{H}_1(-1)) = \chi(\mathcal{H}_1) - \chi(\mathcal{O}_m(-1)) - \chi(\mathcal{O}_m) - \chi(\mathcal{O}_m(1))$

$= 2 - 0 - 1 - 2 = -1$ c.q.f.d.

(4.2.3) Lemme : $h^0(\mathcal{H}_1(-1)) = 0$

En effet soit $s \neq 0$ une section de $\mathcal{H}_1(-1)$; d'après (4.2.1) s n'a pas de zéro (si s s'annulait en $x \in P_2$, elle s'annulerait identiquement sur presque toutes les droites $m \ni x$ et on aurait donc $s = 0$) et on a une suite exacte de fibrés

$$(4.2.3.1.) \qquad 0 \longrightarrow \mathcal{O}_{\mathbb{P}_2} \xrightarrow{s} \mathcal{H}_1(-1) \longrightarrow \mathcal{U} \longrightarrow 0$$

Le fibré $\mathcal{U}$ est uniforme de type de scission (-1,-2) : on ne peut pas avoir $\mathcal{H}_1|m = \mathcal{O}_m(-k) \oplus \mathcal{O}_m \oplus \mathcal{O}_m(k)$ avec $k \geq 2$ pour une droite m, sinon s s'annulerait sur m.

D'après un théorème de Van de Ven [11] , on a donc

$\mathcal{U} = T^*_{\mathbb{P}_2}$ ou $\mathcal{U} = \mathcal{O}_{\mathbb{P}_2}(-2) \oplus \mathcal{O}_{\mathbb{P}_2}(-1)$.

Dans les deux cas (4.2.3.1) scinderait et on aurait

$\mathcal{H}_1(-1) \cong \mathcal{O}_{\mathbb{P}_2} \oplus T^*_{\mathbb{P}_2}$ ou $\mathcal{H}_1(-1) \cong \mathcal{O}_{\mathbb{P}_2} \oplus \mathcal{O}_{\mathbb{P}_2}(-1) \oplus \mathcal{O}_{\mathbb{P}_2}(-2)$

ce qui impliquerait $\chi(\mathcal{H}_1(-1)) = 0$ ou $\chi(\mathcal{H}_1(-1)) = 1$, contredisant (4.2.2) c.q.f.d.

(4.2.4) Lemme : $h^1(\mathcal{H}_1(-1)) = 1,\ h^0(\mathcal{H}_1) = 2,\ h^1(\mathcal{H}_1) = 0.$

Démonstration : Pour la première égalité, on a

$h^1(\mathcal{H}_1(-1)) = -\chi(\mathcal{H}_1(-1)) + h^0(\mathcal{H}_1(-1)) + h^2(\mathcal{H}_1(-1))$

$= -\chi(\mathcal{H}_1(-1)) + h^0(\mathcal{H}_1(-1)) + h^0(\mathcal{H}_1(-2))$ (car $\mathcal{H}_1 \cong \mathcal{H}_1^*$),

$= 1$ (d'après (4.2.2) et (4.2.3)).

Pour les deux autres égalités, on part de la suite exacte (où m est générique)

$$0 \longrightarrow \mathcal{H}_1(-1) \longrightarrow \mathcal{H}_1 \longrightarrow \mathcal{O}_m(-1) \oplus \mathcal{O}_m \oplus \mathcal{O}_m(1) \longrightarrow 0$$

d'où l'on déduit, puisque $\Gamma(\mathcal{H}_1(-1)) = 0$ (4.2.3),

$$0 \longrightarrow \Gamma(\mathcal{H}_1) \longrightarrow \Gamma(\mathcal{O}_m(-1) \oplus \mathcal{O}_m \oplus \mathcal{O}_m(1)) \longrightarrow H^1(\mathcal{H}_1(-1)) \longrightarrow H^1(\mathcal{H}_1) \longrightarrow 0$$

d'où l'on tire $\begin{cases} h^0(\mathcal{H}_1) - h^1(\mathcal{H}_1) = 2 \\ h^0(\mathcal{H}_1) \leq 3 \end{cases}$

Par suite $h^0(\mathcal{H}_1) = 2$ ou 3 ; si on avait $h^0(\mathcal{H}_1) = 3$, il existerait un isomorphisme $\Gamma(\mathcal{H}_1) \xrightarrow{\sim} \Gamma(\mathcal{O}_m(-1) \oplus \mathcal{O}_m \oplus \mathcal{O}_m(1))$ et on pourrait trouver $s \in \Gamma(\mathcal{H}_1), \sigma \in \Gamma(\mathcal{H}_1^*)$ tels que $\langle s,\sigma\rangle$ soit sans zéro sur m.

Comme $\langle s,\sigma\rangle \in \Gamma(\mathbb{P}_2, \mathcal{O}_{\mathbb{P}_2})$, $\langle s,\sigma\rangle$ ne s'annulerait pas sur $\mathbb{P}_2$ et en particulier s ne s'annulerait pas sur $\mathbb{P}_2$. On aurait donc $0 \to \mathcal{O} \xrightarrow{s} \mathcal{H}_1 \to \mathcal{U} \to 0$

Sur toute droite m, $\mathcal{U}|m \xrightarrow{\sim} \mathcal{O}_m(-k) \oplus \mathcal{O}_m(k)$ $(k \geq 1)$ d'après (4.2.1). Par suite $\mathcal{U}$ ne serait pas semi-stable d'après le théorème de Grauert-Mülich (cf. [3]) et on aurait $h^0(\mathcal{U}(-1)) \geq 1$.

On en déduirait que $h^0(\mathcal{U}) \geq 3$ (en multipliant une section $\neq 0$ de $\mathcal{U}(-1)$ par les éléments de $\Gamma(\mathbb{P}_2, \mathcal{O}_{\mathbb{P}_2}(1))$)

et la suite exacte $0 \to \Gamma(\mathcal{O}) \xrightarrow{s} \Gamma(\mathcal{H}_1) \to \Gamma(\mathcal{U}) \to 0$

impliquerait $h^0(\mathcal{H}_1) \geq 4$ ce qui est absurde.

Par suite $h^0(\mathcal{H}_1) = 2$ et de $h^0(\mathcal{H}_1) - h^1(\mathcal{H}_1) = 2$ on tire $h^1(\mathcal{H}_1) = 0$, ce qui prouve le lemme.

Fin de la démonstration du Théorème (4.2) :

Soit m une droite quelconque de $\mathbb{P}_2$. On a

$$0 \to \Gamma(\mathcal{H}_1) \to \Gamma(\mathcal{O}_m(-k) \oplus \mathcal{O}_m \oplus \mathcal{O}_m(k)) \to H^1(\mathcal{H}_1(-1)) \to 0$$

(où on a utilisé $\Gamma(\mathcal{H}_1(-1)) = 0 = H^1(\mathcal{H}_1)$ d'après (4.2.3) et (4.2.4))

Donc $h^0(\mathcal{H}_1) + h^1(\mathcal{H}_1(-1)) = h^0(\mathcal{O}_m(-k) \oplus \mathcal{O}_m \oplus \mathcal{O}_m(k))$ i.e., d'après (4.2.4), $2+1 = 1+k+1$ et on voit que $k=1$.

Par suite $\mathcal{H}_1$ est uniforme, de type de scission $(-1,0,1)$.

D'après [5] , les seules possibilités sont

$$\left\{\begin{array}{l} \mathcal{H}_1 = T_{\mathbb{P}_2}(-2) \oplus \mathcal{O}_{\mathbb{P}_2}(1) \\ \\ \mathcal{H}_1 = T_{\mathbb{P}_2}(-1) \oplus \mathcal{O}_{\mathbb{P}_2}(-1) \\ \\ \mathcal{H}_1 = \mathcal{O}_{\mathbb{P}_2}(-1) \oplus \mathcal{O}_{\mathbb{P}_2} \oplus \mathcal{O}_{\mathbb{P}_2}(1) \\ \\ \mathcal{H}_1 = S^2\, T_{\mathbb{P}_2} \otimes \mathcal{O}_{\mathbb{P}_2}(-3) \end{array}\right.$$

Les trois premières possibilités sont exclues par (4.2.4). Donc on a nécessairement $\mathcal{H}_1 = S^2\, T_{\mathbb{P}_2} \otimes \mathcal{O}_{\mathbb{P}_2}(-3)$.

Or de l'isomorphisme $T_{\mathbb{P}_2} \otimes T_{\mathbb{P}_2} = \Lambda^2\, T_{\mathbb{P}_2} \oplus S^2\, T_{\mathbb{P}_2}$

on déduit $T_{\mathbb{P}_2} \otimes T_{\mathbb{P}_2}(-3) = (\Lambda^2\, T_{\mathbb{P}_2} \otimes \mathcal{O}_{\mathbb{P}_2}(-3)) \oplus (S^2\, T_{\mathbb{P}_2} \otimes \mathcal{O}_{\mathbb{P}_2}(-3))$

i.e. $\quad \mathrm{End}\, T_{\mathbb{P}_2} = \mathcal{O}_{\mathbb{P}_2} \oplus (S^2\, T_{\mathbb{P}_2} \otimes \mathcal{O}_{\mathbb{P}_2}(-3))$

Il est bien connu que les seuls endomorphismes de $T_{\mathbb{P}_2}$ sont les constantes ($T_{\mathbb{P}_2}$ est stable !) ; par suite $\mathcal{H}_1 = S^2\, T_{\mathbb{P}_2} \otimes \mathcal{O}_{\mathbb{P}_2}(-3)$ n'a pas de section et cette contradiction avec (4.2.4.) achève de démontrer le Théorème.

B I B L I O G R A P H I E

[1] ATIYAH, M.F. — Riemann surfaces and spin structures. Ann. Sci. Ec. Norm. Sup. 4ème série, t.4, 47-62 (1971).

[2] ATIYAH M.F. - REES E. — Vector Bundles on Projective 3-space. Inv. Math. 35, 131-153 (1976).

[3] BARTH W. — Some properties of stable rank-2 vector bundles on $\mathbb{P}_n$. Math. Ann. 226, 125-150 (1977).

[4] BARTH W. — Moduli of Vector Bundles on the Projective Plane Inv. Math. 42, 63-91 (1977).

[5] ELENCWAJG G. — Les fibrés uniformes de rang 3 sur $\mathbb{P}_2(C)$ sont homogènes. Math. Ann. 231, 217-227 (1978).

[6] GRAUERT H. - SCHNEIDER M. — Komplexe Unterräume und holomorphe Vektorraumbündel vom Rang zwei. Math. Ann. 230, 75-90 (1977).

[7] GROTHENDIECK A. — Sur la classification des fibrés holomorphes sur la sphère de Riemann. Amer J. Math. 79, 121-138 (1956).

[8] MUMFORD D. — Theta characteristics on an algebraic curve. Ann. Sci. Ec. Norm. Sup. 4ème série, t.4, 181-192 (1971).

[9] REES E. — Complex bundles with two sections. Proc. Camb. Phil. Soc. 71, 457-462 (1972).

[10] SCHWARZENBERGER R.L.E. — Vector bundles on algebraic surfaces Proc. London Math. Soc. 11, 601-622 (1961).

[11] VAN DE VEN A. — On uniform vector bundles. Math. Ann. 195, 245-248 (1972).

[12] WALL, C.T.C. — Nets of quadrics and theta characteristics of singular curves. A paraître.

W. BARTH

Mathematisches Institut der Universität Erlangen-Nürnberg

Bismarckstr. 1 1/2

D - 8520 Erlangen

R.F.A.

G. ELENCWAJG

Département de Mathématiques

Université de Nice

I.M.S.P.

06034 NICE - CEDEX

FRANCE.

SOME RANK TWO BUNDLES ON $P_n\mathbb{C}$, WHOSE CHERN CLASSES VANI

Elmer Rees

H. Graueert and M. Schneider [4] have shown that if $n\geq 4$, every unstable holomorphic rank two vector bundle on $P_n(=P_n\mathbb{C})$ splits as a sum of two line bundles. Moreover, W. Barth [3] has shown that a holomorphic rank two bundle on P_n whose Chern classes vanish is unstable. It follows from these two results that any non-trivial topological rank two bundle on $P_n (n\geq 4)$ whose Chern classes vanish cannot admit a holomorphic structure. Rank two bundles on P_4 were classified in [2] and any such bundle is trivial if its Chern classes vanish. M. Schneider asked me whether there are such non-trivial bundles on P_n for each $n>4$. The object of this note is to construct such bundles. This is done by using the following result:

Theorem 1 For each odd prime p there is a rank two bundle ξ_p on P_{2p-1} such that

1) ξ_p restricted to P_{2p-2} is trivial
2) ξ_p extends (at least) to P_{4p-4}.

The bundle ξ_p is the mod p analogue of the bundle ξ_2 on P_3 considered in [2], this has trivial Chern classes and $\alpha(\xi_2)\neq 0$, however ξ_2 does not extend to P_4.

As a corollary of Theorem 1, one has the required result:

Theorem 2 For each $n>4$, there is a non-trivial rank two bundle on P_n whose Chern classes vanish.

Proof It is enough to show that for each $n>4$ there is an odd prime p such that $2p-1 \leq n \leq 4p-4$. This follows from Bertrand's postulate [5,p.343] which states that for each prime p there is another prime which is not more than $2p-1$.

The idea for constructing the bundle ξ_p is that there is a non-trivial bundle ζ_p on S^{4p-2}. (From now on all bundles that will be considered have rank two and their Chern classes vanish). The bundle ξ_p is the pull back $q^*\zeta_p$ where $q\colon P_{2p-1}\to S^{4p-2}$ is the map that collapses P_{2p-2} to a point. By its construction, ξ_p restricted to P_{2p-2} is trivial so its Chern classes vanish. What has to be shown is that it is non-trivial and that it extends.

Bundles on S^n are classified by the group $\pi_{n-1}U(2)\cong$

$\pi_{n-1}SU(2)$, [6]. But $SU(2)$ is isomorphic to S^3 so they are classified by $\pi_{n-1}S^3$. Much information on these groups is given in Toda [8]. In the various homotopy groups considered, we will only be interested in elements whose orders are powers of a fixed prime p. However we will not use any special notation to indicate that we have p-localised although all the quoted results will be about the p-primary components. In particular, recall the following results from Toda [8 Chap.XIII].

Proposition 1. The only non-zero groups $\pi_n S^3$ for $3<n<8p-8$ are when $n=2p, 4p-3, 4p-2, 6p-5$ and $6p-4$. In each of these cases the group is cyclic of order p.

2. The generator α of $\pi_{2p}S^3$ (and its suspensions) is detected by Steenrod's reduced power operation P^1, in the sense that

$$P^1 : H^3(S^3 \cup_\alpha e^{2p+1}; \mathbb{Z}/_p) \to H^{2p+1}(S^3 \cup_\alpha e^{2p+1}; \mathbb{Z}/_p)$$

is non-trivial.

3. The group $\pi_n S^k$ vanishes for $3<k<n<k+4p-6$ except for $n = k+2p-3$ in which case it is cyclic generated by the suspension of $\alpha \in \pi_{2p}S^3$.

Corollary The group $[P_n, S^3]$ has no elements of order p for $n \leq 2p-2$.

Proof The Puppe sequence of the inclusions $P_{n-1} \subset P_n$ gives rise to exact sequences of groups:

$$[P_{n-1}, S^3] \leftarrow [P_n, S^3] \leftarrow [S^{2n}, S^3] \xleftarrow{r^*} [\Sigma P_{n-1}, S^3]$$

By Proposition 1, $\pi_{2n}S^3$ vanishes for $n<p$. Hence for $n \leq p-1$ the corollary follows by induction.

Next we consider the case $n=p$; one has that ΣP_{p-1} is homotopy equivalent to a wedge of spheres because the attaching maps belong to trivial groups (this follows from the Proposition). However $P^1 : H^2(P_p; \mathbb{Z}/_p) \to H^{2p}(P_p; \mathbb{Z}/_p)$ is non-trivial by the definition of P^1 [7]. So ΣP_p is homotopy equivalent to $(S^3 \cup_\alpha e^{2p+1}) \vee S^5 \vee \ldots S^{2p-1}$. This shows that r^* is onto for $n=p$ and so $[P_p, S^3] = 0$. The next possible non-zero group $\pi_{2n}S^3$ is when $n=2p-1$ hence the corollary follows.

Proof of Theorem 1

The bundle ζ_p on S^{4p-2} is classified by the generator of $\pi_{4p-3}S^3$. If the bundle ξ_p was trivial, by considering the above Puppe sequence, one sees that the bundle ζ_p would be in the image of

$r^* : [\Sigma P_{2p-2}, BS^3] \to [S^{4p-2}, BS^3]$. But, by the Corollary the group $[\Sigma P_{2p-2}, BS^3] = [P_{2p-2}, S^3]$ vanishes.

It remains to show that the bundle ξ_p extends over P_{4p-4}. The obstruction to extending a bundle from P_n to P_{n+1} lies in $\pi_{2n+1} BS^3 = \pi_{2n} S^3$. In the range of dimensions that we are considering the only possible non-zero obstructions lie in $\pi_{4p-2} S^3$ and in $\pi_{6p-4} S^3$. Both these obstructions vanish (for $p=2$ the first does not vanish): consider the first obstruction, it is given by the composition

$$S^{4p-1} \longrightarrow P_{2p-1} \longrightarrow S^{4p-2} \xrightarrow{\zeta_p} BS^3$$

The (p-primary part of the) group $\pi_{4p-1} S^{4p-2}$ vanishes and so this first obstruction vanishes. The second obstruction is given by the composition

$$S^{6p-3} \longrightarrow P_{3p-2} \longrightarrow P_{3p-2}/P_{2p-2} \longrightarrow BS^3$$

From the Proposition, the space P_{3p-3}/P_{2p-2} is homotopy equivalent to a wedge of spheres. The top cell of P_{3p-2}/P_{2p-2} is attached non-trivially because of the non-triviality of P^1 in the $\mathbb{Z}/p$ cohomology of P_{3p-2}/P_{2p-2}. Choose X so that ΣX is homotopy equivalent to P_{3p-2}/P_{2p-2}. The group $\pi_{6p-4} X$ is cyclic generated by $S^{6p-4} \xrightarrow{\alpha} S^{4p+1} \xrightarrow{i} X$. However the composite $S^{4p+1} \xrightarrow{i} X \xrightarrow{\xi_p} S^3$ is trivial, by the proposition. So the second obstruction also vanishes. This proves the theorem.

In this proof the key role is played by the complexes P_n/P_{2p-2}. For $n>4p-3$ these are no longer homotopy equivalent to suspensions so that some of the homotopy sets are not obviously groups. This would cause problems for any attempts to prove that the bundle ξ_p extended over P_{4p-2} or higher. When $p>3$, the group $\pi_{8p-8} S^3$ vanishes so that it is easy to see that ξ_p extends over P_{4p-3} in this case. When $p=3$, the group $\pi_{16} S^3$ does not vanish and a special analysis shows that ξ_3 does not extend over P_9. I suspect that the bundle ξ_p does not extend indefinitely for any p.

The bundle ξ_2 on P_3 can be generalised in another way to give a bundle on P_{4n+3}. One takes the element $\mu \in \pi_{8n+5}S^3$ considered by J. F. Adams [1], this map μ induces a non-zero map $\mu^* : KO^{-3}(S^3) \longrightarrow KO^{-3}(S^{8n+5}) = \mathbb{Z}_2$ and the projection map $q : P_{4n+3} \longrightarrow S^{8n+6}$ induces a non-zero map $q^* : KO^{-4}(S^{8n+6}) \longrightarrow KO^{-4}P_{4n+3}$. This proves that the pull back bundle on P_{4n+3} is non-trivial.

REFERENCES

1. J. F. Adams 'On the groups J(X) - IV' Topology 5 21-71 (1966).
2. M. Atiyah and E. Rees 'Vector bundles on projective 3-space' Inventiones math. 35 131-153 (1976).
3. W. Barth 'Some properties of stable rank-2 vector bundles on P_n' Math. Ann. 226 125-150 (1977).
4. H. Grauert and M. Schneider 'Komplexe Unterräume und holomorphe Vektorraumbündel vom Rang zwei' Math. Ann. 230 75-90 (1977).
5. G. H. Hardy and E. M. Wright 'An introduction to the theory of numbers' 4th edition Oxford Univ. Press (1960).
6. N. E. Steenrod 'Topology of Fibre Bundles' Princeton University Press (1951).
7. N. E. Steenrod and D. Epstein 'Cohomology operations' Annals of math. study No. 50. Princeton Univ. Press (1962).
8. H. Toda 'Composition methods in homotopy groups of spheres' Annals of math. study No. 49. Princeton Univ. Press (1962).

St. Catherine's College,
Oxford.

DEFORMATIONS OF SHEAVES AND BUNDLES

by

Günther Trautmann

Fachbereich Mathematik
Universität Trier - Kaiserslautern
D. 675 - KAISERSLAUTERN

In order to classify local or global analytic objects one also studies local analytic families of such objects which are called deformations. In this exposition a survey on some results on local deformations of sheaves and bundles is given. In the first part we consider abstract local deformations of sheaves or germs of sheaves and in the second special families of sheaves and bundles, which are ecplicitly constructed and which yield moduli for bundles on $\mathbb{P}_n$ and also for coherent analytic sheaves with isolated singularities in $\mathbb{C}^n$.

<u>1. Deformations:</u> Given a coherent analytic sheaf $\mathcal{F}$ on a complex space X, a deformation of $\mathcal{F}$ is a coherent analytic sheaf $\mathcal{G}$ on the product $X\times S$ of X with another complex space, such that $\mathcal{G}$ is S-flat and such that the analytic restriction $\mathcal{G}(s_o)$ of $\mathcal{G}$ to $X\times\{s_o\}$, for a distinguished point $s_o \in S$, is isomorphic to $\mathcal{F}$. For $s \in S$ the analytic restriction $\mathcal{G}(s)$ of $\mathcal{G}$ to $X\times\{s\}$ is called the fibre of the deformation at s and the family $\{\mathcal{G}(s)\}$,$s \in S$, of all fibres is called an analytic family of sheaves on X. If $f:T \to S$ is a morphism of complex spaces with $f(t_o) = s_o$ and if $\mathcal{G}$ is a deformation of $\mathcal{F}$ over $X\times S$ then $\mathcal{G}' = (id\times f)^*\mathcal{G}$ is a deformation of $\mathcal{F}$ on $X\times T$ and for any $s = f(t)$ we have $\mathcal{G}'(t) \cong \mathcal{G}(s)$. In order to make all deformations of $\mathcal{F}$ a category one has to consider germs (S,s_o) of complex spaces and germs of sheaves $\mathcal{G}$ on $X\times S$ with respect to S. Thus correctly speaking, a deformation of $\mathcal{F}$ is a quadruple

$(S,s_o,\mathcal{G},\alpha)$ where (S,s_o) is a complex space germ and $\mathcal{G}$ is the germ (with respect to S) of a coherent S-flat sheaf on $X\times S$, and where $\alpha: \mathcal{G}(s_o) \to \mathcal{F}$ is an isomorphism. A morphism $(S,s_o,\mathcal{G},\alpha) \to (S',s_o',\mathcal{G}',\alpha')$ is by definition a pair (f,ϕ), where $f: (S',s_o') \to (S,s_o)$ is a morphism of germs and where $\phi:(id\times f)^*\mathcal{G} \to \mathcal{G}'$ is an isomorphism of sheaf germs on $X\times S'$ which is compatible with the α's. If $(S,s_o,\mathcal{G},\alpha)$ is a deformation such that for any other deformation $(S,s_o',\mathcal{G}',\alpha')$ there is a morphism (f,ϕ): $(S,s_o,\mathcal{G},\alpha) \to (S',s_o',\mathcal{G}',\alpha')$ then $(S,s_o,\mathcal{G},\alpha)$ is called <u>complete</u>. In this case all possible fibres $\mathcal{G}'(s')$ of deformations already occur as fibres $\mathcal{G}(s)$ of $\mathcal{G}$. If in addition the tangent map $T_{s_o'}f : T_{s_o'}S' \to T_{s_o}S$ is unique, the deformation $(S,s_o,\mathcal{G},\alpha)$ is called <u>semi-universal</u> or <u>versal</u>. From the above definitions we get, cf. [10c]:

(1.1) If $(S,s_o,\mathcal{G},\alpha)$ is a versal deformation of $\mathcal{F}$ then the tangent space $T_{s_o}S$ identifies with the $\mathbb{C}$-vectorspace $\mathrm{Ext}^1_{\mathcal{O}}(X,\mathcal{F},\mathcal{F})$, which then is finite-dimensional.

(1.2) If $(S,s_o,\mathcal{G},\alpha)$ is any deformation of $\mathcal{F}$ and if T is an infinitesimal extension of S then the $\mathbb{C}$-vectorspace $\mathrm{Ext}^2_{\mathcal{O}}(X,\mathcal{F},\mathcal{F})$ is the space of obstructions for extending $\mathcal{G}$ from $X\times S$ to $X\times T$ as a deformation.

(1.3) Remark. The finite dimensionality of $\mathrm{Ext}^1_{\mathcal{O}}(X,\mathcal{F},\mathcal{F})$ in general is not sufficient to prove the existence of versal deformations, as one can see in the case of a coherent analytic sheaf on a Stein-space, which is locally free outside a finite set of points. However one can derive from [7] that $\mathcal{F}$ admits a formal versal deformation if dim $\mathrm{Ext}^1_{\mathcal{O}}(X,\mathcal{F},\mathcal{F})$ is finite. If X is compact or if $\mathcal{F}$ is considered only in the neighborhood of a good compact set of X, then it is possible by using power series methods and the reduction theory of Grauert, to construct an analytic versal deformation.

<u>(1.4) Local case:</u> In [10b] the following was proved. If $\mathcal{F}$ is a coherent analytic sheaf on a complex space X such that $\mathrm{Sing}(\mathcal{F}) = \{x \in X \mid \mathcal{F}_x \text{ not free}\}$ is a finite set and if K is a privileged polycylinder (in the sense of Douady) with respect to $\mathcal{F}$, then $\mathcal{F}|K$ has a versal deformation in the category of deformations $(S, s_o, \mathcal{G}, \alpha)$ where $\mathcal{G}$ is defined in a neighborhood of $K \times \{s_o\}$ in $X \times S$. Moreover, if a deformation of $\mathcal{F}|K$ is formally complete then it is already complete. One should remark here that if $X = \mathbb{C}^n$, any polycylinder K with $\delta K \cap \mathrm{Sing}(\mathcal{F}) = \emptyset$, is privileged, cf. [8].

<u>(1.5) Global case:</u> The following result is obtained in a joint paper of Y. T. Siu and the author, [9]. If $\mathcal{F}$ is a coherent sheaf with compact support on a complex space X, then $\mathcal{F}$ has a versal deformation $(S, s_o, \mathcal{G}, \alpha)$. Moreover, if an analytic deformation of $\mathcal{F}$ is formally complete it is already complete.

The proof of this theorem is also based on power series methods and using a good description of the groups $\mathrm{Ext}^1_{\mathcal{O}}(X, \mathcal{F}, \mathcal{F})$ and $\mathrm{Ext}^2_{\mathcal{O}}(X, \mathcal{F}, \mathcal{F})$ as Čech cohomology groups. If $\mathcal{F}$ is locally free then also the sheaf $\mathcal{G}$ of the deformation is locally free, and hence if X is compact, the result of O. Forster - K. Knorr, [2a], on the deformation of holomorphic vectorbundles follows.

<u>(1.6) Joint deformation of a compact complex space and a coherent sheaf.</u> Let X_o be a compact complex space and let $\mathcal{F}_o$ be a coherent analytic sheaf on X_o. We define a joint deformation of the pair $(X_o, \mathcal{F}_o)$ to be a tuple

$$(X,\pi,S,s_o,\iota,\mathcal{G},\alpha)$$

where (X,π,S,s_o,ι) is a deformation of X_o as indicated in the diagram, cf. [1b], [4b], and where $\mathcal{G}$ is a coherent S-flat sheaf on X together with an isomorphism

$$\begin{array}{ccc} X_o & \overset{\iota}{\hookrightarrow} & X \\ \downarrow & & \downarrow \pi \\ \{s_o\} & \hookrightarrow & S \end{array}$$

$$\alpha : \mathcal{G}(s_o) = \iota^*\mathcal{G} \to \mathcal{F} .$$

We use the abbreviation $(X,S,\mathcal{G})$ for a joint deformation. A morphism

$$(X,S,\mathcal{G}) \longrightarrow (X',S',\mathcal{G}')$$

of two joint deformations is a triple $(f,\tilde{f},\varphi)$ where $(f,\tilde{f})$ defines a morphism of the deformations of spaces $(X',S') \to (X,S)$ by the cartesian square, and where

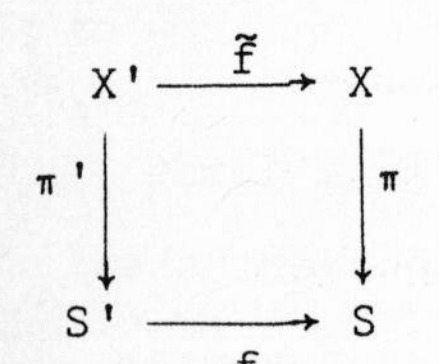

$$\varphi : \tilde{f}^*\mathcal{G} \longrightarrow \mathcal{G}'$$

is an isomorphism on X' which is compatible with the α's.

As before the joint deformation $(X,S,\mathcal{G})$ is called versal, if for any other deformation $(X',S',\mathcal{G}')$ there exists a morphism $(f,\tilde{f},\varphi)$: $(X,S,\mathcal{G}) \longrightarrow (X',S',\mathcal{G}')$ with unique tangential $T_{s_o'}f : T_{s_o'}S' \longrightarrow T_{s_o}S$.

If we use the existence of a versal deformation of X_o by H. Grauert [4b], A. Douady [1b] or O. Forster - K. Knorr [2b], we obtain by (1.5) the following

<u>Theorem:</u> If $\mathcal{F}_o$ is a coherent analytic sheaf on the compact complex space X_o, then the pair $(X_o, \mathcal{F}_o)$ has a joint versal deformation.

The joint versal deformation is constructed by first taking the versal deformation (X,π,S,s_o,ι) of X_o and then considering $\iota_*\mathcal{F}_o$ which has compact support$\subset X_o$ in X. By (1.5) $\iota_*\mathcal{F}_o$ has a versal deformation $\mathcal{G}$ on X×T which is T-flat, but not necessarily flat over S×T. Now use the "flatification" by J. Frisch, [3] which yields a morphism $R \xrightarrow[g]{} S\times T$ such that on $X(R) = g^*(X\times T)$ the sheaf $\mathcal{G}(R) = g^*\mathcal{G}$ is R-flat and g is universal with respect to this property. Now some diagram chasing will prove that $(X(R),R,\mathcal{G}(R))$ represents the joint versal deformation.

2. Extensions of the sheaves of holomorphic differential forms on $\mathbb{P}_n$.

(2.1) The Ext-matrices $A_{t,s}$:

Let $n\geq 2$ and denote by $A_{-1,o} = a$ a complex number $a \in \mathbb{C}$. Then define $A_{-1,s} = (-1)^s aE$ for $s\geq o$, where E is the unit matrix of size $\binom{n+1}{s}$. Similarly for any integer $t\geq o$ we write $A_{t,o}$ for a column $(a_{\nu_o}\ldots\nu_t)$, $o\leq\nu_o<\ldots<\nu_t\leq n$, of $\binom{n+1}{t+1}$ complex numbers and we derive from it for $s\geq o$ the matrices $A_{t,s}$ inductively as follows: We write $A'_{t,o}$ resp. $A''_{t-1,o}$ for the subcolumns of $A_{t,o}$ given by $\nu_t<n$ resp. $\nu_t=n$ such that in lexicographical order we have

$$A_{t,o} = \begin{pmatrix} A'_{t,o} \\ \cdots\cdots \\ A''_{t-1,o} \end{pmatrix},$$

and where $A'_{t,o}$ resp. $A''_{t-1,o}$ refer to the case n-1 instead of n. Now assuming that $A'_{t,s}$ resp. $A''_{t-1,s}$ have been defined by $A'_{t,o}$ resp. $A''_{t-1,o}$ in the case n-1 for any $s\geq o$, we define

$$A_{t,s} = \begin{bmatrix} A'_{t,s} & \vdots & 0 \\ \cdots\cdots & \vdots & \cdots\cdots \\ A''_{t-1,s} & \vdots & (-1)^t A'_{t,s-1} \end{bmatrix} .$$

It is easily checked that by this multiple induction over t,s,n that the matrix $A_{t,s}$ is defined by $A_{t,o}$ for any $s \geq o$. We denote by $\mathbb{A}_{t,s}$ the vector space of all such $A_{t,s}$. For $o \leq s \leq n-t$ $\dim_{\mathbb{C}} \mathbb{A}_{t,s} = \binom{n+1}{t+1}$ while $\mathbb{A}_{t,s} = 0$ for $s+t>n$, cf. [4d].

(2.2) As usual we denote by Ω^p the sheaf of holomorphic p-forms on $\mathbb{P}_n$ and by $\mathcal{O}(d)$ the invertible sheaf given by the cocycle $(\frac{z_j}{z_i})^d$, such that $\Gamma(\mathbb{P}_n, \mathcal{O}(1))$ is the space of linear forms in the homogeneous coordinates $z_o, \ldots, z_n$ of $\mathbb{P}_n$. If $\mathcal{F}$ is any coherent sheaf on $\mathbb{P}_n$, we write $\mathcal{F}(d)$ for $\mathcal{F} \otimes \mathcal{O}(d)$ and $q\mathcal{F}(d)$ for the direct sum of q copies of $\mathcal{F}(d)$. Now on $\mathbb{P}_n$ there is an exact sequence (the Hilbert-Koszul complex)

$$0 \longrightarrow \mathcal{O}(-n-1) \longrightarrow \ldots \longrightarrow p_{s+1}\,\mathcal{O}(-s-1) \xrightarrow[\lambda_s]{} p_s\,\mathcal{O}(-s) \longrightarrow \ldots \longrightarrow \mathcal{O} \longrightarrow 0 ,$$

where $p_s = \binom{n+1}{s}$ and where λ_s is represented by the 1-homogeneous "Hilbert"-matrix Z_s. This matrix Z_s is obtained as $A_{o,s}$ from the column $Z_o = A_{o,o}$ of the coordinate functions $z_o, \ldots, z_n$. (Here we use the convention that λ_s on $\{z_i \neq o\}$ is given by $f \longrightarrow \frac{f}{z_i} \circ Z_s$) . It is well knwon that $\mathrm{Im}\,\lambda_s = \Omega^s$ and hence we have the exact sequences

$$\text{(HK)} \qquad 0 \longrightarrow \Omega^{s+1} \longrightarrow \binom{n+1}{s+1}\mathcal{O}(-s-1) \longrightarrow \Omega^s \longrightarrow 0 .$$

The following lemmas are proved in [4d] .

(2.3) Lemma: There are canonical isomorphisms $\mathrm{Ext}^1_{\mathcal{O}}(\mathbb{P}_n, \Omega^{n-1}(n), \Omega^1) \cong \mathrm{Ext}^1_{\mathcal{O}}(\mathbb{P}_n, (n+1)\mathcal{O}, \Omega^1) \cong (n+1)H^1(P_n, \Omega^1)$ and if $\mathcal{E}$

is any extension of $\Omega^{n-1}(n)$ by Ω^1 then either $\mathcal{E} \cong \Omega^1 \oplus \Omega^{n-1}(n)$ or $\mathcal{E} \cong n\mathcal{O}(-1) \oplus n\mathcal{O}$.

(2.4) Lemma: $\mathrm{Ext}^1_{\mathcal{O}}(\mathbb{P}_n, \Omega^i(i+1), \Omega^j(d)) = 0$ for $o<i,j<n$ and $d \neq j$ except for the case (2.3).

(2.5) Lemma: $\mathrm{Ext}^1_{\mathcal{O}}(\mathbb{P}_n, \Omega^i(i+1), \Omega^j(j)) = \mathbb{A}_{i-j,j+1}$ for $o<i,j<n$. Moreover if the extension $0 \longrightarrow \Omega^j(j) \longrightarrow \mathcal{E} \longrightarrow \Omega^i(i+1) \longrightarrow 0$ corresponds to $A_{i-j,j+1}$ (given by $A_{i-j,o}$) then $\mathcal{E}$ has a canonical resolution

$$\ldots \xrightarrow[\alpha_2]{} q_2\mathcal{O}(-2) \oplus p_2\mathcal{O}(-1) \xrightarrow[\alpha_1]{} q_1\mathcal{O}(-1) \oplus p_1\mathcal{O} \longrightarrow \mathcal{E} \longrightarrow 0$$

with $p_s = \binom{n+1}{i+s}$ and $q_s = \binom{n+1}{j+s}$ and with α_s given by the matrix

$$\begin{pmatrix} Z_{j+s} & 0 \\ A_{i-j,j+s} & Z_{i+s} \end{pmatrix}.$$

3. The bundles $\mathcal{F}^\ell(A)$ on $\mathbb{P}_n$, $n \geq 2$.

Let $\ell = (\ell_i^d)$ be a system of integers $\ell_i^d \geq o$ for $i=1,\ldots,n-1$ and $d \in \mathbb{Z}$ such that $\sum_d \ell_i^d < \infty$. If $\ell_i^d \neq 0$ we define $Z_{i+s}^{d\mu}$ as Z_{i+s} for $1 \leq \mu \leq \ell_i^d$ and any integer $s \geq -1$ and we define the matrix

$$Z_s^\ell = \begin{pmatrix} \ddots & & 0 \\ & Z_{i+s}^{d\mu} & \\ 0 & & \ddots \end{pmatrix}$$

as the matrix with diagonal consisting of the matrices $Z_{i+s}^{d\mu}$, where i,d,μ runs over all possible values. If we set

$$\mathcal{L}_s = \mathcal{L}_s^\ell = \bigoplus_{i,d} \ell_i^d \binom{n+1}{i+s} \mathcal{O}(-i-s-d)$$

then we get the exact sequence on $\mathbb{P}_n$

$$\longrightarrow \mathcal{L}_{s+1} \xrightarrow[Z_s^\ell]{} \mathcal{L}_s \longrightarrow \ldots \longrightarrow \mathcal{L}_1 \xrightarrow[Z_o^\ell]{} \mathcal{L}_o \xrightarrow[Z_{-1}^\ell]{} \mathcal{L}_{-1}$$

and if $\mathcal{Z}_s^\ell$ is the image of Z_s^ℓ, the sheaf $\mathcal{Z}^\ell = \mathcal{Z}_o^\ell$ is nothing else than $\bigoplus \ell_i^d \Omega^i(-d)$, such that $\dim_{\mathbb{C}} H^i(\mathbb{P}_n, \mathcal{Z}^\ell \otimes \mathcal{O}(d)) = \ell_i^d$ for $o<i<n$ and $d \in \mathbb{Z}$.

Let now for any tuple i,j,d,e,μ,ν with $1 \leq \mu \leq \ell_i^d$ and $1 \leq \nu \leq \ell_j^e$ a column

$$A_{i-j,o}^{de,\mu\nu} \in \mathbb{A}_{i-j,o}$$

be given and assume that this column is zero unless $-e-j = -d-i-1$. Then we define the matrix $Z_s^\ell(A)$ with obvious notations by

$$Z_s^\ell(A) = \begin{pmatrix} \ddots & \vdots & & & \\ & Z_{j+s}^{e\nu} & & & \\ & \vdots & \ddots & & \\ \cdots & A_{i-j,j+s}^{de,\mu\nu} & \cdots & Z_{i+s}^{d\mu} & \cdots \\ & \vdots & & & \ddots \end{pmatrix}$$

where A stands for the system of all $A_{i-j,o}^{de,\mu\nu}$. The matrix $Z_s^\ell(A)$ is thus obtained by inserting in Z_s^ℓ at all possible places a general extension, represented by the matrix $A_{i-j,j+s}^{de,\mu\nu}$. We also write A_s^ℓ for $Z_s^\ell(A)|_{z=o}$, such that $Z_s^\ell(A) = Z_s^\ell + A_s^\ell$. By the definition of $\mathcal{L}_s$ the matrix $Z_s^\ell(A)$ defines a homomorphism $\mathcal{L}_{s+1} \longrightarrow \mathcal{L}_s$.

(3.1) One can compute, cf.[4c,d]: $Z_{s+1}^\ell(A) Z_s^\ell(A) = A_{s+1}^\ell A_s^\ell$ and: if $A_1^\ell A_o^\ell = 0$ then $A_{s+1}^\ell A_s^\ell = 0$ for all $s \geq -1$.

<u>(3.2) Definition</u>. Let S^ℓ be the set of all matrices A_o^ℓ satisfying $A_1^\ell A_o^\ell = 0$. Then S^ℓ is an affine variety defined by homogeneous

polynomials of degree 2. By (3.1) for any $A_o^\ell \in S^\ell$ we obtain the complex

$$\cdots \longrightarrow \mathcal{L}_2 \xrightarrow[Z_1^\ell(A)]{} \mathcal{L}_1 \xrightarrow[Z_o^\ell(A)]{} \mathcal{L}_o$$

which turns out to be exact. We write $\mathcal{Z}_s^\ell(A)$ for the image of $Z_s^\ell(A)$ in $\mathcal{L}_s$ and $\mathcal{Z}^\ell(A)$ for $\mathcal{Z}_o^\ell(A)$. It turns out moreover that $\mathcal{Z}^\ell(A)$ is always locally free. From the exactness of the above complex for any $A \in S^\ell$ it follows, that the family $\mathcal{Z}^\ell(A)$, $A \in S^\ell$, is a flat deformation of the bundle $\mathcal{Z}^\ell(0) = \bigoplus \ell_i^d \Omega^i(-d)$.

(3.3) Remark: The family $\mathcal{Z}^\ell(A)$, $A \in S^\ell$, is versal in most cases of ℓ, which follows from the description of the groups $\mathrm{Ext}^1_{\mathcal{O}}(\mathbb{P}_n, \Omega^i(i+1), \Omega^j(j))$. There is also a relation between S^ℓ and the Hilbert-scheme of all quotients of $\mathcal{L}_1$ which have a resolution

$$\cdots \xrightarrow[\phi_2]{} \mathcal{L}_2 \xrightarrow[\phi_1]{} \mathcal{L}_1 \longrightarrow \mathcal{F} \longrightarrow 0$$

with arbitrary ϕ's. This Hilbert-scheme is much bigger than S^ℓ.

(3.4) Definition: Let $H^\ell \subset S^\ell$ be defined by all A_o^ℓ with $A_{i-j,o}^{de;\mu\nu} = 0$ for $i<j$. Then H^ℓ is again a homogenous affine variety. One can prove, [4d]:

(3.5) Lemma: For any $A \in H^\ell$ and for any $o<i<n$ and $d \in \mathbb{Z}$ the dimension of $H^i(\mathbb{P}_n, \mathcal{Z}^\ell(A)(d))$ is ℓ_i^d.

By considering sequences of graded modules over the polynomial ring $\mathbb{C}[z_o,\ldots,z_n]$ the following theorem is proved, [4d].

<u>(3.6) Theorem:</u> Let $\mathcal{E}$ be any holomorphic vectorbundle on $\mathbb{P}_n$ and

let $\ell_i^d = \dim_{\mathbb{C}} H^i(\mathbb{P}_n, \mathcal{E}(d))$ for $o<i<n$ and $d \in \mathbb{Z}$ and let $\ell = (\ell_i^d)$. Then there exists a point $A \in H^\ell$ and finite direct sums of line bundles $\mathcal{L}$ and $\mathcal{L}'$ on $\mathbb{P}_n$, such that $\mathcal{E} \oplus \mathcal{L} \cong \mathcal{Z}^\ell(A) \oplus \mathcal{L}'$.

(3.7) In addition to the classifying properties of H^ℓ we obtain an algebraic group $\mathcal{G}^\ell$ operating on H^ℓ and S^ℓ, such that $\mathcal{Z}^\ell(A) \oplus \mathcal{L} \cong \mathcal{Z}^\ell(B) \oplus \mathcal{L}'$ if and only if A and B are on the same orbit of $\mathcal{G}^\ell$. More precisely: The group $\mathcal{G}^\ell$ consists of invertible matrices $C^\ell_{-1,o}$ of a similar type as the matrices A^ℓ_o such that for any $s \geq o$ we have an invertible matrix $C^\ell_{-1,s}$ defining an isomorphism $\mathcal{L}_s \to \mathcal{L}_s$. Denote by $\check{C}^\ell_{-1,s}$ the inverse matrix which is of the same type. The group operation is now given by

$A^\ell_o \times C^\ell_{-1,s} \longmapsto -C^\ell_{-1,1} A^\ell_o C^\ell_{-1,o}$. Hence if $B^\ell_o = -C^\ell_{-1,1} A^\ell_o C^\ell_{-1,o}$ we obtain the following diagram of isomorphisms

$$\begin{array}{ccccccc}
\longrightarrow \mathcal{L}_2 & \xrightarrow{Z_1^\ell(A)} & \mathcal{L}_1 & \longrightarrow & \mathcal{Z}^\ell(A) & \longrightarrow & 0 \\
\downarrow {\scriptstyle -C^\ell_{-1,1}} & & \downarrow {\scriptstyle C^\ell_{-1,o}} & & \downarrow & & \\
\longrightarrow \mathcal{L}_2 & \xrightarrow[Z_1^\ell(B)]{} & \mathcal{L}_1 & \longrightarrow & \mathcal{Z}^\ell(B) & \longrightarrow & 0 .
\end{array}$$

Especially, if $\mathcal{Z}^\ell(A) \oplus \mathcal{L} \cong \mathcal{Z}^\ell(B) \oplus \mathcal{L}'$ there is a matrix $C^\ell_{-1,o} \in \mathcal{G}^\ell$ such that $\mathcal{Z}^\ell(A) \cong \mathcal{Z}^\ell(B)$ by the above canonical diagram.

(3.8) By theorem (3.6) and (3.7) we see that $H^\ell / \mathcal{G}^\ell$ is a space of moduli for all equivalence classes (up to finite direct sums of line bundles) of bundles $\mathcal{E}$ on $\mathbb{P}_n$ such that $\dim_{\mathbb{C}} H^i(\mathbb{P}_n, \mathcal{E}(d)) = \ell_i^d$. However this quotient space does not seem to have a good structure. In the next section we apply the construction of the $\mathcal{Z}^{\ell}(A)$ to construct low rank vectorbundles on $\mathbb{P}_n$, if rank A_o^{ℓ} is big.

4. Construction of bundles of rank 2.

Let $R = \mathbb{C}[z_o,\ldots,z_n] = R_o \oplus R_1 \oplus \ldots$ be the polynomial ring in its natural graduation and let

$L_s = \bigoplus \ell_i^d \binom{n+1}{i+1} R(-i-s-d) = \Gamma_* \mathcal{L}_s = \bigoplus_d \Gamma(P_n, \mathcal{L}_s(d))$, cf. [5].

Then $L_{s+1} \xrightarrow[Z_s^{\ell}(A)]{} L_s$ is a graded homomorphism of degree o. Denote for any graded R-module M the minimal number of homogeneous generators by $\mu(M) = \dim M/\mathfrak{m} M$, and define $\chi(M) = \mu(M) - \mathrm{rank}(M)$. It is not difficult to derive the following formula:

$\chi(A_o^{\ell}) := \chi(\mathrm{Coker}\ Z_o^{\ell}(A)) = r(\ell) - \mathrm{rank}\ A_o^{\ell}$, where $r(\ell) = \Sigma \ell_i^d \binom{n}{i}$.

(4.1) Now let $L \xrightarrow[\alpha]{} \mathrm{Coker}\ Z_o^{\ell}(A) \longrightarrow 0$ be a graded epimorphism, where L is a finite direct sum of R(d)'s with rank $L = \mu(\mathrm{Coker} Z_o^{\ell}(A))$. By α we get an exact sequence

$$0 \longrightarrow \mathcal{E} \hookrightarrow \mathcal{L} \longrightarrow \mathrm{Coker}\ Z_o^{\ell}(A) \longrightarrow 0 ,$$

where the bundle $\mathcal{E}$ has $\mathrm{rank}(\mathcal{E}) = \chi(A_o^{\ell})$ and moreover $\mathcal{E}$ is equivalent to $\mathcal{Z}^{\ell}(A)$. Since we started with $\ell \neq o$, we must have $\chi(A_o^{\ell}) \geq 2$, otherwise $\mathcal{E}$ would be a line bundle with trivial cohomology.

Conversely one can prove, [4d]: If $\mathcal{E}$ is any holomorphic bundle on $\mathbb{P}_n$ there exists an exact sequence of graded R-modules

$0 \longrightarrow \Gamma_* \mathcal{E} \longrightarrow L \longrightarrow E' \longrightarrow 0$ such that E' is equivalent to Coker $Z_o^\ell(A)$ for some $A_o^\ell \in H^\ell$ and such that $\chi(E') = \chi(A_o^\ell)$. But now $\mathrm{rank}(\mathcal{E}) = \mathrm{rank}(L) - \mathrm{rank}(E') \geq \chi(E') \geq 2$. Especially by the above considerations we get:

(4.2) Proposition: The vectorbundles $\mathcal{E}$ on $\mathbb{P}_n$ with $\mathrm{rank}(\mathcal{E}) = 2$ and $\dim_{\mathbb{C}} H^i(\mathbb{P}_n, \mathcal{E}(d)) = \ell_i^d$ correspond exactly to the matrices $A_o^\ell \in H^\ell$ with

$$\mathrm{rank}\, A_o^\ell = \sum_{i,d} \ell_i^d \binom{n}{i} - 2 .$$

This is the maximal possible rank. These matrices are the points of a Zariski open set of H^ℓ, which might be empty for a given ℓ.

Especially, if $\mathrm{rank}\, A_o^\ell = \sum_{i,d} \ell_i^d \binom{n}{i} - 2$, by (4.1) we obtain a holomorphic vectorbundle $\mathcal{E}$ of rank 2 in $\mathbb{P}_n$.

5. Deformation of sheaves with isolated singularities on $\mathbb{C}^{n+1}$. If a holomorphic vector bundle $\mathcal{E}$ on $\mathbb{P}_n$ is given we obtain a coherent sheaf $\mathcal{F}$ on $\mathbb{C}^{n+1}$ with $\mathrm{Sing}(\mathcal{F}) \subset \{o\}$ by first lifting $\mathcal{E}$ via $\mathbb{C}^{n+1} \setminus \{o\} \xrightarrow{\pi} \mathbb{P}_n$ and then by extending $\pi^* \mathcal{E}$ across $\{o\}$. By the local deformation theorem (1.4) the germ $\mathcal{F}$ at $\{o\}$ has a versal deformation $(S, \mathcal{G})$ where in general S is much bigger than the germ $S_{\mathbb{P}}$ of the versal deformation of $\mathcal{E}$ itself. One can study also similar families $\mathcal{Z}^\ell(A)$ of coherent sheaves on $\mathbb{C}^{n+1}$ which now may have several singular points. The representation theorem (3.6) and the theorem (3.7) on the isomorphisms remain true in this case also. Details are given in [4c]. Even so the index ℓ will no longer distinguish between degrees, the branching of the singularities will be of some interest for the bundles on $\mathbb{P}_n$.

R e f e r e n c e s

[1] Douady: a) Le problème des modules pour les sous-espaces analytiques compacts d'un espace analytique donné, Ann. Inst. Fourier 16, 1-95 (1966). b) Le problème des modules locaux pour les espaces ℂ-analytiques compacts, Ann. Sci. Éc. Norm. Sup. 7, 569 - 602 (1974).

[2] Forster-Knorr: a) Über die Deformation von Vektorraumbündeln auf kompakten komplexen Räumen, Math. Ann. 209, 291-346 (1974). b) Konstruktion verseller Deformationen kompakter komplexer Räume, Manuskript 1977.

[3] Frisch: Aplatissement en Géométrie analytique, Ann. Sci. Éc. Norm. Sup. 1, 305 - 312 (1968).

[4] Grauert: a) Über die Deformation isolierter Singularitäten analytischer Mengen, Inv. math. 15, 171 - 198 (1972). b) Der Satz von Kuranishi für kompakte komplexe Räume, Inv. math. 25, 107 - 142 (1974).

[5] Grothendieck: Éléments de Géométrie Algébrique II, I.H.E.S. No. 8 (1961).

[6] Horrocks: a) Vector bundles on the punctured spectrum of a local ring, Proc. London Math. Soc. 14, 689 - 713 (1964). b) A construction of locally free sheaves, Topology 7, 117 - 120 (1968).

[7] Schuster: Formale Deformationstheorien, Habilitationsschrift, München 1971.

[8] Siu: Characterization of privileged polydomains, Trans. Am. Math. Soc. 193, 329 - 357 (1974).

[9] Siu-Trautmann: Deformation of coherent analytic sheaves with compact supports, forthcoming.

[10] Trautmann: a) Darstellung von Vektorraumbündeln über $\mathbb{C}^n \setminus \{o\}$, Arch. Math. 24, 303 - 313 (1973). b) Deformation von isolierten Singularitäten kohärenter analytischer Garben, Math. Ann. 223, 71 - 89 (1976). c) Deformations and moduli of coherent analytic sheaves with finite singularities, Sem. Norguet 1976 forthcoming Lecture Notes in Mathematics, Springer. d) Moduli for bundles on $\mathbb{P}_n$, forthcoming.

DEFORMATIONS A UN PARAMETRE DE VARIETES SIMPLES

Y. HERVIER

1. INTRODUCTION

On cherche à classifier de la façon la plus simple possible les déformations de variétés compactes. Avec le théorème de ARTIN [1] , on peut par exemple, montrer que pour que deux déformations (sur une même base) d'une variété compacte soient isomorphes, il suffit qu'elles le soient formellement [cf. MÜLICH [9] pour les Σ_n ; ou encore SCHUSTER [11] : formellement trivial ==> trivial] .

On est alors conduit à se demander s'il ne suffit pas qu'elles soient isomorphes à un ordre fini assez grand. Au vu des contre-exemples suivants on est amené à formuler le problème un peu différemment :

Soit $X_2 \overset{\varpi}{\rightarrow} \mathbb{C}$ la déformation semi-universelle de la surface de Hirzebruch Σ_2 . Un morphisme $f : \mathbb{C} \rightarrow \mathbb{C}$ définit par image inverse une déformation de Σ_2 .

1) Quel que soit N fixé , les déformations de Σ_2 définies par

$$z \rightarrow 0$$

$$z \rightarrow z^{N+1}$$

sont bien isomorphes à l'ordre N , sans même être isomorphes fibre à fibre.

2) De plus, pour N fixé , les déformations définies par

$$z \to z^{N+1}$$

$$z \to z^{N+k} \qquad (k > 1)$$

sont isomorphes à l'ordre N , mais ne sont pas isomorphes à l'ordre $N+1$.

On étudie donc le

Problème :

Etant donnée une déformation sur S d'une variété compacte V_o , existe-t-il un entier N tel que toute déformation de V_o sur S qui soit isomorphe fibre à fibre et isomorphe à l'ordre N à la première lui soit isomorphe ?

Lorsque $S = \mathbb{C}$, on répond positivement à ce problème dans certains cas, en particulier pour les surfaces Σ_n , et plus généralement pour les variétés (dites simples) dont la base de la déformation semi-universelle se stratifie en sous-espaces à types de fibre constants.

On utilise ce résultat pour étudier un problème posé par Van de Ven : la déformation semi-universelle de Σ_2 est-elle verselle pour les déformations globales (sur $\mathbb{C}$) de Σ_2 ?

2. PRELIMINAIRES - DEFINITIONS

2.1. Voisinages infinitésimaux - Ordre de contact

Soit R un espace analytique et S un sous-espace de R, d'idéal $\mathfrak{I}$ (R et S réduits). On notera $V_p(S,R)$ le voisinage infinitésimal d'ordre p de S dans R :

$$V_p(S,R) = (S, \mathcal{O}_R / \mathfrak{I}^{p+1})$$

Soit $r_o \in R$. On notera $\mathcal{O}_o(\mathbb{C},R)$ l'espace des germes d'application de $(\mathbb{C},0)$ dans (R,r_o).

DEFINITION 1 : Pour $f, g \in \mathcal{O}_o(\mathbb{C},R)$, on appellera ordre de contact entre f et g le nombre

$$o(f,g) = \sup \{ n \in \mathbb{N} \mid f_{|V_n(0,\mathbb{C})} = g_{|V_n(0,\mathbb{C})} \}$$

(On dira aussi que f et g sont tangentes à l'ordre $o(f,g)$).

Soit $f \in \mathcal{O}_o(\mathbb{C},R)$; notons γ_f son graphe.

PROPOSITION 2 : $o(f,g) \geq p \Rightarrow V_p(0,\gamma_f) = V_p(0,\gamma_g)$

Preuve : Il suffit de remarquer que, si on note $\mathfrak{I}_f$ l'idéal de γ_f dans $\mathbb{C}\times R$, et $\mathfrak{m}$ l'idéal de 0 dans $\mathbb{C}\times R$:

$$V_p(0,\gamma_f) = (\{0\}, \mathcal{O}_{\mathbb{C}\times R} / (\mathfrak{I}_f + \mathfrak{m}^{p+1}))$$

et, d'autre part :

$$o(f,g) \geq p \Rightarrow \mathfrak{I}_f + \mathfrak{m}^{p+1} = \mathfrak{I}_g + \mathfrak{m}^{p+1} .$$

Soit (S,s_o) un germe d'espace analytique. On dira que deux déformations sur (S,s_o) d'un espace compact X_o sont isomorphes à l'ordre p si elles coïncident sur $V_p(s_o,S)$.

PROPOSITION 3 (DOUADY) : Soit $(X,X_o) \to (Z,z_o)$ le germe de déformation semi-universel de l'espace compact X_o. Pour que deux déformations sur (S,s_o) de X_o soient isomorphes à l'ordre p , il faut et il suffit qu'on puisse les définir par des germes d'applications de (S,s_o) dans (Z,z_o) tangentes à l'ordre p en s_o .

(C'est une conséquence immédiate de la lissité du foncteur $\text{Déf}_{(S,s_o)}$ [Douady,4]).

2.2 . Intégration de champs – $\mathcal{F}$-équivalence

Soit (R,r_o) un germe de variété analytique , T_R son fibré tangent, et soit q la projection $\mathbb{C} \times R \to R$.

Pour un champ de vecteurs φ , on notera $\exp(t.\varphi)$ l'intégrale de φ ,c'est à dire la fonction vérifiant:

$$- \quad \exp(0.\varphi) \cdot x = x$$

$$- \quad \frac{\partial}{\partial t} \exp(t.\varphi) \cdot x = \varphi(\exp(t.\varphi).x)$$

DEFINITION 1 : Soient $f , g \in \mathcal{O}_o(\mathbb{C},R)$, et soit $\mathcal{F}$ un sous-faisceau de $q^*(\mathcal{M}_{r_o} T_R)$ (où $\mathcal{M}_{r_o}$ désigne l'idéal de r_o dans R):

a) On dira qu' "on peut passer de f à g en intégrant un champ de $\mathcal{F}$ " s'il existe $\varphi \in \mathcal{F}_{(0,r_o)}$ tel qu'au voisinage de 0 dans $\mathbb{C}$ on ait :

$$(z,g(z)) = \exp(1.\varphi) \cdot (z,f(z)) .$$

b) On dira que f est $\mathcal{F}$-équivalente à g si on peut passer de f à g par intégrations successives de champs de $\mathcal{F}$.

Soit $f \in \mathcal{O}_o(\mathbb{C},R)$, soit γ_f son graphe;on notera:

- $\mathcal{M}$ l'idéal de 0 dans R
- $\mathfrak{I}_f$ l'idéal de γ_f dans $\mathbb{C} \times R$
- $\mathfrak{I}_{f,n} = \mathfrak{I}_f + \mathcal{M}^n$ l'idéal dans $\mathbb{C} \times R$ des fonctions dont la restriction s'annule à l'ordre n en 0.

PROPOSITION 2 : Si f et g sont $\mathfrak{I}_{f,n}.q^*T_R$ – équivalentes , $o(f,g) \geq n$.

(Autrement dit, en intégrant des champs dont la restriction à γ_f est nulle en 0 à l'ordre n , on passe de f à des fonctions qui lui sont tangentes à l'ordre n).

Preuve : En remarquant que, si $o(f,g) \geq n$, on a: $\mathfrak{I}_{f,n} = \mathfrak{I}_{g,n}$, on se ramène à l'intégration d'un champ. On se place alors dans $\mathbb{C} \times \mathbb{C}^k$ et on fait un calcul standard à partir de l'équation différentielle qui définit $\exp(\lambda.\varphi)$.

PROPOSITION 3 : Soit $(X,X_o) \to (R,r_o)$ un morphisme propre et lisse. Soient $f,g \in \mathcal{O}_o(\mathbb{C},R)$, et soit ρ_V le morphisme de Kodaira-Spencer associé à $\mathbb{C} \times X \to \mathbb{C} \times R$ "parallèlement à R" .

Alors si f et g sont Ker ρ_V -équivalentes , on a un isomorphisme

$$\begin{array}{ccc} f^*(X) & \xrightarrow{\approx} & g^*(X) \\ & \searrow \quad \swarrow & \\ & \mathbb{C} & \end{array}$$

Preuve : Notons $\tilde{\pi}$, q , $\tilde{q}$ les morphismes naturels :

$$\begin{array}{ccc} \mathbb{C} \times X & \xrightarrow{\tilde{q}} & X \\ \tilde{\pi} \downarrow & & \downarrow \pi \\ \mathbb{C} \times R & \xrightarrow{q} & R \end{array}$$

La suite exacte

$$0 \to \tilde{q}^* \Theta_X \to \tilde{q}^* T_X \to \tilde{q}^* \pi^* T_R \to 0$$

donne une suite exacte:

$$0 \to \tilde{\pi}_* \tilde{q}^* \Theta_X \to \tilde{\pi}_* \tilde{q}^* T_X \xrightarrow{p} q^* \pi_* \pi^* T_R \to R^1 \pi_* (\tilde{q}^* \Theta_X) \to \dots$$

qui définit ρ_V (cf Kodaira-Spencer [8]).

Soit alors φ une section de Ker ρ_V telle qu'au voisinage de 0 dans $\mathbb{C}$:

$$(z,g(z)) = \exp(1.\varphi) \, . \, (z,f(z)) \, .$$

Comme Ker ρ_V = Im p ,il existe une section φ' de $\tilde{\pi}_* \tilde{q}^* T_X$ telle que $p(\varphi') = \varphi$ .Soit $\tilde{\varphi}$ la section correspondante de $\tilde{q}^* T_X$.

$\exp(1.\varphi')$ (resp. $\exp(1.\tilde{\varphi})$) définit un isomorphisme sur $\mathbb{C}$ de $\mathbb{C} \times R$ (resp. de $\mathbb{C} \times X$) et le diagramme

$$\begin{array}{ccc} \mathbb{C} \times X & \xrightarrow{\exp(1.\tilde{\varphi})} & \mathbb{C} \times X \\ \tilde{\pi} \downarrow & & \downarrow \tilde{\pi} \\ \mathbb{C} \times R & \xrightarrow{\exp(1.\varphi')} & \mathbb{C} \times R \end{array}$$

est commutatif.

Par suite , $\exp(1.\tilde{\varphi})$ définit un isomorphisme

$$\begin{array}{ccc} (1_{\mathbb{C}} , g)^* (\mathbb{C} \times X) & \xrightarrow{\approx} & (1_{\mathbb{C}} , f)^* (\mathbb{C} \times X) \\ & \searrow \quad \swarrow & \\ & \mathbb{C} & \end{array}$$

dont on déduit l'isomorphisme cherché.

2.3 . Sous-faisceaux des restrictions

Soit R un espace analytique, S un sous-espace de R ;

Soit $\mathcal{G}$ un faisceau sur R , $\mathcal{F}$ un sous-faisceau de $\mathcal{G}$;

Notons $\mathcal{F}_{|S}$ la restriction analytique de $\mathcal{F}$ à S .

On notera $\mathcal{F}_{||S,\mathcal{G}}$ le sous-faisceau de $\mathcal{G}_{|S}$ formé des restrictions à S de sections de $\mathcal{F}$.

(i.e. $\mathcal{F}_{||S,\mathcal{G}} = \mathrm{Im} (\mathcal{F}_{|S} \to \mathcal{G}_{|S})$)

On montre facilement les propriétés suivantes :

1 : Si $T \subset S \subset R$, $\mathcal{F}_{||T,\mathcal{G}} = (\mathcal{F}_{||S,\mathcal{G}})_{||T,\mathcal{G}}$

2 : Soit $\mathcal{J}$ un idéal de $\mathcal{O}_R$:

$$(\mathcal{J} . \mathcal{F})_{||S,\mathcal{G}} = (\mathcal{J}_{||S,\mathcal{O}_R}).(\mathcal{F}_{||S,\mathcal{G}})$$

3 : Soit $\mathfrak{I}$ l'idéal de S dans R; alors, si $\mathcal{F}$ et $\mathcal{F}'$ sont deux sous-faisceaux de $\mathcal{G}$, où $\mathcal{F}'$ vérifie $\mathfrak{I} . \mathcal{G} \subset \mathcal{F}'$

on a:

$$(\mathcal{F} \cap \mathcal{F}')||_{S,\mathcal{G}} = \mathcal{F}||_{S,\mathcal{G}} \cap \mathcal{F}'||_{S,\mathcal{G}}$$

<u>LEMME 4</u> : Soit $\mathcal{F}$ un faisceau cohérent sur $\mathbb{C}$, $\mathcal{F} \subset \mathcal{O}^n = \mathcal{O}(\mathbb{C},\mathbb{C}^n)$, tel que:

$$\mathcal{F}|_{\mathbb{C}\setminus\{0\}} = \mathcal{O}^n|_{\mathbb{C}\setminus\{0\}}$$

Alors : a) $\exists\, p \in \mathbb{N}$, $\mathcal{F} \supset (z^p)\,\mathcal{O}^n$;

b) si de plus

$$\mathcal{F}||_{V_q(0,\mathbb{C}),\mathcal{O}^n} \supset ((z^q).\mathcal{O}^n)||_{V_q(0,\mathbb{C}),\mathcal{O}^n}$$

alors $\mathcal{F} \supset (z^q).\,\mathcal{O}^n$.

<u>Preuve</u> : Soit $(e_1, e_2, \ldots, e_n)$ une base de $\mathcal{O}^n$ au voisinage de 0.

a) Pour tout i , $\mathcal{F} \cap \mathcal{O}.e_i$ est cohérent , et

$$(\mathcal{F} \cap \mathcal{O}.e_i)|_{\mathbb{C}\setminus\{0\}} = \mathcal{O}.e_i|_{\mathbb{C}\setminus\{0\}} .$$

Par suite, $\mathcal{F} \cap \mathcal{O}.e_i$ est de la forme

$$(z^{p_i}).e_i$$

et donc $\mathcal{F} \supset (z^p)\,.\,\mathcal{O}^n$,en prenant $p = \sup_i \{p_i\}$.

b) Il suffit de montrer que $\mathcal{F}_0 \supset (z^q).\mathcal{O}^n_0$ (fibres en 0).
Soit $g \in (z^q).\mathcal{O}^n_0$ .Par hypothèse, $g|_{V_q(0,\mathbb{C})}$ se prolonge au voisinage de 0 en $s \in \mathcal{F}_0$ .Par suite,

$$(s-g)|_{V_q(0,\mathbb{C})} \equiv 0$$

et donc $(s-g) \in (z^{q+1})\,.\,\mathcal{O}^n_0$, c'est à dire qu'il existe $f \in \mathcal{O}^n_0$ tel que $(s-g) = z^{q+1} f$,et donc tel que

$$s - z^{q+1} f \in \mathcal{F}_0 .$$

En appliquant ce résultat aux $(z^q e_i)$, on obtient n fonctions $f_i \in \mathcal{O}^n_0$

telles que

$$z^q e_i + z^{q+1} f_i \in \mathcal{F}_o .$$

Comme $(e_1 + z f_1 , e_2 + z f_2 , \dots , e_n + z f_n)$ constitue également une base de $\mathcal{O}_o^n$, on obtient

$$z^q . \mathcal{O}_o^n \subset \mathcal{F}_o$$

3 . LEMME PRINCIPAL

3.1 Enoncé - Notations

Soit $(R,0) \simeq (\mathbb{C}^k,0)$ un germe de variété analytique, T_R son fibré tangent.

Désignant par q la projection $\mathbb{C} \times R \to R$, on notera $T_V = q^* T_R$ le fibré tangent vertical de $\mathbb{C} \times R$.

Sauf mention contraire, les restrictions de sous-faisceaux de T_V seront prises relativement à T_V (on notera $\mathcal{F}_{||S}$ pour $\mathcal{F}_{||S,T_V}$) .

Enfin, si $f \in \mathcal{O}_o(\mathbb{C},R)$, on notera :

- γ_f le graphe de f
- $\mathfrak{I}_f$ l'idéal de γ_f dans $\mathbb{C}\times R$
- $\mathfrak{I}_{f,n}$ l'idéal des fonctions dont la restriction à γ_f s'annule à l'ordre n en 0 ($\mathfrak{I}_{f,n} = \mathfrak{I}_f + \mathfrak{M}^n$, où $\mathfrak{M}$ est l'idéal de 0 dans $\mathbb{C} \times R$)

LEMME 1 : Soient :

- $(S,0)$ un germe de sous-variété de $(\mathbb{C} \times R , 0)$
- $\mathcal{F}$ un sous-faisceau cohérent de T_V tel que

$$\mathcal{F}_{|\mathbb{C} \times R \setminus S} = T_{V|\mathbb{C} \times R \setminus S}$$

- $f \in \mathcal{O}_o(\mathbb{C},R)$ tel que γ_f soit transverse à S .

Alors il existe N tel que tout $g \in \mathcal{O}_o(\mathbb{C},R)$ tangent à f au moins à l'ordre N soit $\mathcal{F}$ – équivalent à f.

3.2. Début de la démonstration : choix de N

PROPOSITION 1 : Il existe N tel que :

$$\forall\, g \in \mathcal{O}_o(\mathbb{C},R) \quad , \; o(f,g) \geq N \Longrightarrow \mathcal{F}_{||\gamma_g} \supset (\mathfrak{I}_{g,N}\ T_V)_{||\gamma_g}$$

Preuve : D'après le lemme 2.3.4 a), il existe N tel que

$$\mathcal{F}_{||\gamma_f} \supset (\mathfrak{I}_{f,N}\ T_V)_{||\gamma_f} \quad .$$

Or on sait de plus que :

$$o(f,g) \geq N \Longrightarrow \left\| \begin{array}{l} V_N(0,\gamma_g) = V_N(0,\gamma_f) \qquad (2.1.2) \\ \mathfrak{I}_{f,N} = \mathfrak{I}_{g,N} \end{array} \right.$$

Par suite, si $o(f,g) \geq N$, on a les relations suivantes :

$$(\mathcal{F}_{||\gamma_g})_{||V_N(0,\gamma_g),\,T_V|_{\gamma_g}} = \mathcal{F}_{||V_N(0,\gamma_g)} \qquad (2.3.1)$$

$$\mathcal{F}_{||V_N\,(0,\gamma_g)} = \mathcal{F}_{||V_N\,(0,\gamma_f)} \supset (\mathfrak{I}_{f,N}\ T_V)_{||V_N\,(0,\gamma_f)}$$

$$(\mathfrak{I}_{f,N}\ T_V)_{||V_N\,(0,\gamma_f)} = (\mathfrak{I}_{f,N}\ T_V)_{||V_N\,(0,\gamma_g)}$$

soit :

$$(\mathcal{F}_{||\gamma_g})_{||V_N(0,\gamma_g)\;,\;T_V|\gamma_g} \supset (\mathfrak{I}_{g,N}\ T_V)_{||V_N\,(0,\gamma_g),\,T_V|\gamma_g}$$

ce qui, avec le lemme 2.3.4 b) donne le résultat.

COROLLAIRE :

$$\forall\, n \geq N \quad , \quad o(f,g) \geq n \Longrightarrow (\mathcal{F} \cap \mathfrak{I}_{g,n}\, T_V)_{||\gamma_g} = (\mathfrak{I}_{g,n}\, T_V)_{||\gamma_g}$$

(cf. 2.3.3)

Soit donc $g \in \mathcal{O}_o(\mathbb{C},R)$ tel que $o(f,g) \geq N$. Pour $t \in \mathbb{C}$, on pose $g_t = tg + (1-t)f$.

Pour montrer que g est $\mathcal{F}$ - équivalente à f , il suffit de montrer que, pour $t \in \mathbb{C}$, alors pour tout s assez voisin de t , g_s est $\mathcal{F}$ - équivalente à g_t . On fixe donc $t \in \mathbb{C}$. Quitte à changer de coordonnées dans $\mathbb{C} \times R$, on peut supposer que $g_t = 0$. Pour simplifier les notations, on notera $\mathfrak{I}_N$ au lieu de $\mathfrak{I}_{g_{t,N}}$, γ au lieu de γ_{g_t} , et on identifiera $\mathbb{C}$ à $\mathbb{C} \times \{0\} = \gamma$.

Pour un faisceau $\mathcal{G}$ sur γ , on notera $\widetilde{\mathcal{G}}$ le faisceau sur $\mathbb{C} \times R$ obtenu par prolongement par 0 .

3.3 Compacts privilégiés

PROPOSITION 1 $\exists\, K = K_1 \times K_2$ polycylindre compact de $\mathbb{C} \times R$ tel que :

. K est $\mathcal{F}$ - privilégié

. $0 \in \mathring{K}$

. $\gamma \cap K \cap S = \{0\}$

Preuve : Quitte à supposer $N > 0$, g_s est transverse à S pour tout s . On choisit alors un voisinage U de 0 tel que $\gamma \cap U \cap S = \{0\}$. Il ne reste plus qu'à appliquer le théorème des voisinages privilégiés de DOUADY [3] .

PROPOSITION 2 K est privilégié pour les faisceaux

$$\bullet\ \mathcal{F}_N = \mathcal{F} \cap \mathfrak{I}_N T_V$$

$$\bullet\ \widetilde{\mathcal{F}_{N||Y}}$$

Preuve : On utilise le résultat de G. POURCIN [10] d'après lequel le privilège s'examine sur le bord de K :

- en dehors de 0, et donc sur le bord de K, $\mathcal{F}_N \approx \mathcal{F}$; or K est $\mathcal{F}$-privilégié : il est donc $\mathcal{F}_N$-privilégié.

- De même, comme $Y \cap S \cap K = \{0\}$, et $\mathcal{F}_{N||Y} = (\mathfrak{I}_N T_V)_{||Y}$, en dehors de 0 dans $K_1 = Y \cap K$, $\mathcal{F}_{N||Y}$ est isomorphe à $T_{V||Y}$ qui est de profondeur 1 sur le bord de K_1. On en déduit le résultat soit en remarquant que ∂K_1 est contenu dans le bord d'ordre 1 de K, soit en utilisant DOUADY [3, § 7, prop.5], puisque $\mathcal{F}_{N||Y}$ est K_1-privilégié. On a même, d'après [3] : $B(K_1, \mathcal{F}_{N||Y}) = B(K, \widetilde{\mathcal{F}_{N||Y}})$.

3.4. Application α. Fin de la démonstration du lemme 3.1.1.

On considère l'application $\alpha : B(K, T_V) \to B(K, R)$ définie au voisinage de 0 par

$$\alpha(\varphi)(z) = q\ (\exp\ (1.\varphi)\ .\ (z,0))$$

Autrement dit, α est le morphisme qui, à φ, associe la transformée de g_t par intégration de φ.

PROPOSTION 1 : $\forall\ \varphi \in B(K, T_V)$, $T_0\ \alpha(\varphi) = \varphi_{|Y}$

Preuve : Il suffit pour cela de montrer :

$$\forall\ \varphi \in B(K, T_V)\ ,\ \forall\ z \in K_1\ ,\ \frac{\partial}{\partial\lambda}\ (\alpha(\lambda\varphi))^{(0)}(z) = \varphi(z,0)$$

ce qui découle immédiatement des propriétés de exp :

$$\begin{cases} \exp\,(1\,.\,\lambda\varphi) = \exp(\lambda\,.\,\varphi) \\ \text{et} \\ \left(\dfrac{\partial}{\partial\lambda}\ \exp\,(\lambda.\varphi)\right)_{\lambda=0} = \varphi\ .\ \exp\,(0.\varphi) \end{cases}$$

Notons $B_N(K_1\,,\,R)$ le sous-espace de $B(K_1\,,\,R)$ des fonctions nulles en 0 au moins à l'ordre N. (Si on choisit une identification $(R,r_o) \approx (\mathbb{C}^k,0)$, $B_N(K_1\,,\,R)$ est de la forme $B(K_1\,,\,(z)^N.\,\mathcal{O}(\mathbb{C},R)))$.

D'après la proposition 2.2.2, $\alpha(B(K\,,\,\mathfrak{I}_N\,T_V)) \subset B_N(K_1\,,R)$.

Notons $\bar{\alpha}$ le morphisme

$$B(K\,,\,\mathcal{F}_N) \overset{\bar{\alpha}}{\rightarrow} B_N(K_1\,,\,R)$$

déduit de α .

<u>PROPOSITION 2</u> : $\bar{\alpha}$ est surjective au voisinage de 0

<u>Preuve</u> : En effet, dans l'isomorphisme canonique

$$T_o\,B(K_1\,,\,R) \cong B(K_1\,,\,g_t^*\,T_R) = B(K_1\,,\,T_{V|_Y})\ ,$$

$T_o\,B_N(K_1\,,\,R)$ devient $B(K_1\,,\,(z)^N\,.\,(T_{V|_Y}))$, soit

$$B(K_1\,,\,(\mathfrak{I}_N\,.\,T_V)_{||Y}) = B(K_1,\mathcal{F}_{N||Y}) = B(K\,,\,\widetilde{\mathcal{F}_{N||Y}})\ .$$

De plus, d'après la proposition 1 , $T_o\bar{\alpha}$ est exactement le morphisme de restriction

$$B(K\,,\mathcal{F}_N) \rightarrow B(K\,,\widetilde{\mathcal{F}_{N||Y}})$$

induit par la projection

$$\mathcal{F}_N \to \widetilde{\mathcal{F}_{N||\gamma}} \to 0$$

K étant $\mathcal{F}_N$ et $\mathcal{F}_{N||\gamma}$ - privilégié, $T_o \bar{\alpha}$ est surjective directe [DOUADY 3] , ce qui, avec le théorème des fonctions implicites [DOUADY 3] prouve la proposition, et le lemme.

4 . APPLICATIONS

Soit $(R, 0)$ un germe d'espace analytique.

THEOREME 1 : Soit $X \xrightarrow{\pi} R$ un morphisme propre et lisse, dont toutes les fibres sont isomorphes en dehors d'un sous-espace $(S, 0)$ de R contenant les singularités de R . Soit f un germe d'application de $(\mathbb{C}, 0)$ dans $(R, 0)$ dont l'image n'est pas contenue dans S .

Alors il existe N tel que, pour tout germe $g \in \mathcal{O}_o(\mathbb{C}, R)$ tangent à f au moins à l'ordre N , on ait un isomorphisme

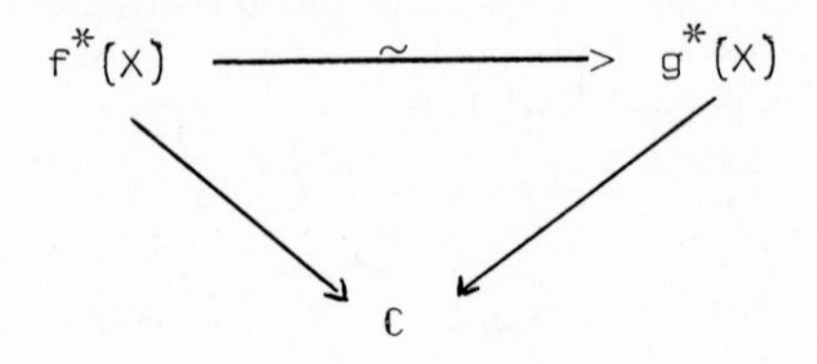

$$\begin{array}{ccc} f^*(X) & \xrightarrow{\sim} & g^*(X) \\ & \searrow \quad \swarrow & \\ & \mathbb{C} & \end{array}$$

PREUVE : a/ Si R, S, sont des variétés et si f est transverse à S :

On considère le morphisme ρ de Kodaira-Spencer de l'application

$$\mathbb{C} \times X \xrightarrow{(1 \times \pi)} \mathbb{C} \times R \quad :$$

$$\rho : T_{\mathbb{C} \times \mathbb{R}} \longrightarrow R^1 \pi_*(\Theta_{\mathbb{C} \times X}) \; .$$

Toutes les fibres de $(1 \times \pi)$ en dehors de $\mathbb{C} \times S$ étant isomorphes entre elles, $\rho_{|\mathbb{C} \times R \setminus \mathbb{C} \times S} \equiv 0$.

Par suite :

$$\mathrm{Ker}\ \rho_{V|C \times R \setminus C \times S} = T_{V|C \times R \setminus C \times S} .$$

Il ne reste plus qu'à appliquer le Lemme 3.1.1. (cf. Prop. 2.2.3.) pour la sous-variété $C \times S$ et le faisceau $\mathrm{Ker}\ \rho_V$.

b/ Sinon on se ramène au cas précédent par désingularisation. D'après [HIRONAKA 7] il existe une variété $\tilde{R}$, un morphisme $\sigma : \tilde{R} \longrightarrow (R, 0)$, où σ est une suite d'éclatements et $\tilde{S} = \sigma^{-1}(S)$ un diviseur à croisements normaux. De plus, comme $f^{-1}(S) = \{ 0 \}$, f se factorise à travers σ , soit en $\tilde{f}$. Quitte à éclater encore $\tilde{R}$ en $f(0)$, on peut même supposer que $\tilde{f}$ est transverse à $\tilde{S}$. D'après a/ , on obtient ainsi N tel que : $o(\tilde{f}, \tilde{g}) \geq N \Rightarrow \tilde{g}^*(\tilde{V}) \simeq \tilde{f}^*(\tilde{V})$.

Il ne reste alors qu'à montrer le

<u>LEMME 2</u> : a/ $\exists\, N_1$ tel que $o(f, g) \geq N_1 \Longrightarrow g^{-1}(S) = \{0\}$ et donc g se factorise en $\tilde{g}$

b/ $\exists\, N_2$ tel que $o(f, g) \geq N_2 \Longrightarrow o(\tilde{f}, \tilde{g}) \geq N$.

<u>PREUVE</u> : Pour a/ il suffit de prendre N_1 supérieur à l'ordre du contact entre f et S (i.e. $N_1 > \sup \{ i | f^*(\mathcal{I}_S) \supset (z^i) \}$) .

Pour b/ on peut se contenter de le montrer pour l'éclatement d'un point dans $\mathbb{C}^n$.

On pose
$$f(x) = (f_1(x), f_2(x), \ldots, f_n(x))$$
$$g(x) = (g_1(x), g_2(x), \ldots, g_n(x)) .$$

On suppose que f_1 réalise le minimum des $o(f_i, 0)$, c'est-à-dire que $o(f_1, 0) = o(f, 0)$. Quitte à supposer $o(g, f) \geq o(f, 0)$, il en est de même pour g_1 . Au voisinage de $\tilde{f}(0)$, $\tilde{f}$ et $\tilde{g}$ peuvent s'écrire

$$\tilde{f}(x) = (f_1(x), \frac{f_2(x)}{f_1(x)}, \ldots, \frac{f_n(x)}{f_1(x)})$$

$$\tilde{g}(x) = (g_1(x), \frac{g_2(x)}{g_1(x)}, \ldots, \frac{g_n(x)}{g_1(x)}) .$$

Par suite, $o(\tilde{f}, \tilde{g}) \geq o(f.g) - o(f, 0)$.

REMARQUE : Si $(R, 0)$ est un sous-espace de la base de la déformation semi-universelle de X_o , la condition Sing $X \subset S$ est automatiquement vérifiée :

PROPOSITION 3 : Soit X_o un espace compact, $(X, X_o) \longrightarrow (Z, 0)$ son germe de déformation semi-universel. Alors, pour tout $y \in Z$, il existe un voisinage U de y dans Z tel que

a/ le plus grand espace analytique connexe Z_y vérifiant $y \in Z_y \subset \{ z \in U \mid X_z \simeq X_y \}$ soit lisse en y

b/ On ait un isomorphisme

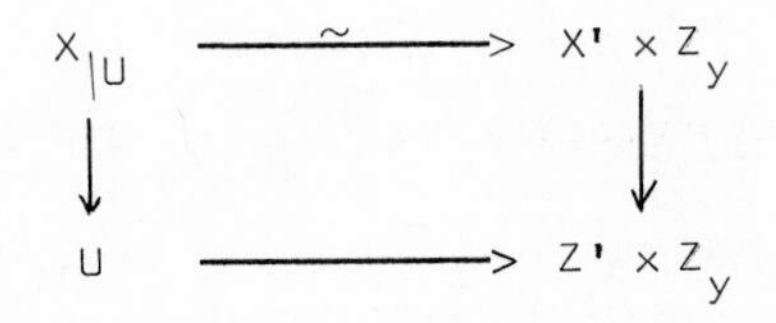

$$\begin{array}{ccc} X_{|U} & \xrightarrow{\sim} & X' \times Z_y \\ \downarrow & & \downarrow \\ U & \longrightarrow & Z' \times Z_y \end{array}$$

où $X' \longrightarrow Z'$ est le germe de déformation semi-universel de X_y .

PREUVE : Ce résultat est contenu dans [DOUADY, 4] . Il suffit d'examiner plus précisément l'ouverture de la versalité [ib. VIII, 2] . Z_y n'est autre que $\delta(V'_o(y)) \cap H$ et la condition :

$TV_{o,y}(q_{o,y}) \cap \mathrm{Ker}\, T\,\delta(q_{o,y}) = \{ 0 \}$ implique que Z_y est lisse. On vérifie alors facilement le b/ .

En particulier, on a le résultat suivant :

COROLLAIRE 4 : Soit $X \xrightarrow{\pi} (\mathbb{C}, 0)$ un germe de déformation de X_o , dont la fibre générale $X_t (t \neq 0)$ est rigide. Alors il existe N tel que toute déformation sur $(\mathbb{C}, 0)$ de X_o qui lui est isomorphe à l'ordre N lui soit isomorphe.

PREUVE : Soit $Y \xrightarrow{\overline{\omega}} (Z, 0)$ le germe de déformation semi-universel de X_0. D'après le théorème de semi-continuité de GRAUERT [6] , l'espace $S = \{ z \in Z \mid \dim H^1(Y_z, \Theta_z) \geq 1 \}$ est analytique dans Z. La fibre générale de π étant rigide, $\overline{\omega}$ a des fibres rigides, i.e. $S \neq Z$, et π peut être définie par un germe $f \in \mathcal{O}_0(\mathbb{C}, Z)$ tel que $\operatorname{Im} f \cap S = \{ 0 \}$.

De plus :

$\forall z \in Z \setminus S$, $H^1(Y_z, \Theta_z) = 0$, et donc toutes les fibres de $\overline{\omega}$ en dehors de S sont isomorphes entre elles. D'où le résultat, avec le Théorème 1 et la Proposition 3 .

5 . VARIETES SIMPLES

Soit V_0 une variété compacte, $V \overset{\overline{\omega}}{\to} (Z,0)$ son germe de déformation semi-universel.

DEFINITION : On dira que V_0 est simple si les ensembles de Z à types d'isomorphisme de fibre constants définissent une stratification de Z.

Exemple : Les variétés Σ_n de Hirzebruch sont simples.

Dans ce cas, en effet, on connaît explicitement cette stratification (cf. MULICH [9]). La lissité des strates est une conséquence de la proposition 2.3 .

THEOREME 3 : Soit V_0 une variété simple, et soit $(W,\pi) : (W,V_0) \overset{\pi}{\to} (\mathbb{C},0)$ un germe de déformation de V_0. Alors il existe N tel que tout germe de déformation sur $(\mathbb{C},0)$ de V_0 qui soit

- isomorphe fibre à fibre à (W,π)
- isomorphe à l'ordre N à (W,π)

soit isomorphe à (W,π) .

Preuve : Soit en effet $f \in \mathcal{O}_0(\mathbb{C},Z)$ tel que $(W,\pi) \simeq (f^*(V), f^*(\overline{\omega}))$.
En dehors de 0, $\overline{\omega}$ n'a qu'un seul type de fibre, soit W_x ; soit alors S la strate de W_x dans Z, et T le bord de S : $T = \overline{S} \smallsetminus S$. $\overline{S}$ et T sont analytiques, et on a $\operatorname{Im} f \smallsetminus \{0\} \subset S \; (= \overline{S} \smallsetminus T)$.
Alors les déformations de V_0 sur $(\mathbb{C},0)$ isomorphes fibre à fibre à (W,π) correspondant aux $g \in \mathcal{O}_0(\mathbb{C},Z)$ tels que $\operatorname{Im} g \smallsetminus \{0\} \subset \overline{S} \smallsetminus T$. Le théorème est alors une conséquence du théorème 4.1 pour les espaces $\overline{S}$, et T.

6. DEFORMATIONS SUR $\mathbb{C}$ de Σ_n

1. Problème

Soit $X_n \overset{\overline{\omega}}{\to} Z_n = \mathbb{C}^{n-1}$ la famille définie en [2], dont le germe en 0 est semi-universel pour Σ_n (on l'appellera aussi "déformation semi-universelle de Σ_n ").

On appellera "déformation (globale) sur $\mathbb{C}$ de Σ_p" une famille propre et lisse sur $\mathbb{C}$ de Σ_n, avec $n \leq p$.

On étudie le problème suivant, posé par Van de Ven :

Une déformation sur $\mathbb{C}$ de Σ_p provient-elle toujours d'un morphisme $\mathbb{C} \to Z_p$?

On voit tout de suite apparaître une condition supplémentaire.
En effet, on sait [cf 2] que $(X_p, \overline{\omega})$ est munie d'une fibration (de fibre $\mathbb{P}_1$) sur $Z_p \times \mathbb{P}_1$ (au-dessus de Z_p). Par suite toutes les familles obtenues par un morphisme $\mathbb{C} \to Z_p$ sont-elles mêmes munies d'une telle fibration sur $\mathbb{C} \times \mathbb{P}_1$ (au-dessus de $\mathbb{C}$).

Cette condition n'est pas triviale, comme le montre l'exemple suivant

Exemple 1 : Soient (V_1, π_1) et (V_2, π_2) les déformations sur $\mathbb{C}$ de Σ_2 obtenues à partir des morphismes

$$\mathbb{C} \to Z_2 = \mathbb{C} \quad : \begin{cases} \varphi_1 = 1_{\mathbb{C}} \\ \varphi_2(Z) = Z - 1 \end{cases}$$

sur $\mathbb{C} \setminus \{0,1\}$, on a :

$$V_{1\,|\mathbb{C} \setminus \{0,1\}} \simeq \Sigma_o \times (\mathbb{C} \setminus \{0,1\}) \simeq V_{2\,|\mathbb{C} \setminus \{0,1\}}$$

Soit alors (V,π) la famille obtenue en recollant $V_{1\,|\mathbb{C} \setminus \{1\}}$ avec $V_{2\,|\mathbb{C} \setminus \{0\}}$ à l'aide d'un automorphisme de Σ_o n'appartenant pas à la composante connexe de l'identité.

PROPOSITION 2 : Il n'y a pas de fibration (propre) de (V,π) sur $\mathbb{C} \times \mathbb{P}_1$.

Preuve : S'il en existait une, il en existerait (par symétrie) deux, de types différents (i.e. ayant des ensembles de fibres distincts) .

On aurait donc sur $(X_2, \overline{\omega})$ deux types de fibrations distincts. Cela n'est pas possible, car d'une part, il n'y a qu'un type de fibration sur Σ_2 (car Aut Σ_2 est connexe , cf. [2]) , et d'autre part deux fibrations propres sur un espace connexe qui ont une fibre en commun sont de même type (au voisinage de cette fibre, les fibres de l'une sont fibres de l'autre).

On a par contre le résultat suivant :

PROPOSITION 3 : Toute déformation sur $\mathbb{C}$ de Σ_p qui n'admet aucune fibre isomorphe à Σ_o est munie d'une fibration sur $\mathbb{C} \times \mathbb{P}_1$ (au-dessus de $\mathbb{C}$) .

Preuve : En effet une telle déformation est localement munie d'une fibration sur $\mathbb{C} \times \mathbb{P}_1$ puisqu'elle provient localement de morphismes $\mathbb{C} \to Z_q$. Deux fibrations de Σ_q sur $\mathbb{P}_1$, pour $q \neq 0$, sont de même type, et donc ne diffèrent que d'un automorphisme de $\mathbb{P}_1$. On obtient donc un élément de $H^1(\mathbb{C}, \text{Aut}\, \mathbb{P}_1)$, qui est nul .

2 - Cas de Σ_2

Soit (V, π) une déformation sur $\mathbb{C}$ de Σ_2. Si V n'est pas triviale, il y a dans $\mathbb{C}$ au plus une suite de points x_i tels que

$$\begin{cases} V_{x_i} \simeq \Sigma_2 \\ x \in \mathbb{C} \setminus \cup\{x_i\} \Longrightarrow V_x \simeq \Sigma_o \end{cases}$$

Pour tout i, soit (V_i, π_i) le germe de déformation de Σ_2 défini en x_i par V, et soit f_i une application d'un voisinage de x_i dans Z_2 tel que

$$(V_i, \pi_i) \simeq (f_i^*(X_2), f_i^* \bar{\varpi})$$

D'après le théorème 5.3, pour tout i, il existe p_i tel que pour toute application f_i' d'un voisinage de x_i dans Z_2 tangente à f_i en x_i au moins à l'ordre p_i, on ait

$$(V_i, \pi_i) \simeq (f_i'(X_2), f_i'^* \bar{\varpi})$$

On prend une application $f : \mathbb{C} \to \mathbb{C}$ telle que

- $f(x) = 0 \iff x \in \cup\{x_i\}$
- $j_{p_i}(f, x_i) = j_{p_i}(f_i, x_i)$ (jets d'ordre p_i)

On obtient ainsi une famille $(f^* X_2, f^* \bar{\varpi})$ qui est localement isomorphe à (V,π). Dans le cas où (V,π) est muni d'une fibration sur $\mathbb{C} \times \mathbb{P}_1$, on peut espérer arriver à montrer, à l'aide des techniques de FORSTER ET RAMSPOTT [5], qu'elle lui est isomorphe globalement.

B I B L I O G R A P H I E

[1] ARTIN, M : On the solutions of analytic equations, Inventiones Math, 5, 277-291 (1968).

[2] BRIESKORN, E : Uber Holomorphe P_n-Bündel über P_1, Math. Annalen, 157, 343-357 (1965).

[3] DOUADY, A : Le problème des modules pour les sous-espaces analytiques compacts d'un espace analytique donné, Ann, Inst. Fourier, 16, 1 (1966) 1-95.

[4] DOUADY, A : Le problème des modules locaux pour les espaces $\mathbb{C}$-analytiques compacts, Ann. sc. E.N.S., 4 série, t.7 (1974), p. 569-602.

[5] FORSTER.O et RAMSPOTT, K-J : Okasche Paare von Garben nicht abelscher Gruppen, Invent. Math. 1, 260-286 (1966).

[6] GRAUERT, H : Ein theorem der analytischen Garbentheorie und die Modulräume komplexer Strukturen. Publ. Math. I.H.E.S n° 5, 1960.

[7] HIRONAKA, H : Bimeromorphic smoothing of a complex analytic space.

[8] KODAIRA, K et SPENCER D.C. On deformations of complex analytic structures, I, Ann. of Math. 67 (1958) p. 328-403.

[9] MULICH, G : Familien holomorpher Vektorraumbündel über P_1 und unzerlegbare holomorphe 2-Bündel über der projectiven Ebene, Dissertation 1974, Göttingen.

[10] POURCIN, G : Polycylindres privilégiés, Séminaire E.N.S. 1971-1972.

[11] SCHUSTER, H.W. : Uber die Starrheit kompakter komplexer Räume, Manuscripta math. 1, 125-137 (1969).

****

Y. HERVIER
Département de Mathématiques
I.M.S.P.
UNIVERSITE DE NICE
06034 NICE CEDEX FRANCE

ON THE LOCAL TORELLI THEOREM , a review of known results.

Chris PETERS

Rijkuniversiteit Leiden , Mathematisches Instituut ,

Wassenaarseweg 80 , LEIDEN , The NETHERLANDS .

§1. The classical Torelli theorem.

Let X be a compact Riemann surface of genus $g \geq 1$. We let $\omega_1, \ldots, \omega_g$ be a basis for $H(X)$, the space of holomorphic 1-forms on X . Choose representatives $\gamma_1, \ldots, \gamma_{2g}$ for a basis of $C = H_1(X,\mathbb{Z})$. The numbers $\omega_{ij} = \int_{\gamma_j} \omega_i$ are the periods of $\omega_i (j=1, \ldots, 2g)$ and they form the entries of the $g \times 2g$ period matrix $\Omega(X)$ of X .

Fix now a canonical basis of C , i.e. such that the intersection numbers $\gamma_\alpha \cdot \gamma_\beta$ form the $2g \times 2g$ matrix $\begin{pmatrix} 0_g & 1_g \\ -1_g & 0_g \end{pmatrix}$.

Choosing the ω_i's appropriately one can arrange $\Omega(X)$ uniquely in the form $(1_g, Z)$, where Z is a $g \times g$ -matrix . The relations $\int_X \omega_k \wedge \omega_\ell = 0$, $k \neq \ell$ and $i \int_X \omega_k \wedge \overline{\omega}_k > 0$ imply that Z is symmetric and $\mathrm{Im}(Z) > 0$. The set of $g \times g$ -matrices obeying these conditions is classically called the Siegel upper halfspace $\mathfrak{H}_g$.

So we obtain a map ϕ from the set T_g , consisting of isomorphy classes of Riemann surfaces of genus g , together with a fixed canonical basis, to $\mathfrak{M}_g$. The set T_g is the Teichmüller space and is known to be a $3g$-3-dimensional complex manifold, whereas $\phi : T_g \to \mathfrak{M}_g$ is holomorphic. See Ahlfors, [1].

The classical Torelli theorem states that ϕ is injective, cf. Torelli, [15]. For modern proofs see Gunning, [4] and the references given there. The first part of [4] may serve as a general introduction to these topics.

§2. A local version.

Fix a Riemann surface X_0 of genus $g \geq 2$ and consider small deformations (X,π,S) of X_0 i.e. X and S are complex manifolds, $\pi : X \to S$ is proper and smooth, $0 \in S$, and $X_0 \cong \pi^{-1}(0)$. This family is locally differentiably trivial, cf. Kodaira-Morrow, [8]. So we may assume it is trivial and we have up to homotopy unique diffeomorphisms $\Psi_s : X_0 \tilde{\to} X_s (= \pi^{-1}(s))$ and thus a map:

$\phi : S \to Gr(g,H)$ (grassmann variety of g-dim subspaces of $H := H^1(X_0,\mathbb{C})$)

$s \mapsto \Psi_s{}^* H(X_s) \subseteq H$.

Here one has to recall that the space of holomorphic 1-forms embeds into the first cohomology group, viewed as Dolbeault group cf. Kodaira-Morrow, [8]. Alternatively the rows of the period matrix give basis vectors of the space H inside H. In this situation we have:

The local Torelli theorem for curves: The map $\phi : T_g \to Gr(g,H)$ *is locally injective if* $g = 2$ *and if* $g \geq 3$, *provided* X_0 *is not hyperelliptic.*

In §4 and §7 we give some indications of proofs.

§3. Generalisation to higher dimensions.

Let X_0 now be a compact connected Kähler manifold of dimension n. For any $m \leq 2n$ one has the Hodge decomposition $H^m(X_0;\mathbb{C}) \cong \oplus_{p+q=m} H^{p,q}(X_0)$, cf. Hodge, [5], and Kodaira-Morrow, [8]. Since the space $H^{p,q}$ depends on the complex structure we can study its varying position inside H^m, when X_0 varies in a family (X,π,S) of deformations of X_0. We assume as in §2 that this family is differentiably trivial, so $b^m(X_s) = \dim_{\mathbb{C}} H^m(X_s,\mathbb{C})$ is constant and since $h^{p,q}(X_s) := \dim_{\mathbb{C}} H^{p,q}(X_s)$ varies upper-semicontinuously (Kodaira-Spencer, [7]), it must be locally constant, since $\sum_{p+q=m} h^{p,q} = b^m$ is constant. So, shrinking S if necessary we find as in §2 a map $\phi_{p,q} : S \to Gr(h^{p,q},H)$, $(H:=H^m(X_0,\mathbb{C})$.
This map is holomorphic, cf. Griffiths, [2] and the local Torelli problem is whether $\phi_{p,q}$ is locally injective for versal families (X,π,S) whenever suitable conditions are imposed on X_0.

Loosely speaking, a family of deformations is versal if the base S parametrizes in a locally unique way all small deformations of the fixed manifold. Compare Grauert, [3] for a precise definition and Kuranishi, [9] for the existence of versal families -provided one allows X and S to have singularities.

In what follows we assume that the base (and hence the total) space of Kuranishi's family of deformations of X_0 is smooth.

This condition, to which we make no further reference will be satisfied in the applications.

For simplicity we restrict our attention to the case where $m = n$ and $q = 0$, $p = n$, i.e. we only consider the periods of holomorphic n-forms on n-dimensional Kähler manifolds. A trivial condition to be imposed on X_0 will be that there are holomorphic n-forms . Generally one needs more, as is illustrated by the case of curves. Indeed a curve X is hyperelliptic iff the canonical map $f : X \to \mathbb{P}^{g-1}$ is not an embedding. Recall that f is defined as follows. Take a basis $X_1, \ldots, X_g$ for the space of sections of the canonical bundle K_X on X (i.e. for $H(X)$) and map $p \in X$ onto the point with homogeneous coordinates $(X_1(p), \ldots, X_g(p)) \in \mathbb{P}^{g-1}$. So X is hyperelliptic iff K_X is not very ample which is a condition on $H(X)$. We come back to this in §7.

§4. Griffiths Criterion.

Let X_0 be as before, T_{X_0} the sheaf of gerns of holomorphic vector fields on X_0 . Again we look at a family (X,π,S) of deformations of X_0 . The infinitesimal information of this family is contained in the Kodaira-Spencer map:

$$\rho : T_0(S) \to H^1(X_0, T_{X_0}) \quad ,$$

where $T_0(\ldots)$ denotes the tangent space at 0 of ... . Cf. Kodaira-Spencer, [7]. In particular, if the family is versal, ρ is an isomorphism, a fact needed below.

To state Griffith's criterion we need a good description for the infinitesimal map $(d\phi)_0$. We need one further ingredient, namely the cup product:

$\alpha : H^1(T_{X_0}) \otimes H^0(\Omega^n_{X_0}) \to H^1(\Omega^{n-1}_{X_0})$

It induces a map

$\tilde{\alpha} : H^1(T_{X_0}) \to \mathrm{Hom}\,(H^{n,0}, H^{n-1,1})$

via $\tilde{\alpha}\,(\theta)\,(\omega) := \alpha\,(\theta \otimes \omega)$

4.1 Lemma (*Griffiths,* [2]) $(d\phi)_0$ *is the composition of :*

$$T_0(S) \underset{\rho}{\to} H^1(T_{X_0}) \underset{\tilde{\alpha}}{\to} \mathrm{Hom}\,(H^{n,0};H^{n-1,1}) \hookrightarrow \mathrm{Hom}\,(H^{n,0}, H/_{H^{n,0}}) \underset{\gamma}{\tilde{\to}} T_{\phi(0)}(Gr(H^{n,0},H)),$$

where γ is the canonical isomorphism.

4.2 *Corollary (Griffiths Criterion) : The following conditions are equivalent:*

(i) The local Torelli theorem holds,

(ii) $\tilde{\alpha}$ *is injective,*

(iii) α *is non-degenerate in the first factor,*

(iv) $\tilde{\beta}$ *is surjective,*

(v) β *is surjective.*

Here $\tilde{\beta}$ is Serre-dual to $\tilde{\alpha}$ and can be identified as the map coming from the cup product:

$\beta' : H^{n-1}(\Omega^1_{X_0}) \otimes H^0(\Omega^n_{X_0}) \to H^{n-1}(\Omega^1_{X_0}) \otimes \Omega^n_{X_0})$

Proof: Since ρ is an isomorphism for versal families (i) is equivalent to (ii). Further (ii) and (iii) are dual, whereas (iii) and (v) obviously are equivalent to (ii), resp. (iv).

Example 1. Suppose that the canonical bundle K_{X_0} is trivial. Since $\mathcal{O}(K_{X_0}) \cong \Omega^n_{X_0}$ the condition (v) of 4.2 is obviously satisfied, hence the local Torelli theorem holds. This example includes Riemann surfaces of genus 1, Tori, Kähler K-3 surfaces.

Example 2. If X_0 is a Riemann surface of genus ≥ 2, the last condition in 4.2 reads:

$$\beta : H^0(\Omega^1_{X_0}) \otimes H^0(\Omega^1_{X_0}) \to H^0((\Omega^1_{X_0})^{\otimes 2}) \text{ is onto.}$$

In other words: the quadratic differentials are generated by products of ordinary differentials. It is an old result of M. Noether, [11], that this is the case for $g = 2$ and $g \geq 3$ provided X_0 is not hyperelliptic. For a modern proof see B. Saint-Donat, [14].

That β is not surjective in case $g \geq 3$ and X_0 hyperelliptic can be seen as follows:

X_0 admits a representation in $\mathbb{P}^2$ as a curve with affine equation
$y^2 = (x-\alpha_1)(x-\alpha_2) \dots (x-\alpha_{2g+2})$

It is classical that $H(X_0)$ is based by the forms dx/y, xdx/y, ..., $x^{g-1}dx/y$, hence $\mathrm{Im}(\beta)$ is based by the quadratic forms $(dx)^2/y$, $x(dx)^2/y$, ,...., $x^{2g-2}(dx)^2/y$ and $\dim_{\mathbb{C}}(\mathrm{Im}(\beta)) = 2g - 1$, while $\dim H^0(\Omega^{\otimes 2}_{X_0}) = 3g - 3$ by Riemann-Roch, which is strictly greater than $2g - 1$ if $g \geq 3$.

In §7 we outline a proof of Noether's theorem in our framework.

§5. Some known results.

Apart from the application of 4.2 given in §4 more refined applications give:

5.1 , *cf. Griffiths* [2], *Theorem* 3.25 *: Let* $n \geq 3$ *and* θ *a theta function of* 3 *variables and of degree* n *such that its zero-set define a non-singular surface* V *on an abelian* 3-*fold* A . *Then the local Torelli theorem holds in case* A *and* θ *are both general.*

5.2 , *cf. Peters* [12], *Part I*, *Theorem* 5.4. *The local Torelli theorem holds for complete intersections* $X \subseteq P^N$ *whenever* Ω_X^n *is ample and* $n \geq 2$.

5.3, *cf. Peters* [12], *Part II, Theorems* 3.1 *and* 3.4, *cf. also Kiĭ,* [6]:
The local Torelli theorem holds for cyclic branched coverings $X \to \mathbb{P}^n$, *branched along a bypersurface of degree* $m\,k$ *where* $m > 1$, $m(k-1) - n - 1 > 0$, *and if* $k = 2$, $m \neq 3$.
Similarly the result holds for cyclic branched coverings of the Hirzebruch surfaces Σ_r *branched along a curve of type* (μ,ν) *with* $\mu \geq r\nu$, $\nu \geq 3$.

This last theorem shows that, contrary to the curve case, in higher dimensions the canonical bundle need not be very ample in order to have a local Torelli theorem. (Compare the remarks at the end of §3)

There are also examples for which local Torelli fails, the most trivial of which is when $H^0(\Omega_X^n) = 0$, while X has local moduli (i.e. dim $H^1(T_X) \neq 0$) , cf. Peters [13] for examples with $n = 2$.

Another example is when $X = Y \times C$, with C a hyperelliptic curve of genus at least 3. Indeed, by Künneth we deduce failure of local Torelli directly from the failure for C.

§6. Main Theorem.

In this section we concentrate on a theorem from which many of the results of §4 and §5 can be deduced directly. The theorem to be stated here is a version of Theorem 1' in [10]. The assumptions we make here are a little stronger in order to give a more geometric proof, but not too strong for the applications given in §7.

We first give some constructions. Suppose X is any n-dimensional connected compact Kählermanifold. For any line-bundle L on X choose a basis $x_1, \ldots, x_g$ for $H^0(X,L) := V$ $(\neq 0)$. Let $e_1, \ldots, e_g$ the dual basis of V^* and consider the complex:

$$K_L^{\cdot}(i) : 0 \to H^0(\Omega^{n-1}(L^i)) \underset{D}{\to} H^0(\Omega^{n-1}(L^{i+1})) \otimes V^* \underset{D}{\to} H^0(\Omega^{n-1}(L^{i+2})) \otimes \wedge^2 V^* \to 0$$

where D is defined by:

$$D\left(\sum_{i_1<\ldots<i_p} g_{i_1 \ldots i_p} e_{i_1} \wedge e_{i_2} \wedge \ldots \wedge e_{i_p}\right) =$$

$$\sum_{i_1<\ldots<i_{p+1}} \left(\sum_j (-1)^j x_{i_j} \cdot g_{i_1 \ldots \hat{i}_j \ldots i_{p+1}}\right) e_{i_1} \wedge \ldots \wedge e_{i_{p+1}}$$

Main Theorem: *Assume* K_X *ample*, $K_X \cong L^k$ *with* L *spanned by sections and* $k \geq 1$. *Then the local Torelli theorem holds iff*

$H^2(K_L^{\cdot}(i)) = 0$, $i = -k, \ldots, -1$.

Proof: We shall prove the "if"-part under the (inessential) assumption $k = 1$. The "only if"-part proceeds likewise.

Since L is ample for $n \geq N$ we have

(1) $H^1(L^n) = 0$

(2) $\Omega^1_X \otimes L^n$ is spanned by sections, i.e. we have an exact sequence of vector bundles.

$$0 \to A \to \oplus 1 \to \Omega^1_X \otimes L^n \to 0$$

Dualising and tensoring with L^{n+k} we find

$$0 \to T_X \otimes L^k \to \oplus L^{n+k} \to A^* \otimes L^{n+k} \to 0$$

Define $B := \oplus L^n$; $C := A^* \otimes L^n$, and for any vector bundle D let $D(k)$ stand for $D \otimes L^k$. In cohomology the assumption (1) gives exact sequences fitting in commutative diagrams for $k \geq 0$, $j = 1,\ldots,g$.

$$\begin{array}{ccccccccc}
0 \to & H^0(T_X(k)) & \xrightarrow{\alpha_k} & H^0(B(k)) & \xrightarrow{\beta_k} & H^0(C(k)) & \to & H^1(T_X(k)) & \to 0 \\
& \downarrow .x_j & & \downarrow .x_j & & \downarrow .x_j & & \downarrow .x_j & \\
0 \to & H^0(T_X(k+1)) & \xrightarrow{\alpha_{k+1}} & H^0(B(k+1)) & \xrightarrow{\beta_{k+1}} & H^0(C(k+1)) & \to & H^1(T_X(k+1)) & \to 0
\end{array}$$

We must prove that for $\theta \in H^1(T_X)$ with $\theta.x_j = 0$, $j = 1,\ldots,g$, necessarily $\theta = 0$. (Cf. 4.2).

Equivalently we may prove that for $c \in H^0(C)$ with $c.x_j \in \text{Im}(\beta_1)$, for $j = 1,\ldots,g$ one necessarily has $\theta \in \text{Im}(\beta_0)$. So we assume

(3) $c.x_j = \beta_1(y_j)$, $y_j \in H^0(B(1))$; $j = 1,\ldots,g$.

This implies that $\beta_2(x_j y_i - x_i y_j) = 0$, hence $x_j y_i - x_i y_j = \alpha_2(z_{ij})$ for certain $z_{ij} \in H^0(T_X(2)) \cong H^0(\Omega^{n-1}_X \otimes L)$. One verifies that (z_{ij}) forms a 2-cocycle in $K^{\bullet}_L(-1)$, so by assumption $\exists z_i$, $z_i \in H^0(\Omega^{n-1}_X)$, with $z_{ij} = z_i x_j - z_j x_i$, hence $x_i(y_j - \alpha_1(z_j)) = x_j(y_i - \alpha_1(z_i))$, so, since K_X is spanned by sections, the elements $\{y_i - \alpha_1(z_i)\}/x_i$ define a global section

$b \in H^0(B)$ such that $b \cdot x_i = y_i - \alpha_1(z_i)$. Applying β_0 we find that $\beta_0(b) \cdot x_i = \beta_1(y_i)$, hence by (3) we find $(\beta_0(b)-c).x_i = 0$, hence $\beta_0(b) = c$, Q.E.D.

§7. Applications and discussion of open problems.

When $H^0(\Omega^{n-1}(L)) = 0$, then $H^0(\Omega^{n-1}(L^i)) = 0$ for $i \leq 1$, since L is spanned by sections, hence $H^2(K_L^{\cdot}(i)) = 0$ for $i \leq -1$, so the local Torelli holds due to the Main Theorem.

Example: Consider the situation of 5.2 with $K_X = \mathcal{O}_X(k)$, where $\mathcal{O}_X(1)$ is the restriction of the hyperplane bundle on $\mathbb{P}^N$ to X . One can prove that $H^0(\Omega^{n-1}(L)) = 0$ inductively starting from Bott's Vanishing Theorem, see Erratum to Part I of [12]. The situation of 5.3 can likewise be dealt with.

In case X = Riemann surface of genus ≥ 2 , we let $L = K_X$. Since $\Omega^{n-1}_X = \mathcal{O}_X$ we have for $K_L^{\cdot}(-1)$:

$$0 \to V^* \xrightarrow{D_1} H^0(\Omega^1_X) \otimes \wedge^2 V^* \xrightarrow{D_2} H^0(\Omega^1_X \otimes \Omega^1_X) \otimes \wedge^3 V^* \xrightarrow{D_3} \cdots$$

The elements in $H^0(\Omega^1_X) = H(X)$ can be considered as hyperplanes in $P(V^*) = \mathbb{P}^{g-1}$ via the canonical map $f: X \to \mathbb{P}^{g-1}$ (cf. the last remarks of §3). Suppose $H^2(K_L^{\cdot}(-1) \neq 0$. Then there are $x_{ij} = \sum_k \alpha_{ij}{}^k x_k \in H(X)$ - which are not of the form $\alpha_j x_i - \alpha_i x_j$ - such that $x_{ij}x_k - x_{ik}x_j + x_{jk}x_i = 0$ as elements in $H^0((\Omega^1_X)^{\otimes 2}$. One can view $Q_{ijk} := x_{ij}x_k - x_{ik}x_j + x_{jk}x_i$ as a quadratic polynomial, because x_{ij} is no coboundary. So Q_{ijk} defines a quadric in $\mathbb{P}^{g-1}$ which vanishes on $f(X)$.

If for example $g = 3$ we hate that $f(X)$ is a curve in $\mathbb{P}^2$ through which passes a conic, i.e. $g(X)$ is a conic and X is hyperelliptic. If $g \geq 3$ the reasoning goes similarly. See [10] for details.

Problems: 1) Reprove Griffith's result 5.1 in this context. 2) Find an example of a simply connected surface with ample canonical bundle for which the local Torelli fails. (The examples with $h^{2,0} = 0$ all have non-zero torsion group.)

It seems that local Torelli theorems can be usefull in classifying higher dimensional manifolds, as suggest recent investigations by E. Viehweg. In this connection K. Ueno pointed out that the following problem is interesting:

Problem 3. Decide whether a local Torelli theorem holds for surfaces of general type with $h^{2,0} = 1$.

We end with what seems a reasonable:

Conjecture. Let (X,π,S) be some versal family of compact Kähler manifolds over a small disc S . Assume that K_{X_t} is ample for all $t \in S\backslash S_0$ and that it is spanned by sections there. Here S_0 denotes an analytic subset of S . Then the local Torelli theorem holds for all X_t , $t \in S\backslash(S_1)$, where S_1 is also an analytic subset of S , possibly containing S_0 .

We have to leave out a bad set S_1 as the example of the product of curves with genera ≥ 3 , one of which is hyperelliptic, shows. "Spanned by sections" is also needed to avoid the case where $h^{n,0} = 0$ (cf. §5). Finally K_{X_t} need not be ample for all $t \in S$ as the example of surfaces in $\mathbb{P}^3$ acquiring rational singularities shows. In this case $S_0 \neq 0$, whereas $S_1 = \emptyset$, if S is small enough.

References.

[1] Ahlfors, L.: Lectures on Quasiconformal mappings, Vannostrand Math. Studies # 10 (1964).

[2] Griffiths, P.: Periods of integrals on algebraic manifolds I, II, Am. I. Math. 90 (1968) pp. 366-446, resp. 805-865.

[3] Grauert, H.: Deformationen kompakter komplexer Räume, in: "Classifications of Algebraic Varieties and Compact Complex Manifolds", Springer Lecture Notes in Math. # 412. p 70-74.

[4] Gunning, R.C.: Lectures on Riemann Surfaces, - idem -, Jacobi varieties, Math. Notes, Princeton Univ. Press # 2 (1966), # 12 (1974).

[5] Hodge, W.V.D.: The theory and applications of harmonic integrals, Cambridge University Press (1959).

[6] Kiǐ, K.I.: A local Torelli theorem for cyclic coverings of $\mathbb{P}^n$ with a positive canonical class. Math. U.S.S.R. Sbornik, 21 (1973), pp. 145-155 (transl. in 1974).

[7] Kodaira K. and Spencer D.: On deformations of complex analytic structures I, II, Ann. Math. 67 (1958), 328-466.

[8] Kodaira, K. and Morrow, J.: Complex Manifolds, Holt-Rinehardt & Winston, New York (1971).

[9] Kuranishi, M.: On the locally complete families of complex analytic structures, Ann. of Math. 75 (1962) pp. 536-577.

[10] Lieberman, D., Wilsker. R., Peters, C.: A Theorem of Local-Torelli Type. Math. Ann 2.... (1977).

[11] Noether, M.: Über invariante Darstellung algebraischer Funktionen, Math. Ann. 17 (1880), 263-284.

[12] Peters, C.: The local Torelli theorem I, Math. Ann. 217, 1-16 (1975), Erratum Math. Ann 191-192 (1976), - idem - II, Ann. Sc. Norm. Pisa, Ser. IV, 3, 321-340 (1976).

[13] Peters, C.: On Two Types of Surfaces of General Type with Vanishing Geometric Genus, Inv. Math. 32, 33-47 (1976).

[14] Saint-Donat, B.: On Petri's Analysis of the Linear System of Quadrics through a Canonical Curve. Math. Ann. 206, 157-175 (1963).

[15] Torelli, R.: Sulle varietà di Jacobi, Rend. Accad. Lincei 22 (1914), 98-103.

MODULI IN VERSAL DEFORMATIONS OF COMPLEX SPACES

V. P. PALAMODOV

Following the famous Riemann's work [1] by moduli one means complex coordinates on a moduli space especially on a moduli space of compact complex spaces. One can define this moduli space $\mathcal{M}$ as a set of isomorphism classes of compact spaces X. But if $\dim X \geq 2$ such moduli sometimes do not exist. Kodaira and Spencer [2] have proposed the notion of a complete family of compact varieties as an alternative to the moduli space. This notion was expanded by that of versal deformation of singular spaces (variety of local moduli of Grothendieck [3]). The minimal versal deformation of a space X_o is defined uniquely modulo isomorphism. But the base of this deformation depicts the moduli space only infinitesimally. The example of the Hopf varieties models well the general situation. For instance let X_o be the Hopf variety corresponding to a scalar matrix of order $n \geq 2$. Then there exists a subvariety Z of the base of the minimal versal deformation f of X_o which abuts the distinguished point such that all the fibers $f^{-1}(z)$, $z \in Z$ are isomorphic to each other. Any such a subvariety Z must be sticked together in the moduli space. Thus the latter is not even Hausdorff.

The similar situation takes place for the minimal versal deformation f of a germe of a complete intersection with a singular point. The singular point of the initial fiber breaks up in a near fibre and f is no more a minimal versal deformation of such a fibre.

However one can perceive that there is a subspace M of the base Y such that the isomorphism class of the fibre over a point $y \in M$ changes along any curve in M and this fibre is not isomorphic to the fibre over an arbitrary point $z \in Y \setminus M$.

In the case of Hopf varieties M corresponds to the family of matrices with a fixed Jordan structure. In the case of germes of hypersurfaces any parabolic family is a non-trivial example of such a subspace M. Moreover there are the natural moduli on M. In the first case they are the eigenvalues of the matrix. And for instance the natural modulus of the parabolic family $f^{-1}(y) = (x_0^4 + x_1^4 + yx_0^2 x_1^2 = 0) \subset \mathbb{C}^2$ is the anharmonic ratio of the roots the polynomial in $\mathbb{CP}_I$.

The aim of this paper is to pick out such a subspace M in the base Y of any deformation of a compact complex space X_0. We call a subspace M modular if it has the following property : for any germ Z of a complex space and for morphisms of germs $g : Z \longrightarrow M$, $h : Z \longrightarrow Y$ the induced deformations of X_0 with the base Z are isomorphic only if $g = h$. In 7° we shall establish the existence of the maximal modular subspace M for the minimal versal deformation of any compact space X_0. The support of M can be defined as the subset of Y containing the distinguished point where the dimension of the space of tangent vector fields on the fibre is constant. There is other description of this set : f is a minimal versal deformation of the fibre $f^{-1}(y)$, $y \in Y$ if and only if $y \in M$.

Consider the map $Y \longrightarrow \mathcal{M}$ which sends a point of the base of a minimal versal deformation f to the class of this fibre. It follows that the restriction of this map on the maximal modular subspace is locally finite and the canonical topology of $\mathcal{M}$ induces on the image a Hausdorff topology. We call this image by a <u>modular stratum</u> of $\mathcal{M}$ and coordinates on the stratum by <u>moduli</u>. The dimension of the tangent space of M is an upper bound for the number of moduli. In 7° this dimension is calculated in terms of the tangent cohomology of X_0. By the existence theorem $\mathcal{M}$ is a locally finite union of modular strata. Therefore the description of $\mathcal{M}$ should imply the enumeration of modular strata and the indication of topology on the set of strata i.e. the enumeration of the strata which abut the given one.

At the beginning of the article we establish some facts of the formal theory of deformations. In 8° we shall find a lower bound for the jump of the tangent cohomology of the fibre in a non-trivial deformation. In 9° the modular deformations of Hopf varieties and of projective hypersurfaces will be investigated.

The similar problems for deformations of germs were touched in [4].

1° – TANGENT COHOMOLOGY OF A MORPHISM

Unless otherwise explicitly mentioned by a space and a space morphism we mean a complex analytic space and a morphism of such spaces.

Let $f : X \longrightarrow Y$, $g : Z \longrightarrow Y$ be space morphisms. We denote by $g^*(f)$: $X \times_Y Z \longrightarrow Z$ the inverse image of f by g . When g is an injection we shall write $f|Z$ instead of $g^*(f)$. If $f' : X' \longrightarrow Y$ is one more morphism, we mean a map $m : f \longrightarrow f'$ as a space morphism $X \longrightarrow X'$ over Y . Then g induces the map $g^*(m) : g^*(f) \longrightarrow g^*(f')$ which we denote by $m|Z$ in the case of subspace $Z \subset Y$.

We denote $(Y, *)$ a space with distinguished point and call it a pointed space.

<u>Definition</u>. <u>Deformation</u> of a space X_0 with a base $(Y, *)$ is any flat morphism $f : X \longrightarrow Y$ with an isomorphism $i : X_0 \longrightarrow f^{-1}(*)$. Morphism of deformations $m : (f, i) \longrightarrow (f', i')$ is a map $m : f \longrightarrow f'$ such that $m.i = i'$.

<u>Remark</u>. If X_0 is compact, f is proper on some neighbourhood of $f^{-1}(*)$. Thus the definition agrees with usual one.

For any morphism of pointed spaces $(Z, *) \longrightarrow (Y, *)$ the inverse image of the deformation (f, i) is well defined.

The tangent cohomology of a morphism $f : X \longrightarrow Y$ is by [5] (relative cohomology of X/Y) a graded Lie algebra over $O(Y) = \Gamma(Y, O_Y)$ which we denote by $T^*(f) = \sum_0^\infty T^n(f)$. Thus there is a $O(Y)$ -bilinear product $[.,.]$ on $T^*(f)$ submitted to the graduation such that for homogeneous elements the relations

$$[b, a] = -(-1)^{\deg a . \deg b}[a, b]$$

(1.1)

$$(-1)^{\deg a . \deg c}[[a, b], c] + (-1)^{\deg b . \deg a}[[b, c], a] + (-1)^{\deg c . \deg b}[[c, a], b] = 0$$

hold. For any map $m : f \longrightarrow f'$ a morphism of the structures $T^*(m) : T^*(f) \longrightarrow T^*(f')$ is canonically defined. Any base morphism $g : Z \longrightarrow Y$ induces a morphism $\tau(g) : T^*(f) \longrightarrow T^*(g^*(f))$ of graded Lie algebras over the morphism of $\mathbb{C}$-algebras $g^* : O(Y) \longrightarrow O(Z)$. If g is an injection, the kernel of $\tau(g)$ will be denoted by $T^*_Z(f)$ and the image of an element t by $t|Z$.

In the case when Y is a point the tangent cohomology is denoted by $T^*(X)$.

We shall say that a space is an <u>Artin space</u> if its support is a point. A space Z is called a <u>little extension</u> of W and W is called a <u>little contraction</u> of Z with an ideal I if W is a subspace of the Artin space Z defined by the ideal $I \subset O(Z)$ such that $m(Z).I = 0$.

<u>Proposition 1.1</u>. Let $f : X \longrightarrow Y$ be a morphism, Z be an Artin space and $p : Y \times Z \longrightarrow Y$ be the canonical projection. There is an isomorphism of graded Lie $O(Y \times Z)$-algebras

$$T^*(p^*(f)) \cong T^*(f) \otimes_{\mathbb{C}} O(Z)$$

which is functorial on f, Y and Z.

The proof follows immediately from the construction of [5].

<u>Proposition 1.2</u>. Let $f : X \longrightarrow Y \times Z$ be a flat morphism and W a little contraction of Z with an ideal I. There exists an exact triangle of the graded $O(Y)$-modules

(1.2)

$$\begin{array}{ccc} T^*(f) & \xrightarrow{\tau(j)} & T^*(f|Y \times W) \\ & {}_{i}\nwarrow \quad \swarrow_{\delta} & \\ & T^*(f_o) \otimes_{\mathbb{C}} I & \end{array}$$

where $f_o := f|Y \times *$, $j : Y \times W \longrightarrow Y \times Z$ is the injection and $\deg i = 0$, $\deg \delta = 1$.

Proof. Choose a resolvent R of f ([5]). The flatness of f, $R' := R \otimes_{O(Z)} O(W)$ is a resolvent of $f|Y \times W$ and $R^o := R \otimes_{O(Z)} \mathbb{C}$ is a resolvent of f_o . There is an exact sequence of R-modules

$$(1.3) \qquad 0 \longrightarrow R^o \otimes_{\mathbb{C}} I \longrightarrow R \longrightarrow R' \longrightarrow 0$$

where $i(r \otimes a) = ra$. Let $\mathrm{Der}(R,.)$ be the functor of derivations $R \longrightarrow .$ which commute with the action of $O(Y \times Z)$. Applying this functor to (1.3) we obtain an exact sequence of complexes

$$(1.4) \qquad 0 \longrightarrow \mathrm{Der}(R, R^o) \otimes I \longrightarrow \mathrm{Der}\ (R,R) \longrightarrow \mathrm{Der}(R, R') \longrightarrow 0$$

whose differentials are induced by those of R, R', R^o . Every element of $\mathrm{Der}(R, R^o)$ vanishes on the ideal $m(Z).R$ and therefore is defined on $R/m(Z).R \cong R^o$. This gives an isomorphism $\mathrm{Der}(R, R^o) \cong \mathrm{Der}(R^o, R^o) \cong T^*(R^o)$. Similarly we have $\mathrm{Der}(R, R') \cong T^*(R')$. So we can rewrite (1.4) in the following form

$$0 \longrightarrow T^*(R^o) \otimes I \longrightarrow T^*(R) \longrightarrow T^*(R') \longrightarrow 0 .$$

The long exact sequence for cohomologies of these complexes gives (1.2).

We end this section with the following auxiliary fact.

<u>Proposition 1.3</u>. Let Z be a little extension of W with an ideal I, Y be a pointed space with the Zariski tangent space $T(Y)$ at the point and $g: Z \longrightarrow Y$ be a morphism of pointed spaces. For any $t \in T(Y) \otimes_{\mathbb{C}} I$ the formal sum $g + t$ is well defined as a morphism $Z \longrightarrow Y$. This operation has some natural properties and makes a one-to-one correspondance between $T(Y) \otimes I$ and the set of all morphisms $Z \longrightarrow Y$ which are equal to g on W .

Proof. We fix an injection $j:(Y', *) \longrightarrow (T(Y), *)$ of a neighbourhood Y' of the point $* \in Y$ such that the tangent mapping $T(Y) \longrightarrow T(Y)$ is the identity.

Choose a basis $\{t_i\}$ in $T(Y)$ and write $t = \Sigma\, t_i \otimes b_i$ where $b_i \in I$. Consider the morphism $h\colon Z \longrightarrow T(Y)$ defined by the conditions

$$h^*(z_i) = \tilde{g}^*(z_i) + b_i, \quad i = 1,\ldots,\dim T(Y),$$

where $\tilde{g} = j.g$ and z_i are coordinates on $T(Y)$ corresponding to the basis. Let J be the ideal of $j(Y')$ in $O_{T(Y)}$. Now we shall show that $h^*(J) = 0$. This will imply that h is a composition of a morphism $h\colon Z \longrightarrow Y$ and of j. Then we shall put $g + t = h$.

By the Taylor formula for any $a \in O_{T(Y)}$

$$h^*(a) = \tilde{g}^*(a) + \tilde{g}^*(d^1(a(t))) + \frac{1}{2}\tilde{g}^*(d^2(a(t))) + \ldots$$

where $d^n(a)$ is n-th differential at 0 of a. The n-th term belongs to I^n because of $b_i \in I$. Since $I^2 = 0$ this term vanishes if $n \geq 2$. If $a \in J$, then $\tilde{g}^*(a) = 0$. The leaving term $g^*(d^1(a(t)))$ can be written in the form $\Sigma\, g^*(\partial a/\partial z_i)b_i$. The derivatives $\partial a/\partial z_i$ vanish at $z = o$ whence $g^*(\partial a/\partial z_i) \in m(Z)$. Therefore the last sum belongs to $m(Z).I = 0$ what proves the assertion.

It is easy to verify that h does not depend on j. So we only need to prove that any morphism $h\colon Z \longrightarrow Y$ coinciding with g on W has a form $g + t$. The morphism $jh - jg\colon Z \longrightarrow T(Y)$ vanishes on W whence the proimage b_i of z_i belongs to I. We set $t = \Sigma\, z_i \otimes b_i$. It is clear that $h = g + t$ and the proof is complete.

2° - AUTOMORPHISMS AND VECTOR FIELDS

We denote by Aut (f) the group of automorphisms of a morphism $f: X \longrightarrow Y$. For any base morphism $g: Z \longrightarrow Y$ there is the canonical homomorphism $\mathrm{Aut}(f) \longrightarrow \mathrm{Aut}(g^{*}(f))$. In the case when g is an injection we denote by $\mathrm{Aut}_Z(f)$ its kernel. By [5] the $\mathcal{O}(Y)$-module $T^0(f)$ is canonically isomorphic to the module of holomorphic vertical vector fields on X/Y i.e. of derivations of the algebra sheaf $\mathcal{O}_X$ which commute with the action of $\mathcal{O}_Y$ (cf [5]).

<u>Theorem 2.1</u>. For any morphism $f: X \longrightarrow Y \times Z$ and a non-void subspace W of the Artin space Z there is a group homomorphism

$$\exp : T^0_{Y \times W}(f) \longrightarrow \mathrm{Aut}_{Y \times W}(f)$$

with the following properties.

I. If $h: Z' \longrightarrow Z$ is a morphism of Artin spaces which maps W' in W, the diagram

$$\begin{array}{ccc} T^0_{Y \times W}(f) & \xrightarrow{\exp} & \mathrm{Aut}_{Y \times W}(f) \\ \downarrow & & \downarrow \\ T^0_{Y \times W'}(h^*(f)) & \xrightarrow{\exp} & \mathrm{Aut}_{Y \times W'}(h^*(f)) \end{array}$$

commutes.

II. $\mathrm{Ker} \exp = 0$.

III. $\exp$ is an isomorphism if $I^2 = 0$ where I is the ideal of W.

IV. $\exp$ is an isomorphism if f is flat and the canonical map $T^0(f) \longrightarrow T^0(f_0)$ is surjective where $f_0 = f|Y \times *$.

Proof. We put for $v \in T^0_{Y \times W}(f)$

$$(2.1) \qquad \exp(v) = 1 + v + \frac{1}{2} v^2 + \dots$$

where v^n means a differential operator on $\mathcal{O}_X$ of n-th order. By the assumption

v acts from O_X to $I.O_X$. Therefore the image of v^n belongs to $I^n.O_X$ and is zero for large n because of Z is an Artin space. Thus the series (2.1) is finite and is equal to 1 over $Y \times W$. Now we have to prove that it is an algebra automorphism. By the Leibniz formula we conclude that for any $a, b \in O_X$

$$\exp(v)(ab) = \sum_n \frac{v^n(ab)}{n!} = \sum_n \sum_k \frac{v^k(a)}{k!} \cdot \frac{v^{n-k}(b)}{(n-k)!} = \exp(v)(a) \cdot \exp(v)(b) ,$$

and the assertion follows. So we have $\exp(v) \in Aut_{Y \times W}(f)$. It is easy to check that $\exp(v + w) = \exp(v) \cdot \exp(w)$.

Property I is evident from the construction.

II. Let $\exp(v) = 1$ and $V \subset W$ be the maximal of subspaces of Z such that $v | Y \times V = 0$. Suppose that $V \neq Z$ and let J be the ideal in $O(Z)$ defining V. We consider the subspace V_2 of Z defined by J^2. All the terms of (2.1) starting from the quadratic one vanish over $Y \times V_2$ i.e.

$$1 = \exp(v \mid Y \times V_2) = 1 + v \mid Y \times V_2$$

This implies that $v \mid Y \times V_2 = 0$ and contradicts to the choosing of V because of $V_2 \neq V$. Whence $V = Z$ what we have to prove.

III. Any $e \in Aut_{Y \times W}(f)$ has the form $1 + v$ where v is an endomorphism of O_X which commutes with the action of O_Y and vanishes over $Y \times W$. By the assumption $v(a) \cdot v(b) = 0$ for arbitrary $a, b \in O_X$. Therefore the relation $e(ab) = e(a) \cdot e(b)$ implies that $v(ab) = v(a) \cdot b + a \cdot v(b)$. This means that $v \in T^0_{Y \times W}(f)$ and by the definition $e = \exp(v)$.

IV. Let $V \supset W$ be again the maximal of subspaces of Z such that $e \mid Y \times V = 1$. Suppose that $V \neq Z$ and choose a little extension $U \subset Z$ of V. By III there exists a field $u \in T^0_{Y \times V}(f \mid Y \times U)$ such that $\exp(u) = e \mid Y \times U$. The exact sequence (1.2) for $f \mid Y \times U$ yields that $T^0_{Y \times V}(f \mid Y \times U) \cong T^0(f) \otimes I$ where I is the ideal defining V in U. Therefore we can write $u = \Sigma\, b_k u_k$ where $b_k \in I$, $u_k \in T^0(f_0)$. By the condition of the theorem we can find fields

$v_k \in T^0(f)$ whose images in $T^0(f_o)$ are u_k. The sum $v = \Sigma\, b_k v_k$ belongs to $T^0_{Y \times V}(f)$ and its restriction over $Y \times U$ is u. Consequently the automorphism $e' = \exp(-v) \cdot e$ vanishes over $Y \times U$. So we can argue by the induction on subspace $V \subset Z$ what completes the proof.

Theorem 2.2. Let $f : X \longrightarrow Y$ be a morphism, Z be an Artin space and W its non-void subspace. The group homomorphism

$$\mathrm{Aut}_{Y \times *}(p^*(f)) \longrightarrow \mathrm{Aut}_{Y \times *}(p^*(f) \mid Y \times W)$$

where $p : Y \times Z \longrightarrow Y$ is the canonical projection, is surjective.

Proof. We have to extend any automorphism a of $p^*(f) \mid Y \times W$ to an automorphism of $p^*(f)$. We apply the induction on subspaces $V \subset W$ such that $a \mid Y \times V = 1$. Choose a little extension $U \subset Z$ of V. By 2.1. III the field

$$v = \log(a \mid Y \times U) \in T^0_{Y \times V}(p^*(f) \mid Y \times U)$$

is well defined. On account of 1.1 it can be extended to a field $u \in T^0_{Y \times V}(p^*(f))$. Using 2.1 we put $b = \exp(u)$ and $a' = b^{-1} \cdot a$. By 2.1.I $a' \mid Y \times U = 1$. Thus the induction goes.

3° - DIFFERENTIAL OF A DEFORMATION

Theorem 3.1. Let X_0 be a space, Y be a little extension of Z with an ideal I. For any deformations f, f' of X_0 with the base Y and any isomorphism $i: f|Z \longrightarrow f'|Z$ there is well defined an element

$$D_Z(f', f, i) \in T^1(X_0) \otimes_{\mathbb{C}} I$$

with the following properties

I. $D_Z(f', f, i) = 0$ if and only if i extends to an isomorphism $f \longrightarrow f'$.

II. If f'' is another deformation of X_0 with the base Y and an isomorphism $i': f'|Z \longrightarrow f''|Z$ is given,

$$D_Z(f'', f, i'\, i) = D_Z(f'', f', i') + D_Z(f', f, i)$$

those imply that

$$D_Z(f, f', i^{-1}) = - D_Z(f', f, i)$$

III. If Y' is a little extension of Z' with an ideal I' and $g: Y' \longrightarrow Y$ is a morphism which acts from Z' to Z, we have

$$D_Z(g^*(f'), g^*(f), g^*(i)) = (1 \otimes g')\, D_Z(f', f, i)$$

where $g': I \longrightarrow I'$ is the map generated by g.

IV. In the same notations if morphisms $g_1, g_2: Y' \longrightarrow Y$ coincide on Z', then the equality

$$D_{Z'}(g_2^*(f), g_1^*(f), 1) = (D_* f \otimes 1)\,(h)$$

holds where $h: = g_2 - g_1 \in T(Y) \otimes I'$ (see 1.3) and

(3.1) $\quad D_* f: T(Y) \longrightarrow T^1(X_0)$

is the differential of the deformation which will be defined below.

V. For any $t \in T^1(X_0) \otimes I$ one can find a deformation f' of X_0 with the base Y and an isomorphism $i: f|Z \longrightarrow f'|Z$ such that $D_Z(f', f, i) = t$.

We shall call $D_Z(f', f, i)$ the <u>deviation</u> element.

<u>Definition</u>. Let Y be a little extension of Z and f be a deformation of a space X_0 with the base Y which is trivial over Z. The latter means that there is an isomorphism $i: e|Z \longrightarrow f|Z$ where $e: X_0 \times Y \longrightarrow Y$ is the canonical projection. Whence by 3.1 the deviation element

$$D_Z f: = D_Z(f, e, i) \in T^1(X_0) \otimes I$$

is defined. This element does not depend on the trivialisation i. In fact if i' is another trivialisation of f, then by I and II we have

$$D_Z(f, e, i') - D_Z(f, e, i) = D_Z(f, e, i') + D_Z(e, f, i^{-1}) = D_Z(e, e, i^{-1} i')$$

The right member vanishes since by 2.2 any automorphism of the trivial deformation $e|Z$ extends to an automorphism of e.

In the case $Z = *$ the vector space $I = m(Y)/m^2(Y)$ is dual to $T(Y)$. Therefore we can consider the element $D_Z f = D_* f$ as a map (3.1). For a deformation f of X_0 with a base Y we set $D_* f = D_* f|Y_1$ where Y_1 is the subspace of Y defined by the ideal $m^2(Y)$ ($m(Y)$ is the ideal of $*$). When X_0 is compact and smooth, (3.1) is the Kodaira-Spencer map (general case see in [5]).

We call (3.1) the <u>differential</u> of the deformation f.

Proof of the theorem. We choose a polyhedral covering P and a resolvent (R, s) of f on P (see [5]). By flatness of f the object $(R, s) \otimes_{O(Y)} O(Z)$ is a resolvent of $f|Z$ and $(R, s) \otimes \mathbb{C}$ is a resolvent of X_0. The isomorphism i provides that the first object can be a resolvent of $f'|Z$. Consequently we can apply to f' the theorem 2.4 of [5] (the assumption that f' is proper is unnecessary now because of Y is an Artin space). By the cited theorem there is a differential s' in R such that $s' \otimes O(Z) = s \otimes O(Z)$ and (R, s') is a resolvent of f'.

The difference $t = s' - s$ vanishes (mod I) i.e. $t \in I \,.\, T^1(R)$. Since

$$[s, t] = s't + ts = s'(s' - s) + (s' - s)\, s = s'^2 - s^2 = 0$$

t is a cocycle. The relation $m(Y).I = 0$ implies an isomorphism of $O(Y)$-modules

$$I \cong O(Y)/m(Y) \otimes_{\mathbb{C}} I \cong \mathbb{C} \otimes_{\mathbb{C}} I$$

Consequently $I \,.\, T^*(R) \cong T^*(R \otimes \mathbb{C}) \otimes I$. Therefore the class

$$(3.2) \qquad D_Z(f', f, i) := cl(t) \in H^1(T^*(R \otimes \mathbb{C})) \otimes I \cong T^1(X_0) \otimes I$$

is defined.

Now we have to verify that it does not depend on the covering and resolvent. Let $\bar{P}$, $(\bar{R}, \bar{s})$ be another polyhedral covering and resolvent of f and $\bar{s}'$ be a differential in $\bar{R}$ such that $\bar{s}' = \bar{s}$ (mod. I) and $(\bar{R}, \bar{s}')$ is a resolvent of f' . Using the proof of the theorem 2.1 of [5] we can construct a resolvent $(\tilde{R}, \tilde{s})$ of the deformation f on the covering $\tilde{P} = P \cup \bar{P}$ whose restrictions on P and $\bar{P}$ coincide with (R, s) and $(\bar{R}, \bar{s})$ respectively. As well we can find a differential $\tilde{s}'$ in $\tilde{R}$ which is equal to $\tilde{s}$ (mod I) and coincides with s' and $\bar{s}'$ on these subcoverings. The difference $\tilde{t} = \tilde{s}' - \tilde{s} \in T^1(R \otimes \mathbb{C}) \otimes I$ has restrictions t and $\bar{t} := \bar{s}' - \bar{s}$ on P and $\bar{P}$. The restriction mappings induce a diagram

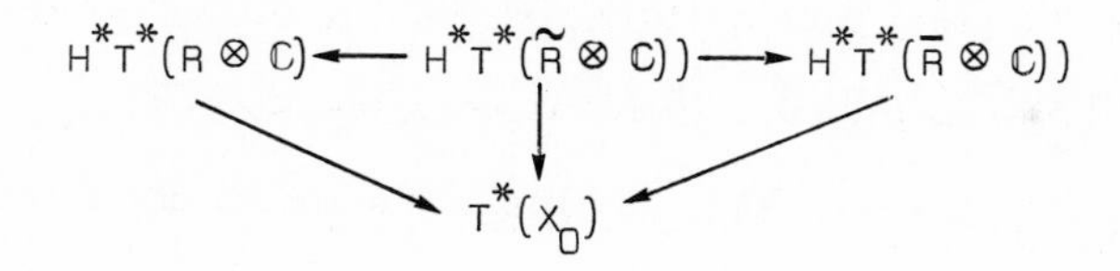

which commutes by [5]. This implies that $cl(t) = cl(\tilde{t}) = cl(\bar{t})$ what we need to prove.

Property I. If i extends to an isomorphism $f \longrightarrow f'$, we can set $s' = s$ whence $t = 0$. Conversely let $cl(t) = 0$, and $t = [s, v]$ with some $v \in I.T^0(R)$. We write $v = v^0 + v^1$ where v^0 is a derivation of R vanishing on the generators of this algebra and the derivation v^1 vanishes on the coordinates. According to [5] we make an infinitesimal coordinate change $1 + v^0$ on all polydisks D_A, $A \in \mathcal{N}$

and consider the induced automorphism E_{v^0} of the algebra R. By the definition of v we have the equality

$$(I - v^1)\, E_{-v^0} \,.\, s \,.\, E_{v^0}(I + v^1) = s' .$$

Therefore the automorphism of R which is a composition of E_{v^0} and of $1 + v^1$ (in any order) yields an isomorphism of the complexes $(R, s) \cong (R, s')$ which is equal to $1 \pmod{I}$. It induces an isomorphism $f \longrightarrow f'$ which coincides with i over Z.

II. By [5] we can find a differential s'' in R such that (R, s'') is a resolvent of f''. The property follows from the equality
$D_Z(f'', i', i) = cl(s'' - s) = cl(s'' - s') + cl(s' - s)$.

III. The algebra $(R, s) \otimes_{O(Y)} O(Y')$ is a resolvent of $g^*(f)$ and $(R, s') \otimes O(Y')$ is a resolvent of $g^*(f')$. Therefore

$$D_{Z'}(g^*(f'), g^*(f), g^*(i)) = cl(g^*(s') - g^*(s)) = (1 \otimes g')\, cl(s' - s) .$$

IV. The algebra $R := g_1^*(R) = g_2^*(R)$ supplied with the differentials $g_i^*(s)$ is a resolvent of the deformation $g_i^*(f)$, $i = 1, 2$ where by definition the value of $g_i^*(s)$ on any generator of R is the image of the value of s on the generator under the base change g_i. By the Taylor formula

$$(3.3)\qquad g_2^*(s) - g_1^*(s) = (ds \otimes 1)(h) \in T^1(R_0) \otimes I'$$

where $R_0 = R \otimes \mathbb{C}$ and $ds\colon T(Y) \longrightarrow T^1(R_0)$ is the differential of s at $* \in Y$ which we consider as a morphism $Y \longrightarrow T^1(R_0)$. Let s_0 be the constant morphism $Y \longrightarrow T^1(R_0)$ equal to the value of s at the point. Since $ds = s - s_0 \pmod{m^2(Y)}$ and $I^2 = 0$, the relation $(ds \otimes 1)h = ((s - s_0) \otimes 1)h$ holds. Therefore (3.3) implies IV.

V. We have $T^1(X_0) \otimes I \cong I.T^1(R)$ and let $t' \in I.T^1(R)$ be an element of the class t. Then $s' := s + t'$ is a differential in R equal to $s \pmod{I}$. Whence (R, s') is a resolvent of a deformation f' such that $f|Z \cong f'|Z$. The proof is complete.

4° - EXACT SEQUENCE FOR OBSTRUCTIONS

Definition. By an automorphism of a deformation f we shall mean any element of $Aut_*(f)$ i.e. any automorphism of the morphism f which is equal to 1 over the point $*$. If Y is the base of f , any morphism $g: Z \longrightarrow Y$ of pointed spaces induces a group homomorphism $\rho_o: Aut_*(f) \longrightarrow Aut_*(g^*(f))$.

By $Def_Y(X_o)$ we denote the set of isomorphism classes of deformations of X_o with the base Y . The base morphism g induces a map $\rho_1: Def_Y(X_o) \longrightarrow Def_Z(X_o)$ which acts by the formula $cl(f) \longmapsto cl(g^*(f))$.

If Y is a little extension of Z , the maps ρ_o and ρ_1 can be included in an exact sequence. Fix some terms: a pointed set is a set with a distinguished point. For any morphism $a: (M, *) \longrightarrow (N, *)$ of pointed sets one defines the image $Im\ a = a(M)$ and the kernel $Ker\ a = a^{-1}(*)$. Morphisms a and b of pointed sets form an exact sequence if the composition $b.a$ is defined and $Im\ a = Ker\ b$.

Theorem 4.1. Let Y be a little extension of Z with an ideal I . For any deformation f of a space X_o with the base Y and for any automorphism a of f there exists an exact sequence of pointed sets

$$(4.1) \quad 0 \longrightarrow T^o(X_o) \otimes_{\mathbb{C}} I \xrightarrow{\epsilon_a} Aut_*(f) \xrightarrow{\rho_o} Aut_*(f|Z) \xrightarrow{\pi_o} T^1(X_o) \otimes_{\mathbb{C}} I \longrightarrow$$

$$\xrightarrow{\epsilon_f} Def_Y(X_o) \xrightarrow{\rho_1} Def_Z(X_o) \xrightarrow{\pi_1} T^2(X_o) \otimes_{\mathbb{C}} I$$

with distinguished points $0, a, a|Z, 0, cl(f), cl(f|Z), 0$ respectively. Only the first map depends on a and only the first line depends on f. The sequence has the following properties :

I. ϵ_a is the composition of the isomorphism $T^o(X_o) \otimes I \cong T^o_Z(f)$ which follows from 1.2 and of homomorphism exp of 2.1.

II. $\pi_o(b) = D_Z(f, f, b)$ therefore π_o is a group homomorphism.

III. For any deformation f' of the space X_o with the base Y and for any isomorphism $i: f|Z \longrightarrow f'|Z$ the equality

$$\epsilon_f \cdot D_Z(f', f, i) = cl(f')$$

holds.

IV. If Y' is a little extension of Z' with an ideal I' and a morphism $g: Y' \longrightarrow Y$ acts from Z' to Z, then the diagram consisting of (4.1), of the similar sequence for the complete $(Y', Z', g^*(f), g^*(a))$ and of canonical maps

$$T^n(X_o) \otimes I \longrightarrow T^n(X_o) \otimes I' , \ Aut_*(f) \longrightarrow Aut_*(g^*(f)) , \ \ldots$$

commutes.

V. Let Z be a little extension of W with an ideal J. Consider the sequence (4.1) for the complete $(Z, W, f|Z, b)$ where b is arbitrary automorphism of $f|Z$. The map ϵ_b of this sequence and the map π_o of (4.1) satisfy the relation

$$\pi_o(\epsilon_b(v)) - \pi_o(\epsilon_b(0)) = [v, D_* f] , \quad v \in T^o(X_o) \otimes J ,$$

where the bracket is a combination of Lie operation and of natural map $J \otimes m(Y)/m^2(Y) \longrightarrow I$.

Write the sequence (4.1) for the complete $(Z, W, g, .)$ where g is any deformation of X_o with the base Z. The map ϵ_g of this sequence and the map π_1 of (4.1) satisfy the relation

$$\pi_1(\epsilon_g(t)) - \pi_1(\epsilon_g(0)) = [t, D_* g] + \frac{1}{2} [t, t] , \quad t \in T^1(X_o) \otimes J ,$$

where the bracket has the similar meaning.

Proof. The first condition determines ϵ_a uniquely and 2.1 implies that $Ker\ \epsilon_a = 0$ and $Ker\ \rho_o = Im\ \epsilon_a$. The second condition gives π_o, the relation $Ker\ \pi_o = Im\ \rho_o$ being a consequence of 3.1.I.

By 3.1.V any $t \in T^1(X_o)$ can be written as $D_Z(f', f, i)$ for a pair (f', i).

We set $\epsilon_f(t) = cl(f')$. If $D_Z(f'', f, i') = t$ for another pair (f'', i'), then by 3.1

$$0 = D_Z(f'', f, i') - D_Z(f', f, i) = D_Z(f'', f', i'\, i^{-1})$$

consequently the isomorphism $f'|Z \xrightarrow{\sim} f''|Z$ extends to an isomorphism $f' \xrightarrow{\sim} f''$. Therefore $cl(f'') = cl(f')$ and ϵ_f is correctly defined.

Now we verify the relation $\mathrm{Im}\, \pi_o = \mathrm{Ker}\, \epsilon_f$. For $t = \pi_o(b) = D_Z(f, f, b)$ we can set $f' = f$ whence $\epsilon_f(t) = cl(f)$. Conversely if $\epsilon_f(t) = cl(f)$, then $t = D_Z(f', f, i)$ and there is an isomorphism $j: f \longrightarrow f'$. Therefore

$$t = D_Z(f', f, i) - D_Z(f', f, j) = D_Z(f, f, j^{-1}.i) = \pi_o(j^{-1}.i) .$$

We turn to the next term. The inclusion $\mathrm{Im}\, \epsilon_f \subset \mathrm{Ker}\, \rho_1$ is a consequence of III. An equation $\rho_1(cl(f')) = \rho_1(cl(f))$ means that there is an isomorphism $i: f|Z \longrightarrow f'|Z$. Therefore $\epsilon_f\, D_Z(f', f, i) = cl(f')$. i.e. $cl(f') \in \mathrm{Im}\, \epsilon_f$.

To construct π_1 we need a resolvent (R, s_o) of the trivial deformation of X_o with the base Y. Let g be any deformation of X_o with the base Z. We can choose by [5] a differential s_Z in the algebra $R_Z := R \otimes O(Z)$ such that the complex (R_Z, s_Z) presents a resolvent of g. We lift the value of s_Z on every generator of R_Z to an element of R and we obtain a first order derivation s on R such that $s \otimes O(Z) = s_Z$. This implies that the derivation $t := s^2$ vanishes (mod I) and so $t \in I.T^2(R) \cong T^2(R \otimes \mathbb{C}) \otimes I$. Since $[s, t] = st - ts = s^3 - s^3 = 0$, t is a cocycle in $T^*(R \otimes \mathbb{C}) \otimes I$. We set $\pi_1(cl(g)) := cl(t) \in T^2(X_o) \otimes I$. To prove the invariance of π_1 we can use arguments of 3.1.

Now we have only to verify the exactness of (4.1) in the last position. If g extends to a deformation g' with the base Y we can choose a lifting s' of s_Z which is the differential in a resolvent of g'. Then $t = s'^2 = 0$ whence $\pi_1(cl(g)) = 0$. Conversely if $\pi_1(cl(g)) = 0$, then $t = [s, u]$ with some $u \in I.T^1(R)$. The difference $\tilde{s} := s - u$ is a differential in R because of $\tilde{s}^2 = s^2 - [s, u] = 0$. Thus $(R, \tilde{s})$ is a resolvent of a morphism $\tilde{g}$ with the base

Y . The equality $\tilde{s} \otimes O(Z) = s_Z$ yields that $\tilde{g}|Z = g$ whence $\tilde{g}$ is a deformation of X_o with the base Y which extends g . The verification of IV is a routine. Property V follows from definitions.

5° - MODULAR SUBSPACES

Definition. Let f be a deformation of a space with a base $(Y, *)$. A pointed subspace $(M, *)$ of $(Y, *)$ is said to be modular if it satisfies the following condition : if there is an isomorphism $g^*(f) \cong h^*(f)$ of the deformations induced by morphisms $g: Z \longrightarrow M$, $h: Z \longrightarrow Y$ of pointed spaces, then the germes of g and h coincide.

Remark. M is modular if the condition is fulfilled for any Artin space Z because of $g = h$ for germes if $g|W = h|W$ for any Artin subspace $W \subset Z$.

Proposition 5.1. The point $*$ is a modular subspace of Y if and only if D_*f is injective.

Proof. Necessity. Let f be a deformation of a space X_o . There is a one-to-one correspondence between the pointed set $(T(Y), 0)$ and the set of morphisms $h : D \longrightarrow (Y, *)$ where D is the double point (i.e. $O(D) = \mathbb{C}[z]/(z^2)$) the distinguished point being the trivial morphism $g: D \longrightarrow *$. If a morphism h corresponds to an element $t \in T(Y)$ then the element $cl(h^*(f)) \in Def_D(X_o)$ corresponds to $D_*f(t) \in T^1(X_o)$ under the canonical isomorphism $Def_D(X_o) \cong T^1(X_o)$ (see [5]). Therefore if $D_*f(t) = 0$, the deformation $h^*(f)$ is trivial i.e. is isomorphic to $g^*(f)$. We conclude by the modularity of $*$ that $h = g$ whence $t = 0$.

Sufficiency. Let $g: Z \longrightarrow *$, $h: Z \longrightarrow *$ be morphisms of an Artin space Z coinciding on a little contraction W such that $g^*(f) \cong h^*(f)$. By 1.3 we can write $h = g + t$ where $t \in T(Y) \otimes I$ and I is the ideal of W . By 3.1 we have

$D_W(h^*(f), g^*(f), 1) = (D_*f \otimes 1)(t)$. The first member vanishes whence $(D_*f \otimes 1)(t) = 0$ and $t = 0$. q.e.d.

Proposition 5.2. If subspaces M_1 and M_2 are modular, the union $M_1 \cup M_2$ is modular too.

Proof. Let the deformations induced by $g: Z \longrightarrow M_1 \cup M_2$ and by $h: Z \longrightarrow Y$ be isomorphic. They are isomorphic on $Z_i := g^{-1}(M_i)$, $i = 1, 2$ and $g|Z_i = h|Z_i$ because of the modularity of M_i whence $g = h$.

Corollary 5.3. If Y is an Artin space, then there exists the maximal modular subspace of Y .

The following theorem is the first step to the description of modular subspace of a versal deformation of a compact space.

Theorem 5.4. Let f be a deformation with a base Y such that D_*f is injective. The following condition is sufficient for $M \subset Y$ to be modular : for any Artin space Z , its little contraction W and any morphism $g: Z \longrightarrow M$ any automorphism of the deformation $g^*(f)|W$ extends to an automorphism of $g^*(f)$.

If D_*f is an isomorphism, this condition is necessary as well.

Proof. Sufficiency. We are need to show that morphisms $g: Z \longrightarrow M$ and $h: Z \longrightarrow Y$ coincide if $g^*(f) \cong h^*(f)$. Using the induction on Z we can suppose that $g|W = h|W$ for a little contraction W of Z . By 3.1 we define the deviation element

$$(5.1) \qquad D_W(h^*(f), g^*(f), 1) = (D_*f \otimes 1)(t) , \quad t = h - g .$$

Theorem 4.1 for the complete $(Z, W, g^*(f), .)$ gives the equality

$$(5.2) \qquad \epsilon_{g^*(f)} \cdot D_W(h^*(f), g^*(f), 1) = cl(h^*(f)) .$$

In virtue of the assumption the second member is equal to $cl(g^*(f))$ whence the map $\epsilon_{g^*(f)}$ sends (5.1) to the distinguished point. Therefore the element (5.1) belongs to $\mathrm{Im}\, \pi_0$, where π_0 is a morphism in the sequence (4.1). By the condition the map ρ_o of this sequence is a surjection, whence $\operatorname{Im} \pi_o = 0$. Therefore (5.1) is zero and $t = 0$ by the injectivity of D_*f.

Necessity. We need to prove that the map ρ_o in the same sequence (4.1) is surjective. Because of the exactness of (4.1) this means that $\operatorname{Im} \pi_o = 0$ what is equivalent to the assertion that the proimage by $\epsilon_{g^*(f)}$ of $cl(g^*(f))$ reduces to zero. For any element $d \in T^1(X_o) \otimes I$ of this proimage we set $t: = (D_*f \otimes 1)^{-1}(d) \in T(Y) \otimes I$. By 1.3 we define a morphism $h: = g + t: Z \longrightarrow Y$. By 3.1 we have (5.1) whence by 4.1 the first member of (5.2) is equal to $\epsilon_{g^*(f)}(d) = cl(g^*(f))$. Thus $cl(h^*(f)) = cl(g^*(f))$, i.e. $h^*(f) \cong g^*(f)$. Since M is modular this implies that $h = g$ whence $t = 0$ and $d = 0$, q.e.d.

6° – CRITERION OF MODULARITY

Theorem 6.1. A subspace M of the base Y of a deformation f with an injective differential D_*f is modular if for any Artin space Z its little contraction W and any morphism $g: Z \longrightarrow M$ the canonical map $T^o(g^*(f)) \longrightarrow T^o(g^*(f)|W)$ is surjective.

This condition is necessary too if D_*f is bijective.

Proof. Sufficiency. By 5.4 we need only to show that any automorphism of the deformation $g^*(f)|W$ extends to an automorphism of $g^*(f)$. By 2.1.IV we can represent this automorphism as $\exp(v)$, $v \in T^o_*(g^*(f)|W)$. Using the assumption again we extend v to a field $v' \in T^o_*(g^*(f))$. Then the automorphism $\exp(v')$ extends $\exp(v)$.

Necessity. Let D be double point and $Z \xrightarrow{j} Z \times D \xrightarrow{p} Z$ be the morphisms induced by canonical ones $* \longrightarrow D \longrightarrow *$. We consider the morphism $G: = g.p: Z \times D \longrightarrow M$

and the induced deformation $G^*(f)$. By 1.1 we can define the field $v \otimes e \in T^0_W(G^*(f)|W \times D)$ for any field $v \in T^0(g^*(f)|W)$ where e is a generator of the ideal $m(D)$. Using 2.1 we construct an automorphism $a := \exp(v \otimes e) \in Aut_W(G^*(f)|W \times D)$. By 5.4 it extends to an automorphism a' of $G^*(f)$. One can consider $a'|Z$ as an automorphism of $j^*G^*(f) \cong g^*(f)$. It is equal to 1 over W. We invert it and set $a'' := p^*(a'|Z)^{-1}.a'$. We have $a''|Z = j^*p^*(a'|Z)^{-1}.a'|Z = 1$. Using 2.1.III we write $a'' = \exp(v'')$ with some $v'' \in T^0_Z(G^*(f))$. On account of 1.1 the relation $v'' = v' \otimes e$ holds with a field $v \in T^0(g^*(f))$. Now we have

$$\exp((v'|W - v) \otimes e) = \exp(v'|W \otimes e).\exp^{-1}(v \otimes e) = (a''|W \times D).a^{-1} = 1 .$$

Therefore by 2.1.II we conclude that $v'|W = v$ what ends the proof.

The final criterion is

Theorem 6.2. Let f be a deformation of a space X_0 with a base Y such that D_*f is injective. A subspace M of Y is modular if for any Artin subspace $N \subset M$ the restriction map $T^0(f|N) \longrightarrow T^0(X_0)$ is surjective.

This condition is necessary if D_*f is bijective.

Proof. The necessity follows immediately from 6.1 because N is the result of a finite set of little extensions starting from the simple point $*$.

The proof of sufficiency uses 6.1 too. Consider arbitrary morphism $g: Z \longrightarrow M$ of an Artin space Z. It is the composition of a morphism $Z \longrightarrow N$ and of the imbedding of a pointed Artin space N in M. We denote the first morphism by g as well. Further denote by $p: Z \times N \longrightarrow N$, $q: Z \times N \longrightarrow Z$ the projections on factors. Let $G \subset Z \times N$ be the graph of $g: Z \longrightarrow N$.

Lemma. The restriction map $T^0(p^*(f)) \longrightarrow T^0(p^*(f)|G)$ is surjective.

Proof of the lemma. Using the induction on Z we can assume that the lemma is true for a little contraction W of Z. We consider the subspace $G \times_Z W = G \cap (W \times N)$ of G and the commutative diagram

$$(6.1)\qquad \begin{array}{ccc} G \times_Z W & \hookleftarrow & G \\ \downarrow & & \downarrow \\ W & \hookrightarrow & Z \end{array}$$

whose vertical arrows are restrictions of q . These arrows are isomorphisms of the Artin spaces, therefore G is a little extension of $G \times_Z W$ with an ideal $J \cong I$ where I is the ideal of the extension $Z \supset W$. We write one more diagram

$$\begin{array}{ccccc} T^0(X_0) \otimes J & \longrightarrow & T^0(p^*(f)\,|G) & \longrightarrow & T^0(p^*(f)\,|G \times_Z W) \\ \uparrow & & \uparrow & & \uparrow \\ T^0(f\,|N) \otimes I & \longrightarrow & T^0(p^*(f)) & \xrightarrow{\tau} & T^0(p^*(f)\,|N \times W) \end{array}$$

where the horizontal arrows are the particular cases of the morphisms of (1.2) and vertical ones are induced by restriction maps. It is easy to verify that the diagram commutes. The map τ is surjective by 1.1. The left vertical arrow is surjective by the condition of the theorem and the right one is surjective by the inductive assumption. This implies that the middle arrow is surjective as well.

We come back to the theorem. The vertical arrows of (6.1) induces the isomorphisms of the deformations $g^*(f)\,|W \cong p^*(f)\,|G \times_Z W$, $g^*(f) \cong p^*(f)\,|G$ the first one being the restriction of the second one. This implies the commutativity of the upper square of the diagram

$$\begin{array}{ccccc} T^0(g^*(f)) & \longrightarrow & T^0(g^*(f)\,|W) & & \\ \wr| & & \wr| & & \\ T^0(p^*(f)\,|G) & \longrightarrow & T^0(p^*(f)\,|G \times_Z W) & & \\ \uparrow & & \uparrow & & \\ T^0(p^*(f)) & \xrightarrow{\tau} & T^0(p^*(f)\,|N \times W & \longrightarrow & 0 \end{array}$$

The lower square is evidently commutative. Its right arrow is surjective by the lemma where we change Z by W . Taking into account the surjectivity of τ we conclude that the upper horizontal arrow in the diagram is surjective too. This completes the proof.

7° – MODULAR DEFORMATIONS OF COMPACT SPACES

Theorem 7.1. Let f be a minimal versal deformation of a compact space X_o with a base $(Y, *)$. There is an open neighbourhood Y' of $*$ in Y and a closed subspace $M \subset Y'$ possessing the following properties :

I. M is modular and contains all modular subspaces of $(Y, *)$.

II. The restriction map $T^o(f|M) \longrightarrow T^o(X_o)$ is surjective and M contains all subspaces of $(Y', *)$ possessing this property.

III. The support of M is the set of solutions of the equation

$$\dim_{\mathbb{C}} T^o(X_y) = \dim_{\mathbb{C}} T^o(X_o) , \quad y \in Y'$$

where $X_y = f^{-1}(y)$.

IV. The Zariski tangent space $T(M)$ at $*$ is the space of vectors $t \in T(Y)$ satisfying the equation $[D_* f(t), v] = 0$ for any $v \in T^o(X_o)$.

Proof. Let Y' be an open neighbourhood of $*$ in Y with a compact Stein closure and R be a resolvent of the morphism $f|Y'$. By [5] (proof of 4.5) if Y' is sufficiently small, the tangent $O(Y')$-complex $T^*(R)$ is homotopic to the $O(Y')$-complex (L^*, ∂) where $L^* = \sum_0^\infty L^n$ and the L^n is the module of holomorphic functions $Y' \longrightarrow T^n(X_o)$. The differential ∂ of the complex is submitted to the condition : $\partial \otimes \mathbb{C}_* = 0$ where $\mathbb{C}_*$ is the residue field of the distinguished point in Y'. By the flatness of f for any closed subspace $N \subset Y'$ the complex $T^*(R) \otimes O(N)$ is a tangent complex of the deformation $f|N$. By the homotopy $T^*(R) \otimes O(N) \sim L^* \otimes O(N)$ this gives an isomorphism of $O(N)$-modules $T^*(f|N) \cong H^*((L^*, \partial) \otimes O(N))$. In particular we have an isomorphism

$$T^o(f|N) \cong \mathrm{Ker}\ (\partial|N\colon L^o|N \longrightarrow L^1|N)$$

where $|N$ means $\otimes O(N)$. For arbitrary point $y \in N$ we consider the following commutative diagram

$$\begin{array}{ccccc}
0 \longrightarrow T^{0}(f) & \longrightarrow & L^{0} & \longrightarrow & L^{1} \\
\downarrow & & \downarrow & & \downarrow \\
0 \longrightarrow T^{0}(f|N) & \longrightarrow & L^{0}|N & \xrightarrow{\partial|N} & L^{1}|N \\
\downarrow \rho & & \downarrow & & \downarrow \\
0 \longrightarrow T^{0}(X_{y}) & \longrightarrow & L^{0} \otimes \mathbb{C}_{y} & \xrightarrow{\partial \otimes \mathbb{C}_{y}} & L^{1} \otimes \mathbb{C}_{y}
\end{array}$$

where $\mathbb{C}_y$ is the residue field of y. By the aforesaid the lines are exact.

At first we set $y = *$. Then by 6.2 the surjectivity of ρ is sufficient for N to be modular. This condition is necessary as well if we change N by any Artin subspace of N. By the commutativity of (7.1) this condition is equivalent to the surjectivity of $\operatorname{Ker}(\partial|N) \longrightarrow L^{0} \otimes \mathbb{C}_{*}$ (because of $\partial \otimes \mathbb{C}_{*} = 0$). The latter on account of Nakayama's lemma means that $\partial|N = 0$.

Choosing bases in $T^{0}(X_{0})$ and in $T^{1}(X_{0})$ we represent the map ∂ of (7.1) by a matrix whose elements are in $O(Y')$. The ideal $J \subset O(Y')$ generated by these elements defines a closed subspace $M \subset Y'$ containing $*$. We shall verify that M has the properties of the theorem.

I. By the construction $\partial|N = 0$ for any subspace $N \subset M$ and $\partial|N = 0$ implies $N \subset M$. By the aforesaid this means that M is maximal modular.

II. The surjectivity of ρ as we know is equivalent to the relation $\partial|N = 0$ and the property follows.

III. By the homotopy $T^{*}(R) \sim (L^{*}, \partial)$ we have an isomorphism $T^{*}(X_{y}) \cong H^{*}((L^{*}, \partial) \otimes \mathbb{C}_{y})$. Therefore the equation $\dim T^{0}(X_{y}) = \dim T^{0}(X_{0})$ is equivalent to the relation $\partial \otimes \mathbb{C}_{y} = 0$. The last means that all the elements of the matrix ∂ vanish at y. The set of such points is M.

IV. Let D_t be the subspace of $(Y', *)$ which is isomorphic to the double point and corresponds to a vector $t \in T(Y)$. This vector belongs to $T(M)$ if and only if M contains D_t. By II the last means that the map

$\rho: T^0(f|D_t) \to T^0(X_0)$ is surjective. Now we use theorem 8.1 with $k = 1$. The exactness of upper line of (8.1) implies that ρ is surjective if and only if the operator $\Delta: T^0(X_0) \to T^1(X_0)$ acting by the formula $\Delta(v) = [\delta_1, v]$ vanishes. Here $\delta_1 = D_*(f|D_t)(t)$ and by 3.1.III we have $D_*(f|D_t)(t) = D_*f(t)$.

The theorem is proved.

Definition. Let $f: X \to Y$ be a proper morphism which is a minimal versal deformation of the fibre X_{y_0} for a point $y_0 \in Y$. We shall say that a subspace $Z \subset Y$ is maximal modular at y_0 if its germ coincides with the germ of subspace M found in Theorem 7.1 for the base (Y, y_0) .

Theorem 7.2. Let f be a minimal versal deformation of a compact space X_0 and M is the subspace of the base Y described by the preceding theorem. There exist an open neighbourhood $Y' \subset Y$ of the distinguished point such that the support of $M \cap Y'$ is the set of the points $y \in Y'$ such that f is minimal versal deformation of the fibre X_y .

The subspace M is maximal modular at any point $y \in M$.

Proof. We shall use notations and constructions of [5] (proof of 5.4). In particular we consider for any $y \in Y'$ the differential $d_y v := [v, y]$ in the graduated vector space F^*_θ . By Z^1_y and B^1_y we denote the spaces of cocycles and of coboundaries correspondingly of degree one of this complex. The tangent space $T_y(K_\theta)$ at the distinguished point is isomorphic to Z^1_y because of d_y splits for $y \in Y'$ if the neighbourhood Y' is sufficiently small. We denote by r_y the splitting operator, that is an endomorphism of F^*_θ of degree -1 such that $d_y r_y d_y = d_y$. We know by [5] that $H^*(F^*_\theta, d_y) \cong T^*(X_y)$. for degrees 0, 1, 2. Therefore by Lemma 4.3 of [5] the family of complexes (F^*_θ, d_y) , $y \in Y'$ for sufficiently small Y' is homotopic for the same degrees to the family $(T^*(X_0), \partial_y)$ where $\partial_y = \partial \otimes C_y$ and ∂ is the differential considered in the previous proof. This homotopy depends holomorphically on y , in particular there are morphisms of the complexes $\gamma_y: F^*_\theta \to T^*(X_0)$ $\mu_y: T^*(X_0) \to F^*_\theta$ being holomorphic on y such that

$$(7.2) \qquad 1(F_\theta^*) = \mu_y \gamma_y + d_y r_y + r_y d_y \quad .$$

Thus the complex $(T^*(X_o), \partial_y)$ is homotopic to the tangent complex of X_y in degrees 0, 1, 2.

This enables us to construct the following commutative diagram

$$(7.3) \qquad \begin{array}{ccccccc} T_y(Y') \subset T_y(K_\theta) \cong Z_y^1 & \longrightarrow & Z_y^1/B_y^1 & \cong & T^1(X_y) \\ \cap & & & & \downarrow \tilde{\gamma}_y \\ T_y(W) \subset T_y(V_\theta) \subset F^1 & \xrightarrow{\gamma_y} & T^1(X_o) & \longrightarrow & T^1(X_o)/\mathrm{Im}\, \partial_y \end{array}$$

The composition of the mappings of the upper line is the differential $D_y f$. It is surjective for $y \in Y'$ whence f is a versal deformation of any fibre X_y , $y \in Y'$. If $D_y f$ is injective, f is a minimal versal deformation of the fibre.

Let $\nu_y : T_y(W) \longrightarrow T^1(X_o)$ be the composition of morphisms of lower line. At the distinguished point we have $T_*(Y') = T_*(W)$ and $\partial_* = 0$ therefore ν_* coincides with the isomorphism $D_* f$. Since W is finite-dimensional variety and γ_y is holomorphic on y , the map ν_y is an isomorphism for y contained in a sufficiently small neighbourhood Y' . Therefore if the image of $\partial_y : T^o(X_o) \longrightarrow T^1(X_o)$ vanishes, the composition of all the morphisms of the lower line of (7.3) is an isomorphism. Then the composition of all the morphisms of the upper line is injective, whence f is minimal at y . But we have seen in the previous proof that the equation $\mathrm{Im}\, \partial_y = 0$ defines $\mathrm{supp}\, M$. Thus f is a minimal versal deformation at any point of M .

Now we shall show that $\mathrm{Ker}\, D_y f \neq 0$ at any point $y \in Y' \setminus M$. Since $\partial_y \neq 0$ and ν_y is an isomorphism one can find a non-zero element $w \in T_y(W)$ such that $\nu_y w = \partial_y v$ with some $v \in T^o(X_o)$. We apply to w the equality (7.2) and obtain

$$w = \mu_y \gamma_y w + d_y r_y w + r_y d_y w = d_y(\mu_y v + r_y w) + r_y d_y w \quad .$$

Whence $z = d_y a$ where $z = w - r_y d_y w$ and $a = \mu_y v + r_y w$. Now we want to show that $\|z - w\|$ is small. Because of $w \in T_y(V_\theta)$ and $V_\theta = Q'^{-1}(0)$, the differential at y of the map Q' vanishes on w. By the definition $Q'(u) = d_* r_*(u^2)$ consequently the differential is equal to $d_* r_* d_y$. Thus $d_* r_* d_y w = 0$ and we have

$$r_y d_y w = r_y(d_y - d_*) w + r_y d_* w = r_y(d_y - d_*) w + r_y d_* r_* d_* w =$$

$$= r_y(d_y - d_*) w + r_y d_* r_* (d_* - d_y) w .$$

The operator r_y is a holomorphic function of y therefore on a neighbourhood Y' its norm has a bound $B < \infty$. Whence

$$(7.4) \qquad \|r_y d_y w\| \leq (B\|d_y - d_*\| + B\, \|d_*\| \,.\, \|r_*\| \,.\, \|d_y - d_*\|) \,.\, \|w\| \leq$$

$$\leq B_1 \,.\, \|d_y - d_*\| \,.\, \|w\| .$$

We note that $\|d_y - d_*\|$ tends to zero when $y \longrightarrow *$.

By [5] there is an isomorphism $E' : U' \times W' \longrightarrow V$ of complex banach varieties where W' is a neighbourhood of the distinguished point in W, U' is a neighbourhood of zero in C_θ and C_θ is a direct supplement to $\operatorname{Ker} d_*$ in F^0_θ. Let E'_y be the differential of E' at the point $(0, y)$. It is invertible and we set

$$(b,v) := (E'_y)^{-1}(z) = (E'_y)^{-1}(w) - (E'_y)^{-1}(r_y d_y w) \in T_{(0,y)}(U' \times W') \subset F^0_\theta \times T_y(W) .$$

We denote the second summand of the right member by (b_y, v_y). It is evident from the construction of E' that E'_y is the sum of the imbedding $T_y(W) \longrightarrow T_y(V_\theta)$ and of the operator $d_y : C_\theta \longrightarrow F^1_\theta$. Therefore $w = E'_y(0, w)$ whence $(E'_y)^{-1}(w) = (0, w)$, $(b, v) = (0, w) + (b_y, v_y)$ and $v = w + v_y$. By the aforesaid $d_y a = z = E'_y(b, v) = d_y b + v$ whence $v = d_y(a - b) \in B^1_y$. Thus v belongs to the intersection

$$T_y(W) \cap B^1_y \subset T_y(W) \cap Z^1_y = T_y(W_\theta) \cap T_y(K_\theta) = T_y(W_\theta \cap K_\theta) = T_y(Y)$$

and the image of v in $T^1(X_y) = Z^1_y / B^1_y$ is zero consequently $D_y f(v) = 0$. On the other hand $(b_y, v_y) = (E'_y)^{-1} r_y d_y w$ whence by (7.4)

$$\|v_y\| \leq B_2 \cdot \|d_y - d_*\| \cdot \|w\| \quad . \tag{7.5}$$

For sufficiently small Y' we have $B_2 \cdot \|d_y - d_*\| < 1$ if $y \in Y'$. Then by (7.5) we conclude that $\|v_y\| < \|w\|$ consequently $\|v\| > 0$ and $v \neq 0$. This implies that $D_y f$ has a non-zero kernel and proves the first assertion of the theorem.

Pass to the second one. We fix $z \in Y'$ and consider f as a deformation of X_z. By 5.1 this deformation has a non-void modular subspace of (Y, z) if and only if $D_z f$ is injective. As we have seen this takes only place if $z \in M$.

By the previous theorem the maximal modular subspace M is found as the maximal subspace of Y' such that $\partial^o | M = 0$ where ∂^o is the restriction of the differential of the complex (L, ∂) on L^o. There are only two properties of this complex which are essential for the proof ; (I) this complex is $O(Y')$-homotopic to the complex generated by the family of $\mathbb{C}$-complexes (F^*_θ, d_y) and (II) $\partial \otimes \mathbb{C}_* = 0$. For to apply this method to find the maximal modular subspace at $z \in M$ we need to construct a holomorphic homotopy of the family (F^*_θ, d_y) to a holomorphic family of complexes (S^*, e_y) such that $e_z = 0$, defined on a neighbourhood of z. For this we put together the known homotopy

$$(F^*_\theta, d_y) \sim (L^*, \partial) \otimes \mathbb{C}_y \sim (T^*(X_o), \partial_y)$$

and a homotopy

$$(T^*(X_o), \partial_y) \sim (H^*(T^*(X_o), \partial_z), e_y)$$

which follows from Lemma 4.3 of [5] because of $\dim_{\mathbb{C}} T^n(X_o) < \infty$ for every n. We have $e^o_z = 0$ because of $\partial^o_z = 0$. The aforesaid implies that the maximal subspace $N \subset Y'$ at z coincides in a neighbourhood $Z \ni z$ with the maximal subspace satisfying the equation $e^o | N = 0$ where $e^o \colon S^o \otimes O(Z) \longrightarrow S^1 \otimes O(Z)$ is the $O(Z)$-morphism generated by the family (e_y).

The homotopy of the families $(T^*(X_o), \partial_y) \sim (S^*, e_y)$ induces a homotopy of the corresponding $O(Z)$ complexes. In particular there exist morphisms of $O(Z)$-complexes

$$S^* \otimes O(Z) \xrightarrow{t} T^*(X_o) \otimes O(Z) \xrightarrow{s} S^* \otimes O(Z)$$

such that $ts \sim 1$. Taking into account that $\partial^{-1} = 0$, $\partial^o_z = 0$ we conclude that $t_z s_z = 1$ on $T^o(X_o)$. Because of $S^o = T^o(X_o)$ this implies that s_z is an isomorphism. Therefore s is an isomorphism if Z is sufficiently small. Whence the relation $e^o.s = s.\partial^o$ implies that the equation $e^o|N = 0$ is equivalent to the equation $\partial^o|N = 0$ what ends the proof.

Corollary 7.3. If $T^2(X_o) = 0$, then supp M coincides in a neighbourhood of $*$ with the set of solutions of the equation

$$\dim_{\mathbb{C}} T^1(X_y) = \dim_{\mathbb{C}} T^1(X_o) \ , \quad y \in Y \ .$$

Proof. By the semi-continuity theorem ([5], 4.4) $T^2(X_y) = 0$ in a neighbourhood. Whence by [5] (4.2) the function $\dim T^o(X_y) - \dim T^1(X_y)$ is a constant in the neighbourhood. Therefore the assertion follows from 7.1.III.

Definition. The restriction of a minimal versal deformation f on the maximal modular subspace of the base will be called a maximal modular deformation. We underline such that a deformation is maximal modular for any of its fibre. If M is open, f is universal and conversely.

Any restriction of a maximal modular deformation will be called a modular deformation.

The maximal modular deformation of a given compact space is essentially unique in vertue of the following.

Proposition 7.4. Let $f_i: V_i \longrightarrow M_i$, $i = 1,2$ be maximal modular deformations such that there is an isomorphism $f_1^{-1}(m_1) \xrightarrow{j} f_2^{-1}(m_2)$ for some $m_i \in M_i$, $i = 1, 2$. Then there exist open neighbourhoods $N_i \subset M_i$ of m_i and a canonical isomorphism $g: (N_1, m_1) \longrightarrow (N_2, m_2)$ such that there is an isomorphism $f_1|N_1 \cong g^*(f_2)$ which agrees to j .

Proof. Let $F_i: X_i \to Y_i$, $i = 1, 2$ be minimal versal deformations of $f_i^{-1}(m_i)$ such that $f_i = F_i|M_i$ where $M_i \subset Y_i$ are maximal modular subspaces. By the definition we can find a morphism $G: Y'_1 \to Y'_2$ where Y'_i is an open neighbourhood of the distinguished point such that there is an isomorphism $F_1|Y'_1 \cong G^*(F_2)$ which agrees to j. By 3.1.III the tangent map $T(G): T(Y'_1) \to T(Y'_2)$ at the point is submitted to the relation $D_*F_1 = D_*F_2 \cdot T(G)$ whence $T(G)$ is bijective and G is an isomorphism for some Y'_1 and Y'_2. Therefore $G^*(F_2)$ is a minimal versal deformation of the space $f_1^{-1}(m_1)$ with the maximal modular subspace $G^{-1}(M_2) \cap Y'_1$. The isomorphism $G^*(F_2) \cong F_1|Y'_1$ implies the equality $G^{-1}(M_2) = M_1 \cap Y'_1$. Thus the restriction of G gives an isomorphism $g: N_1 \to N_2$ where $N_i = M_i \cap Y'_i$ such that $F_1|N_1 \cong g^*(F_2)|N_2$. Such an isomorphism g is unique because of the modularity of N_2.

Corollary 7.5. Let f be a minimal versal deformation of a compact space X_o with a base $(Y, *)$. For f to be universal it is necessary for the canonical map $\tau: T^o(f|Z) \to T^o(X_o)$ to be surjective Z being an open neighbourhood of $*$, and it is sufficient for τ to be surjective for any Artin subspace $Z \ni *$.

If Y is reduced, f is universal if and only if $\dim_{\mathbb{C}} T^o(X_y) = \text{const}$ in a neighbourhood of the point.

Proof follows from 7.1. The first criterion in the infinitesimal form and the second one for smooth X_o are due to Wavrik [6].

8° - DEFORMATIONS WITH ONE-DIMENSIONAL BASE

In this section Y denote the complex line with the distinguished point $y = 0$. For any integer $k \geq 0$ we consider the Artin space Y_k on this point defined by the ideal $m^{k+1}(Y)$ where $m(Y)$ is the ideal in $O(Y)$ generated by the coordinate function y. This space is a little extension of Y_{k-1} with the ideal $m^k(Y)/m^{k+1}(Y)$. The image of y^k in this ideal is a generator and will be denoted by y_k.

Let f be a deformation of a space X_o with the base Y_k whose restriction on Y_{k-1} is trivial. By 3° there is the deviation element

$$D_{Y_k} f \in T^1(X_o) \otimes m^k(Y)/m^{k+1}(Y)$$

which we can write in the form $\delta_k \otimes y_k$ with some $\delta_k \in T^1(X_o)$.

<u>Theorem 8.1</u>. There is the following right endless commutative diagram :

$$(8.1)\qquad \begin{array}{ccccccccccc}
0 \to & T^0(f|Y_{k-1}) & \xrightarrow{\epsilon_1} & T^0(f) & \xrightarrow{\tau_o} & T^0(X_o) & \xrightarrow{\delta'} & T^1(f|Y_{k-1}) & \xrightarrow{\epsilon_1} & T^1(f) & \to \\
 & \uparrow{\scriptstyle \epsilon_{k-1}} & & \| & & \uparrow{\scriptstyle \tau'} & \searrow{\scriptstyle \Delta} & \uparrow{\scriptstyle \epsilon_{k-1}} & & \| & \\
0 \to & T^0(X_o) & \xrightarrow{\epsilon_k} & T^0(f) & \xrightarrow{\tau} & T^0(f|Y_{k-1}) & \xrightarrow{\delta} & T^1(X_o) & \xrightarrow{\epsilon_k} & T^1(f) & \to
\end{array}$$

$$\begin{array}{ccccccccccc}
\cdots \to & T^n(f|Y_{k-1}) & \xrightarrow{\epsilon_1} & T^n(f) & \xrightarrow{\tau_o} & T^n(X_o) & \xrightarrow{\delta'} & T^{n+1}(f|Y_{k-1}) & \to & T^{n+1}(f) & \to \cdots \\
\searrow & \uparrow{\scriptstyle \epsilon_{k-1}} & & \| & & \uparrow{\scriptstyle \tau'} & \searrow{\scriptstyle \Delta} & \uparrow{\scriptstyle \epsilon_{k-1}} & & \| & \\
\cdots \to & T^n(X_o) & \xrightarrow{\epsilon_k} & T^n(f) & \xrightarrow{\tau} & T^n(f|Y_{k-1}) & \to & T^{n+1}(X_o) & \to & T^{n+1}(f) & \to \cdots
\end{array}$$

of $O(Y_k)$-morphisms where the vector space $T^*(X_o)$ is supplied by a $O(Y_k)$-structure through the residue morphism $O(Y_k) \to \mathbb{C}$. Here τ_o, τ and τ' are restriction morphisms. The following assertions hold.

I. The lines are exact.

II. τ' is surjective and ϵ_{k-1} is injective.

III. The compositions $\tau\,\epsilon_1$ and $\epsilon_1\,\tau$ coincide with the action of y and $\epsilon_k\,\tau_o$ is equal to the action of y_k .

IV. $\Delta(t) = [\delta_k, t]$. If f extends to a deformation with the base Y_{2k} , Δ is a differential in $T^*(X_o)$.

Proof. Let (R_o, s_o) be a resolvent of X_o . For any $i > 0$ the differential algebra $(R_i, s_i) := (R_o, s_o) \otimes_{\mathbb{C}} O(Y_i)$ is a resolvent of the trivial deformation of X_o with the base Y_i . By the construction of Theorem 3.1 the algebra R_k with the differential $s := s_k + y_k\, d$ is a resolvent of f if $d \in T^1(R_o)$ belongs to the cohomological class δ_k . Now we consider the following diagram

$$\begin{array}{ccccccccc} 0 & \longrightarrow & (R_{k-1}, s_{k-1}) & \xrightarrow{e_1} & (R_k, s) & \xrightarrow{r_o} & (R_o, s_o) & \longrightarrow & 0 \\ & & \uparrow{\scriptstyle e_{k-1}} & & \| & & \uparrow{\scriptstyle r'} & & \\ 0 & \longrightarrow & (R_o, s_o) & \xrightarrow{e_k} & (R_k, s) & \xrightarrow{r} & (R_{k-1}, s_{k-1}) & \longrightarrow & 0 \end{array} \tag{8.2}$$

where r_o, r, r' are the canonical surjections and e_i is the action of y_i , $i = 1, k-1, k$. Evidently the diagram commutes and the lines are exact. We apply to it the functor $\mathrm{Der}(\cdot, R)$ and obtain another commutative diagram

$$\begin{array}{ccccccccc} 0 & \longrightarrow & T^*(R_{k-1}) & \longrightarrow & T^*(R_k) & \longrightarrow & T^*(R_o) & \longrightarrow & 0 \\ & & \uparrow & & \| & & \uparrow & & \\ 0 & \longrightarrow & T^*(R_o) & \longrightarrow & T^*(R_k) & \longrightarrow & T^*(R_{k-1}) & \longrightarrow & 0 \end{array}$$

with the exact lines. Passing to the cohomology we get the whole diagram (8.1) with the exception of Δ . This construction gives immediately the properties I, II, III.

Now we have to find Δ . For $t \in T^n(X_o)$ we choose a representative $t_o \in T^n(R_o)$ and define a derivation $t_k := t_o \otimes O(Y_k)$ on R_k . The relation $[s_o, t_o] = 0$ implies $[s_k, t_k] = 0$ whence $[s, t_k] = y_k[d, t_k] = y_k[d, t_o]$. The cohomological class of the element $y_{k-1}[d, t_o]$ is equal to $\delta'(t)$ because of $y_k = y_{k-1}\, y_1$. We can rewrite this class in the form $\epsilon_{k-1}(\mathrm{cl}[d, t_o])$. The Lie algebra structure lifts from $T^*(R_o)$ to $T^*(X_o)$ whence

$$cl[d, t_o] = [cl(d), cl(t_o)] = [\delta_k, t] = \Delta(t) .$$

Thus $\delta'(t) = \epsilon_{k-1}(\Delta(t))$, i.e. the upper triangles of (8.1) commute.

Now we take $t \in T^n(f|Y_{k-1})$ and choose a representative $t_{k-1} \in T^n(R_{k-1})$. Then we have $[s, t_{k-1}] = y_k[d, t_{k-1}] = y_k[d, t_o]$ where t_o is the image of t_{k-1} in $T^n(R_o)$. The relation $cl[d, t_o] = \delta(t)$ holds by the construction of δ . Thus $\delta(t) = [cl(d), cl(t_o)] = [\delta_k, \tau'(t)] = \Delta\, \tau'(t)$ and the lower triangles of (8.1) commute as well.

It remains to prove that Δ is a differential provided f extends to a deformation with the base Y_{2k} . In this case the resolvent has an extension (R_{2k}, s') where $s' = s_{2k} + y^k d + y^{k+1} d_1 + \dots + y^{2k} d_k$ is a differential. Equating its square with zero we obtain the relation $[d, d] + [s_o, d_k] = 0$ whence $[\delta_k, \delta_k] = cl[d, d] = 0$. This by (1.1) implies that Δ is a differential.

Now we pass to the main result of this section which gives a lower bound for the jump of the dimension of the tangent cohomology of fibres of a one-dimensional deformation.

Theorem 8.2. Let f be a deformation of a compact space X_o with a base Y' which is an open neighbourhood of zero in the complex line Y , such that $f|Y_{k-1}$ is trivial for a certain $k > 0$. We consider the deviation element $D_{Y_{k-1}}(f|Y_k)$ and write it in the form $\delta_k \otimes y_k$ where $\delta_k \in T^1(X_o)$. Then for any $n \geq 0$ the function $\dim_{\mathbb{C}} T^n(X_y)$ is constant for all $y \neq 0$ near zero and

$$\dim T^n(X_o) - \dim T^n(X_y) \geq \dim [\delta_k, T^{n-1}(X_o)] + \dim [\delta_k, T^n(X_o)]$$

where $[\delta_k, T^n(X_o)]$ means the image of the map $[\delta_k, .] : T^n(X_o) \to T^{n+1}(X_o)$.

Proof. We use again the family of the complexes $(T^*(X_o), \partial_y)$ described in 7°. Now $y \in Y$ is in a neighbourhood of zero. The differential ∂_y depends on y holomorphically, therefore the number

$$r_n := \text{rank}\ (\partial_y: T^n(X_o) \longrightarrow T^{n+1}(X_o))$$

is a constant for all $y \neq 0$ in a neighbourhood. Whence the value

(8.3) $\quad \dim T^n(X_y) = \dim H^n(T^*(X_o), \partial_y) = \dim T^n(X_o) - r_{n-1} - r_n$

is a constant too.

We recall that this family generates the $O(Y')$-complex denoted by (L^*, ∂). Because of $O(Y')$ is a one-dimensional regular algebra the $O(Y')$-module $K_n = \text{Ker}\ (\partial: L^n \longrightarrow L^{n+1})$ is free of rank $rk(L^n) - rk(\partial) = \dim T^n(X_o) - r_n$. We consider the submodule I_n consisting of elements which have a form $a = y^{-p} . b$, where $b \in L^{n-1}$ and $p \geq 0$. The module K_n/I_n is torsion-free and therefore free at the point $y = 0$. Its rank is equal to right member of (8.3). It is a free $O(Y')$-module if the neighbourhood Y' is sufficiently small.

Let $a_i, \ldots, a_r$ be elements of K_n whose images in K_n/I_n form a $O(Y')$-basis. Consider the canonical $O(Y')$-morphisms

$$K_n \longrightarrow H^n(L^*, \partial) \longrightarrow H^n(L^*|Y_k, \partial|Y_k) \cong T^n(f|Y_k) \longrightarrow T^n(f|Y_{k-1})$$

and denote by b_i the image of a_i in $T^n(f|Y_k)$. Now we want to show that the elements $y^k b_1, \ldots, y^k b_r \in H^n(L^*|Y_k)$ are linearly independent. Otherwise there is a nontrivial relation

$$\sum c_i y^k a_i = y^{k+1} a \quad (\text{mod } I_n)$$

where $c_i \in \mathbb{C}$, $a \in L^n$. Because of $a_i \in K_n$ we have $y^{k+1} \partial a = 0$ and $\partial a = 0$ since y is not a zero-divisor. Consequently the relation $a = \Sigma e_i a_i$ (mod I_n) holds with some $e_i \in O(Y')$. This yields the equation

$$y^k \sum_1^r (c_i - ye_i) a_i = 0$$

whence $\Sigma(c_i - ye_i)a_i = 0$ (mod I_n). Thus there is a non-trivial relation between the images of a_i in K_n/I_n. This contradicts the choice of a_i and proves the assertion.

We apply Theorem 8.1 to the deformation $f|Y_k$. The map Δ of (8.1) is a differential and the properties of this diagram imply that

$$\Delta\, \tau_o(b_i) = \Delta\, \tau'\, \tau(b_i) = \delta\, \tau(b_i) = 0$$

i.e. $\tau_o(b_i) \in \operatorname{Ker} \Delta$. By 8.1.III $\epsilon_k\, \tau_o(b_i) = y^k\, b_i$ these elements being linearly independent. Therefore the elements $\tau_o(b_i)$ are linearly independent $(\bmod \operatorname{Ker} \epsilon_k)$. The exactness of the lower line of (8.1) and the surjectivity of τ' yields the relation $\operatorname{Ker} \epsilon_k = \operatorname{Im} \delta = \operatorname{Im} \Delta$. Thus the images of the elements $\tau_o(b_i)$ in $\operatorname{Ker} \Delta/\operatorname{Im} \Delta$ are linearly independent. Whence the number r of these elements does not exceed

$$\dim \operatorname{Ker} \Delta/\operatorname{Im} \Delta = \operatorname{cork}(\Delta : T^n(X_o) \longrightarrow T^{n+1}(X_o)) - \operatorname{rk}(\Delta : T^{n-1}(X_o) \longrightarrow T^{n-1}(X_o))$$

$$= \dim T^n(X_o) - \dim\, [\delta_k, T^n(X_o)] - \dim\, [\delta_k, T^{n-1}(X_o)] .$$

This inequality proves the theorem because r is equal to the left member of (8.3).

9° - EXAMPLES

I. Hopf varieties. We fix $n > 1$ and consider the subset $S \subset \operatorname{Aut}_{\mathbb{C}}(\mathbb{C}^n)$ of operators whose spectrum is contained in the open unit disk. There is a regular proper morphism $f: V \longrightarrow S$ whose fibre V_A is the factor space of $\mathbb{C}^n \setminus (0)$ by the cyclic group generated by A. This morphism is a versal deformation of every fibre and by

$$(9.1)\quad H^0(V_A, \theta) \cong \operatorname{Comm} A\ ,\quad H^1(V_A, \theta) \cong \mathbb{C}^{n\times n}/[A, \mathbb{C}^{n\times n}]\ ,\quad H^i(V_A, \theta) = 0\ ,\quad i > 1$$

where θ is the tangent sheaf of V_A and $\operatorname{Comm} A$ is the centralizer of A. The Kodaira-Spencer map is generated by the natural morphism

$$T_A(S) \cong \mathbb{C}^{n\times n} \longrightarrow \mathbb{C}^{n\times n}/[A, \mathbb{C}^{n\times n}]$$

Since V_A is smooth we have by [5] $T^n(V_A) \cong H^n(V_A, \theta)$ and the Lie operation in $T^*(V_A)$ is the combination of cup-product and of commutation of vector fields. Using [7] it is easy to find that this Lie operation corresponds by (9.1) to the standard Lie operation on $\mathbb{C}^{n\times n}$. This yields that the subspace of $T^1(V_A)$ where $T^0(V_A)$ acts trivially is isomorphic by (9.1) to

$$\widetilde{\text{Comm}}\ \text{Comm}\ A/[A, \mathbb{C}^{n\times n}] \tag{9.2}$$

$\widetilde{\text{Comm}}$ Comm A being the space of n-matrices B such that $[B, \text{Comm}\ A] \subset [A, \mathbb{C}^{n\times n}]$.

We fix a point $A \in S$ and choose a subvariety $Y \subset S$ passing through A transversally to the subspace $[A, \mathbb{C}^{n\times n}] \subset T_A(S)$. The Kodaira-Spencer map of $f|Y$ at A is an isomorphism whence $f|Y$ is a minimal versal deformation of V_A. By 7.1 the intersection $T_A(Y) \cap \widetilde{\text{Comm}}\ \text{Comm}\ A$ is the tangent space to the maximal modular subspace for $f|Y$. Its dimension is equal to the dimension of (9.2) which coincides with the number of different eigenvalues of A.

The maximal modular subspace M itself can be found as follows. We write $A = Q^{-1} A_o Q$ where A_o is an upper Jordan matrix. By diag(A) we denote the subset of diagonal matrices in $\mathbb{C}^{n\times n}$ whose elements coincide if corresponding elements of A_o do. Thus diag(A) is a subspace and its dimension is equal to the dimension of M. We introduce the following linear subvariety of S

$$M' = \{B = Q^{-1}(A + D)Q\ , \quad D \in \text{diag}(A)\}\ .$$

It is transversal to $[A, \mathbb{C}^{n\times n}]$. Therefore we can choose Y so that $M' \subset Y$. Any $B \in M$ near A has the same Jordan structure consequently $\dim T^0(V_B) = \dim T^0(V_A)$. It follows by 7.1 that M' is modular at A whence $M' \subset M$ in a neighbourhood of A. Taking into account that M' is a manifold and $\dim M' = \dim M$ we conclude that $M' = M$. Thus there is a maximal modular deformation of V_A which is the family $(V_B, B \in M')$.

II. <u>Projective hypersurfaces</u>. We fix integers $n > 1$, $m > 1$ and set $Y = \mathbb{CP}_N$, where $N = \binom{m+n}{n} - 1$. Consider the hypersurface $X \subset Y \times \mathbb{CP}_n$ defined by the equation

$$p_y(x) \equiv \sum x^i \, y_i = 0$$

where $(y_i, \ |i| = m)$ and $x = (x_0, \ldots, x_n)$ are homogeneous coordinates in Y correspondingly in $\mathbb{CP}_n$. We denote by f the restriction on X of the projection $Y \times \mathbb{CP}_n \to Y$. It is a flat family of projective hypersurfaces of degree m.

For any $y \in Y$ there is a natural isomorphism

$$T_y(Y) \cong P_{n+1}(m)/\mathbb{C}.p_y$$

where $P_{n+1}(m)$ is the space of all homogeneous polynomials on x of degree m and $\mathbb{C}.p_y$ is the subspace generated by p_y. By θ we denote the tangent sheaf of $\mathbb{CP}_n$ and θ_y will mean $\theta \otimes O(X_y)$, $X_y = f^{-1}(y)$.

Proposition 9.1. For any $y \in Y$ there is the following commutative diagram

$$(9.3) \qquad \begin{array}{ccccccccc}
0 \longrightarrow T^0(X_y) & \xrightarrow{\alpha} & H^0(X_y, \theta_y) & \longrightarrow & P_{n+1}(m)/\mathbb{C}.p_y \oplus H^1(X_y, \theta_y) & \xrightarrow{\beta} & T^1(X_y) \longrightarrow 0 \\
& & \uparrow \rho & & & & \\
& & H^0(\mathbb{CP}_n, \theta) & & \uparrow i & & \uparrow D_y f \\
& & \wr\| & & & & \\
& & \mathrm{End}_{\mathbb{C}}(\mathbb{C}^{n+1})/\mathrm{End}_{\mathbb{C}}(\mathbb{C}) & \xrightarrow{p'_y} & P_{n+1}(m)/\mathbb{C}.p_y & \xrightarrow{\sim} & T_y(Y)
\end{array}$$

where the upper line is exact, i is canonical, ρ is the restriction map and p'_y is given by the formula

$$p'_y : a = (a_{ij})_0^n \longmapsto \sum_{i,j} a_{ij} \, x_i \, \frac{\partial \, p_y(x)}{\partial \, x_j}$$

The action of $T^0(X_y)$ on $T^1(X_y)$ satisfies the relation

$$[v, t] = \beta i\Big(\Sigma \, a_{ij} \, x_i \, \frac{\partial \, q(x)}{\partial \, x_j}\Big), \text{ where } \alpha(v) = \rho(a), \ a = (a_{ij}), \ t = \beta \, i(q)$$

Proof. We shall use the canonical sheaves $O(k)$, $k = \ldots, -1, 0, 1, \ldots$ on $\mathbb{CP}_n$ and denote $\theta(k) = \theta \otimes O(k)$. The complex

$$\mathcal{R} : 0 \longrightarrow \mathcal{O}(-m) \xrightarrow{p_y} \mathcal{O}(o)$$

where p_y denotes the multiplication by the polynomial is a global resolvent of the sheaf $\mathcal{O}(X_y)$ in the sense of [5]. To calculate the tangent sheaves $\mathcal{T}^n = \mathcal{T}^n(X_y)$ according to [5] we ought to consider the graduated module Der $(\mathcal{R})$ of derivations $r: \mathcal{R} \to \mathcal{R}$ ($\mathcal{R}$ has a natural structure of a graduated algebra). There is the filtration

$$\text{Der}(\mathcal{R}) = \text{Der}_1(\mathcal{R}) \supset \text{Der}_o(\mathcal{R}) \supset (0)$$

where $\text{Der}_o(\mathcal{R})$ consists of derivations which vanish on $\mathcal{R}_o \equiv \mathcal{O}(o)$. The Lie algebra structure and the differential on Der $(\mathcal{R})$ are given by the formulas

$$[r, s] = rs - (-1)^{\text{deg} r . \text{deg} s}\, sr , \quad dr = [p_y, r]$$

They are submitted to the filtration whence $H^*(\text{Der}(\mathcal{R}))$ is isomorphic to the total cohomology of the following bicomplex

$$\begin{array}{ccccccccc}
 & & & & 0 & & 0 & & \\
 & & & & \uparrow & & \uparrow & & \\
\text{Der}_o : & 0 & \longrightarrow & & \mathcal{O}(o) & \xrightarrow{p_y} & \mathcal{O}(m) & \longrightarrow & 0 \\
 & & & & \uparrow{\scriptstyle p'_y} & & \uparrow{\scriptstyle p'_y} & & \\
\text{Der}_1/\text{Der}_o : & 0 & \longrightarrow & & \theta(-m) & \xrightarrow{p_y} & \theta(o) & \longrightarrow & 0 \\
 & & & & \uparrow & & \uparrow & & \\
 & & & & 0 & & 0 & &
\end{array}$$

concentrated in degrees $-1, 0, 1$. This bicomplex has the natural graduated Lie algebra structure where for example

$$(9.4) \qquad [v, a] = v(a) , \quad v \in \theta(o) , \quad a \in \mathcal{O}(m) .$$

It is easy to verify that this structure coincides with that induced by Der $(\mathcal{R})$.

Because of the isomorphism $\mathcal{T}^* \cong H^*(\text{Der}(\mathcal{R}))$ this implies the exact sequence

$$(9.5) \qquad 0 \longrightarrow \mathcal{T}^o \longrightarrow \theta_y \xrightarrow{p'_y} \mathcal{O}_y(m) \longrightarrow \mathcal{T}^1 \longrightarrow 0$$

where the middle sheaves are given by the following exact sequences

$$(9.6) \qquad 0 \longrightarrow \Theta(-m) \xrightarrow{p_y} \Theta(o) \longrightarrow \Theta_y \longrightarrow 0$$

$$(9.7) \qquad 0 \longrightarrow O(o) \xrightarrow{p_y} O(m) \longrightarrow O_y(m) \longrightarrow 0$$

The action of $\mathcal{T}^o$ on $\mathcal{T}^1$ according to the graduated Lie algebra structure of $\mathcal{T}^*$ is induced by the action of Θ_y on $O_y(m)$ given by (9.4).

The sequence (9.7) yields the equations

$$H^o(\mathbb{CP}_n, O_y(m)) \cong P_{n+1}(m)/\mathbb{C}.p_y \ , \quad H^i(\mathbb{CP}_n, O_y(m)) = 0 \ , \quad i > 0$$

and (9.5) gives a spectral sequence with the zero abutment which is depicted as follows

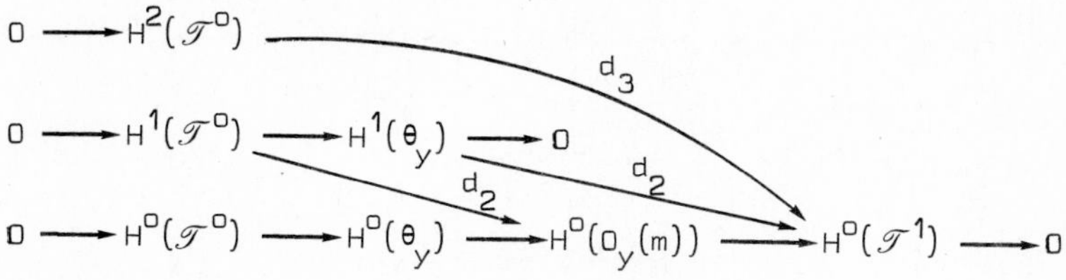

$$\begin{array}{lllll}
0 \longrightarrow H^2(\mathcal{T}^o) & & & & \\
0 \longrightarrow H^1(\mathcal{T}^o) & \longrightarrow H^1(\Theta_y) \longrightarrow 0 & & & \\
0 \longrightarrow H^o(\mathcal{T}^o) & \longrightarrow H^o(\Theta_y) & \longrightarrow H^o(O_y(m)) & \longrightarrow H^o(\mathcal{T}^1) & \longrightarrow 0
\end{array}$$

(with $d_2: H^1(\mathcal{T}^o) \to H^o(O_y(m))$, $d_2: H^1(\Theta_y) \to H^o(\mathcal{T}^1)$, $d_3: H^2(\mathcal{T}^o) \to H^o(\mathcal{T}^1)$)

where $H^*(.) = H^*(X_y, .)$ and the horizontal arrows mean d_1. Hence we deduce the exact sequences

$$(9.8) \qquad 0 \longrightarrow H^o(\mathcal{T}^o) \longrightarrow \mathrm{Ker}(H^o(\Theta_y) \xrightarrow{p'_y} H^o(O_y(m))) \longrightarrow 0$$

$$(9.9) \qquad 0 \longrightarrow H^1(\mathcal{T}^o) \longrightarrow \mathrm{Cok}(H^o(\Theta_y) \xrightarrow{p'_y} H^o(O_y(m))) \oplus H^1(\Theta_y) \longrightarrow$$

$$\longrightarrow H^o(\mathcal{T}^1) \xrightarrow{e} H^2(\mathcal{T}^o)$$

where e is generated by d_3^{-1}. On the other hand the general theory [5] gives an exact sequence

$$0 \longrightarrow H^1(\mathcal{T}^o) \longrightarrow T^1(X_y) \longrightarrow H^o(\mathcal{T}^1) \longrightarrow H^2(\mathcal{T}^o) \ .$$

Comparing the constructions we see that the map $H^o(\mathcal{T}^1) \longrightarrow H^2(\mathcal{T}^o)$ coincide in both cases. Therefore we can conclude that the second member of (9.9) is isomorphic to $T^1(X_y)$. By the relation $H^o(\mathcal{T}^o) \cong T^o(X_y)$ we see that the second member of (9.8) is isomorphic to $T^0(X_y)$. This gives the exactness of the upper line of (9.3).

The left square of (9.3) evidently commutes. By a straightforward reasoning one can find that the right square commutes too. By the aforesaid the action of $T^0(X_y)$ on $T^1(X_y)$ accords to (9.4), q.e.d.

Proposition 9.2. I. The map ρ of (9.3) is bijective except for the case $n = 2$, $m = 3$ (tori) when $\dim \operatorname{cok} \rho = 1$.

II. $H^1(X_y, \theta_y) = 0$ except for the case $n = 2$, $m \geq 4$ and the case $n = 3$, $m = 4$ (K3-surfaces) when $\dim H^1(X_y, \theta_y) = 1$.

Proof. The sequence (9.6) causes the long one

$$(9.10) \quad 0 = H^0(\theta(-m)) \longrightarrow H^0(\theta) \xrightarrow{\rho} H^0(\theta_y) \longrightarrow H^1(\theta(-m)) \longrightarrow \underset{\overset{\|}{0}}{H^1(\theta)} \longrightarrow$$

$$\longrightarrow H^1(\theta_y) \longrightarrow H^2(\theta(-m)) \longrightarrow H^2(\theta) \longrightarrow 0 .$$

To calculate these spaces we write another exact sequence

$$(9.11) \quad 0 \longrightarrow O(-m) \xrightarrow{\epsilon} O(1-m)^{n+1} \xrightarrow{\sigma} \theta(-m) \longrightarrow 0$$

where $\epsilon(a) = (x_0 a, \ldots, x_n a)$, $\sigma(a_0, \ldots, a_n) = \Sigma a_i \frac{\partial}{\partial x_i}$. Thereby we get $H^i(\theta) = 0$ for $i > 0$ and $H^0(\theta(-m)) = 0$ for $m > 1$ consequently (9.9) implies that $\operatorname{Cok} \rho = H^1(\theta(-m))$. We deduce from (9.11) that

$$H^1(\theta(-m)) \cong \operatorname{Ker}(\epsilon: H^2(O(-m)) \longrightarrow H^2(O(1-m))^{n+1})$$

If $n > 2$ this space vanishes and for $n = 2$ by Serre's duality theorem it is dual to the $\operatorname{Cok}(\epsilon': H^0(O(m-4))^3 \longrightarrow H^0(O(m-3)))$ where $\epsilon'(a_0, a_1, a_2) = \Sigma x_i a_i$. It follows immediately that $\operatorname{Cok} \epsilon' = 0$ for $m \neq 3$ and $\dim \operatorname{Cok} \epsilon' = 1$ for $m = 3$ what proves the first assertion.

By (9.10) we get that $H^1(\theta_y) \cong H^2(\theta(-m))$ and (9.11) yields the following exact sequence

$$H^2(\mathcal{O}(1-m))^{n+1} \longrightarrow H^2(\theta(-m)) \longrightarrow H^3(\mathcal{O}(-m)) \xrightarrow{\epsilon} H^3(\mathcal{O}(1-m))^{n+1} .$$

The first member vanishes except for the case $n = 2, m \geq 4$, and the third does except for the case $n = 3$. If $n = 3$, $H^2(\theta(-m)) \cong \operatorname{Ker} \epsilon$. By Serre's duality $\operatorname{Ker} \epsilon$ is dual to $\operatorname{Cok} (\epsilon' : H^0(\mathcal{O}(m-5))^4 \to H^0(\mathcal{O}(m-4)))$. The last member vanishes if $m \neq 4$ and is one-dimensional provided $m = 4$. This completes the proof.

Corollary 9.3. Let Z be a subvariety of Y and $y \in Z$. The map $D_y(f|Z)$ is injective if and only if $T_y(Z)$ is transversal in $T_y(Y) \cong P_{n+1}(m)/\mathbb{C}.p_y$ to the subspace of polynomials

$$q(x) = \sum a_{ij} x_i \frac{\partial p_y(x)}{\partial x_j} , \quad a_{ij} \in \mathbb{C} \ (\mathrm{mod}\ \mathbb{C}.p_y(x)) .$$

If $n > 2$ this condition ensures that $f|Z$ is a minimal versal deformation except for the case $n = 3, m = 4$.

If this condition is fulfilled, a subvariety $M \subset Z$ is modular at y provided the dimension of the space of $n+1$-matrices (a_{ij}) satisfying the equation

$$\sum a_{ij} x_i \frac{p_z(x)}{x_j} = 0$$

is constant for $z \in M$ near y.

If $f|Z$ is minimal versal, this condition on M is necessary too.

In conclusion we point out all modular deformations of the form $f|M$ modulo isomorphisms for the case $n = 2$.

Proposition 9.4. For $n = 2, m \geq 3$ there are eight series of modular deformations $f|M$ indicated on the following table by the families $(p_y, y \in M)$, where $d = \dim T^0(X_y) - \delta^3_m$ ($\delta^3_m = 1, 0$ if $m =, \neq 3$)

I. x_0^m ; $d = 6$; M is a point.

II. $x_0^r x_1^s$, $rs > 0$; $d = 4$; M is a point.

III. $q(x_o, x_1)$; $d = 3$; $\dim M = m - 3$, anharmonic ratios of the roots of q are coordinates on M .

IV. $x_o^r x_1^s x_2^t$, $rst > 0$; $d = 2$; M is a point

V. $\sum_{\substack{ar+bs+ct=0 \\ r+s+t=m}} e_{r,s,t} x_o^r x_1^s x_2^t$; $d = 1$; $\dim M = l - 1$, where l is the number of summands $(e_{r,s,t})$ are homogeneous coordinates on M .

a, b, c are fixed integers.

VI. $(x_o^2 - x_1 x_2)^k$, $2k = m$; $d = 3$; M is a point.

VII. $q(x_o^2 - x_1 x_2, x_1^2)$ if m is even; $x_1 q(x_o^2 - x_1 x_2, x_1^2)$ if m is odd; $d = 1$; $\dim M = \deg q - 3$, anharmonic ratios of the roots of q are homogeneous coordinates on M .

VIII. generic polynomials p_y ; $d = 0$; $\dim M = \binom{m+2}{2} - 9$.

For every case the boundary for M is defined by the equation $d = \text{const}$. Any modular deformation of the form $f|N$, $N \subset Y$ is locally isomorphic to a restriction of a family of the list.

For the proof we choose a matrix a satisfying the condition of 9.3. and reduce it to the Jordan form. The types I - V correspond to the diagonal form and the types VI, VII to the Jordan cell of the third order.

BIBLIOGRAPHIE

1. RIEMANN B. : Gesammelte mathematische Werke, 2e edition, Leipzig (Teubner Verlag), 1892.

2. KODAIRA K., SPENCER D.C. : On deformations of complex analytic structures, I-II, Ann. of Math., vol. 67, n°2-3 (1958), 326-466.

3. GROTHENDIECK : Techniques de construction en géométrie analytique; quelques problèmes de modules, Séminaire Henri Cartan, 1960-61, exp. 16.

4. PALAMODOV V.P. : Moduli in versal deformations of complex spaces, Dokl. Akad. Nauk SSSR, T. 230 (1976), n°1, 34-37; Soviet Math. Dokl. vol. 17 (1976), n°5, 1251-1255.

5. PALAMODOV V.P. : Deformations of complex spaces, Uspehi Mat. Nauk (1976), n°3, 129-194.

6. WAVRIK J.J. : Obstructions to the existence of a space of moduli, Global analysis, Papers in honor of K. KODAIRA, (1969), 403-414.

7. DOUADY A. : Déformations régulières, Séminaire Henri Cartan, 1960-61, exp. 3.

V.P. PALAMODOV
Moskovskii Univ. Mehmat.
117234 - MOSCOW (U.S.S.R.)

GEOMETRIE ENUMERATIVE

POUR LES MULTISECANTES

Patrick le Barz

Dans [7] on a introduit la notion de sous-variété de codimension 2 "générale" de $\mathbb{P}^n$. On pense, pour une telle sous-variété X, donner des formules de géométrie énumérative raisonnables sur le nombre de droites de $\mathbb{P}^n$ rencontrant X suivant une incidence donnée ; par exemple : le nombre de bitangentes ou bien le nombre de sextisécantes à une surface de $\mathbb{P}^4$.

Pour le cas $n = 3$, soit celui d'une courbe gauche, on a des formules classiques de Cayley donnant

- le nombre t de trisécantes à la courbe rencontrant une droite fixée,
- le nombre k de tangentes à la courbe, la recoupant,
- le nombre q de quadrisécantes à la courbe.

Ce sont, en fonction du degré n et du genre g :

$$\begin{cases} t = (n-2)\left(\frac{(n-1)(n-3)}{3} - g\right) \\ k = 2((n-2)(n-3) + g(n-6)) \\ q = \frac{1}{12}(n-2)(n-3)^2(n-4) - \frac{1}{2}g(n^2 - 7n + 13 - g) \end{cases}$$

Ces formules ne s'appliquent pas dans tous les cas.
Par exemple, pour l'intersection complète d'une quadrique et d'une surface de degré 4, on a $n = 8$ et $g = 9$, d'où $q = -4$.

Ce travail est formé de trois parties.

Dans la partie I, on donne une autre caractérisation des courbes gauches générales que celle de [7] : dans le schéma de Hilbert des n-uplets de points $\mathrm{Hilb}^n\mathbb{P}^3$, on a une sous-variété $\mathrm{Al}(n)$ formée de n-uplets alignés. Elle est munie d'une stratification naturelle $\mathrm{Al}_\bullet(n)$. On a alors le

<u>THEOREME</u> : Soit C une courbe non singulière de $\mathbb{P}^3$. On a équivalence entre les conditions :

i) Pour tout $n \geq 3$, $\mathrm{Hilb}^n(C)$ coupe transversalement toutes les strates de $\mathrm{Al}_\bullet(n)$ dans $\mathrm{Hilb}^n(\mathbb{P}^3)$.

ii) La courbe C est générale dans $\mathbb{P}^3$.

Or, pour une courbe quelconque de $\mathbb{P}^3$, les nombres t, k et q ne sont pas bien définis a priori. (Dans l'exemple cité plus haut, on a en effet une infinité de quadrisécantes, à savoir les génératrices de la quadrique). Pour une courbe quelconque, on définit en termes de 0-cycles d'intersection les nombres t, k et q .

Dans la partie II, on ne regarde plus que les courbes générales et on montre pour celles-ci les formules classiques précitées. Le § A est préliminaire et permet essentiellement de calculer les classes de Chern d'une certaine variété d'incidence. C'est d'ailleurs seulement au § B que la courbe C est supposée générale. Deux morphismes qui interviennent naturellement ont alors des singularités très simples: immersion à croisements normaux et parapluies de Whitney. Ceci permet d'appliquer la formule du lieu double de Laksov. Grâce à ce théorème, on calcule immédiatement la classe d'équivalence rationnelle du cycle des sécantes et trisécantes à C . Comme application, on calcule le nombre k de tangentes recoupant C . Pour calculer le nombre q de quadrisécantes, on a besoin d'une estimation dans l'anneau de Chow de A .

La méthode précédente ayant permis de retrouver les formules classiques pour les courbes de $\mathbb{P}^3$, on s'intéresse à des formules de géométrie énumérative pour les surfaces de $\mathbb{P}^4$. Dans la partie III , on donne un élément de réponse à ce problème en démontrant une formule concernant le nombre de bitangentes à une surface générale S de $\mathbb{P}^4$. Là encore, on calcule d'abord explicitement les classes de Proj(TS) en fonction de cycles simples, puis on applique la formule du lieu double de Laksov qui donne presque immédiatement le résultat, en fonction des nombres de Chern de S et de ses invariants projectifs, à savoir le degré et le rang.

Je remercie vivement A. Hirschowitz et A. Van de Ven pour les conversations très profitables que j'ai eues avec eux.

I) CARACTERISATION DES COURBES GENERALES . DEFINITIONS

1°) On considère les schémas de Hilbert $\mathrm{Hilb}^n(\mathbb{P}^3)$ des idéaux $\mathfrak{I}$ de $\mathcal{O}_{\mathbb{P}^3}$ tels que $\mathrm{Supp}\ \mathcal{O}/_{\mathfrak{I}}$ soit un nombre fini de points et $\dim \Gamma(\mathbb{P}^3, \mathcal{O}/_{\mathfrak{I}}) = n$.
Un tel idéal est appelé un <u>n-uplet</u> de points de $\mathbb{P}^3$.

Dans $\mathrm{Hilb}^n(\mathbb{P}^3)$, on a pour $n \geq 3$, un sous-schéma $\mathrm{Al}(n)$ (de dimension $3 + 3 + n-2 = n + 4$) formé des n-uplets <u>alignés</u> : si $\mathfrak{I} \in \mathrm{Hilb}^n(\mathbb{P}^3)$, on aura $\mathfrak{I} \in \mathrm{Al}(n)$ si et seulement si $\mathfrak{I} \supset I(D)$ où D est une droite (simple) de $\mathbb{P}^3$.

<u>Lemme</u> : $\mathrm{Hilb}^n(\mathbb{P}^3)$ est non singulier au voisinage de $\mathrm{Al}(n)$ qui est elle-même une sous-variété non singulière.

<u>Preuve</u> : On se ramène au cas où le support du n-uplet est formé d'un seul point ; auquel cas, pour un système de coordonnées non homogènes (x,y,z) convenable, $\mathfrak{I} = (x^n, y, z)$ si $I(D) = (y,z)$. Un idéal voisin de $\mathfrak{I}$ dans $\mathrm{Hilb}^n(\mathbb{P}^3)$ est donné par l'idéal

$$\left(x^n + \sum_{i=0}^{n-1} a_i x_i \ , \ y + \sum_{j=0}^{n-1} a'_j x^j \ , \ z + \sum_{k=0}^{n-1} a''_k x^k \right)$$

et les 3n coordonnées a_i , a'_j , a''_k constituent une carte de $\mathrm{Hilb}^n(\mathbb{P}^3)$ en $\mathfrak{I}$.
Dans cette carte, $\mathrm{Al}(n)$ s'exprime visiblement par

$$a_i = a'_i = a''_i = 0 \qquad \text{pour } 2 \leq i \leq n-1$$

la droite sur laquelle est située le n-uplet étant alors

$$y + a_1'x + a_o' = z + a_1''x + a_o'' = 0 \quad .$$

Considérons maintenant une courbe non-singulière C de $\mathbb{P}^3$. A ce plongement est associé un plongement naturel $Hilb^n(C) \hookrightarrow Hilb^n(\mathbb{P}^3)$; $Hilb^n(C)$ est de dimension n .

Pour $n \geq 5$, la condition "$Hilb^n(C)$ rencontre transversalement $Al(n)$ dans $Hilb^n(\mathbb{P}^3)$" est donc, pour raisons de dimension, équivalente à la condition "$Hilb^n(C)$ ne rencontre pas $Al(n)$ " ou encore "il n'y a pas de n-uplets alignés sur la courbe" .

Pour $n = 3$ ou 4 , examinons un peu plus en détail la sous-variété $Al(n)$.

Tout d'abord $Al(3)$, de dimension 7 , est muni d'une stratification naturelle, notée $Al.(3)$ formée de trois strates notées Al_{111} , Al_{21} , Al_3 de dimensions respectives $7, 6, 5$. Al_{111} est simplement l'ouvert de $Al(3)$ formé des triplets distincts. Al_{21} est la sous-variété localement fermée des triplets alignés formés d'un point double et d'un point simple. Enfin, Al_3 est la sous-variété des points triples (alignés) .

2°) <u>Regardons ce que signifie la condition "$Hilb^3(C)$ rencontre transversalement chaque strate de $Al.(3)$ dans $Hilb^3(\mathbb{P}^3)$</u> " .

a) <u>en un point de Al_{111}</u>

En ce point, la seule strate est Al_{111} elle-même. Soit (m_o , m_1 , m_2) le triplet considéré. Par un choix convenable de coordonnées homogènes $(x : y : z : t)$, on se ramène à

$$m_o = (0 : 0 : 0 : 1) \qquad m_1 = (1 : 0 : 0 : 1) \qquad m_2 = (2 : 0 : 0 : 1) \quad .$$

Dans l'ouvert affine $t = 1$, soit

$$\begin{pmatrix} u_o \\ v_o \\ w_o \end{pmatrix} \qquad \begin{pmatrix} u_1 \\ v_1 \\ w_1 \end{pmatrix} \quad \begin{pmatrix} u_2 \\ v_2 \\ w_2 \end{pmatrix}$$

des vecteurs directeurs des tangentes $T_{m_o}C$, $T_{m_1}C$, $T_{m_2}C$. Une carte de $\mathrm{Hilb}^3(\mathbb{P}^3)$ en (m_o , m_1 , m_2) est donnée par $(x_o,y_o,z_o,x_1,y_1,z_1,x_2,y_2,z_2)$ où (x_o,y_o,z_o) , $(1+x_1,y_1,z_1)$ et $(2+x_2,y_2,z_2)$ sont des points voisins de m_o , m_1 et m_2 . Dans cette carte , $Al(3)$ est donné par

$$\mathrm{rang}\begin{pmatrix} x_o & 1+x_1 & 2+x_2 \\ y_o & y_1 & y_2 \\ z_o & z_1 & z_2 \\ 1 & 1 & 1 \end{pmatrix} = 2$$

et son espace tangent à l'origine a donc comme équations

$$y_2 + y_o - 2y_1 = z_2 + z_o - 2z_1 = 0 .$$

D'autre part, vu les paramétrations possibles de C au voisinage de m_o , m_1 m_2 , l'espace tangent à $\mathrm{Hilb}^3(C)$ à l'origine a pour base les trois vecteurs

$$(u_o \quad v_o \quad w_o \quad 0 \quad 0 \quad 0 \quad 0 \quad 0 \quad 0)$$

$$(0 \quad 0 \quad 0 \quad u_1 \quad v_1 \quad w_1 \quad 0 \quad 0 \quad 0)$$

et

$$(0 \quad 0 \quad 0 \quad 0 \quad 0 \quad 0 \quad u_2 \quad v_2 \quad w_2) .$$

On se persuade par un calcul simple que la condition de transversalité est alors équivalente à

$$\mathrm{rang}\begin{pmatrix} v_o & v_1 & v_2 \\ w_o & w_1 & w_2 \end{pmatrix} = 2 .$$

D'autre part, la condition " $T_{m_o}C$, $T_{m_1}C$, $T_{m_2}C$ ne sont pas situées dans un même plan" signifie

$$\mathrm{rang}\begin{pmatrix} 0 & u_o & 1 & 1+u_1 & 2 & 2+u_2 \\ 0 & v_o & 0 & v_1 & 0 & v_2 \\ 0 & w_o & 0 & w_1 & 0 & w_2 \\ 1 & 1 & 1 & 1 & 1 & 1 \end{pmatrix} = 4$$

et elle est équivalente à la condition précédente.

b) En un point de Al_{21} .

En un tel point (m_o , m_1) , il y a deux strates : Al_{111} et Al_{21} . Par un choix de coordonnées non homogènes convenable, on se ramène à

$$\begin{cases} m_o \quad \text{d'idéal} \quad (x^2 , y , z) \\ m_1 = (1 , 0 , 0) , \\ T_{m_1}C \quad \text{de vecteur directeur} \begin{pmatrix} 1 \\ v \\ w \end{pmatrix} , \\ Oxy \quad \text{est le plan osculateur à } C \text{ , en } m_o . \end{cases}$$

Soit $\begin{cases} y = \psi(x) \\ z = \theta(x) \end{cases}$ avec $\begin{cases} \psi''(0) \neq 0 \\ \theta''(0) = 0 \end{cases}$

des équations de C au voisinage de m_o . Une déformation de l'idéal de m_o est l'idéal

$$\mathfrak{I} = (x^2 + ax + b \ , \ y + a'x + b' \ , \ z + a''x + b'') .$$

Si $(1 + x_1 , y_1 , z_1)$ désigne un point voisin de m_1 , alors $(a, b, a', b', a''b'' , x_1 , y_1 , z_1)$ constitue une carte de $Hilb^3(\mathbb{P}^3)$ au voisinage de (m_o , m_1) .

L'idéal $\mathfrak{I}$ contient celui de la droite $y + a'x + b' = z + a''x + b'' = 0$ et donc $Al(3)$ est donnée dans la carte écrite plus haut de $Hilb^3(\mathbb{P}^3)$ par :

$$y_1 + a'(1 + x_1) + b' = z_1 + a''(1 + x_1) + b'' = 0$$

d'espace tangent à l'origine

$$y_1 + a' + b' = z_1 + a'' + b'' = 0 .$$

D'autre part, un point m d'idéal $\mathfrak{I}$ est contenu dans C si et seulement si l'idéal $(y - \psi(x) , z - \theta(x))$ est contenu dans $\mathfrak{I}$, ce qui donne la condition nécessaire et suffisante :

$$\psi(x) + a'x + b' \quad \text{et} \quad \theta(x) + a''x + b'' \in \mathfrak{J} \quad ,$$

ou encore :

$$\begin{cases} \psi(x) + a'x + b' = \lambda(x,a,b,a',b')\,(x^2 + ax + b) \\ \theta(x) + a''x + b'' = \mu(x,a,b,a'',b'')\,(x^2 + ax + b) \end{cases} .$$

Or on a le

Lemme : Soit $\psi \in \mathbb{C}\{x\}$ de valuation ≥ 2 . Dans $\mathbb{C}\{a,b,a',b'\}$ on regarde la relation définie par "$\psi(x) + a'x + b'$ multiple de $x^2 + ax + b$ dans $\mathbb{C}\{x,a,b,a',b'\}$" . L'espace tangent est alors donné dans le germe $\mathbb{C}^4_{aba'b'}$ par

$$\begin{cases} a' = a\,\dfrac{\psi''(0)}{2!} + b\,\dfrac{\psi'''(0)}{3!} \\ b' = b\,\dfrac{\psi''(0)}{2!} \end{cases} .$$

Preuve : On écrit

$$\lambda(x,a,b,a',b') = \sum_{i=0}^{\infty} x^i \lambda_i(a,b,a',b')$$

d'où l'on tire par identification :

$$\begin{cases} b' = b\lambda_0(a,b,a',b') \\ a' = b\lambda_1(a,b,a',b') + a\lambda_0(a,b,a',b') \\ \dfrac{\psi''(0)}{2!} = b\lambda_2(a,b,a',b') + a\lambda_1(a,b,a',b') + \lambda_0(a,b,a',b') \\ \dfrac{\psi'''(0)}{3!} = b\lambda_3(a,b,a',b') + a\lambda_2(a,b,a',b') + \lambda_1(a,b,a',b') \end{cases} .$$

Les deux dernières équations montrent que

$$\begin{cases} \lambda_0(a,b,a',b') = \dfrac{\psi''(0)}{2!} + m \\ \lambda_1(a,b,a',b') = \dfrac{\psi'''(0)}{3!} + m \end{cases}$$

où m est l'idéal (a,b) dans $\mathbb{C}\{a,b,a',b'\}$; d'où en reportant dans les deux premières :

$$\begin{cases} b' = b \dfrac{\psi''(0)}{2!} + b\,m \\ a' = b \dfrac{\psi'''(0)}{3!} + a \dfrac{\psi''(0)}{2!} + m^2 \end{cases}$$

ce qui prouve l'assertion du lemme.

<u>Regardons alors ce que signifie la condition " $\mathrm{Hilb}^3(C)$ rencontre transversalement Al_{21} dans $\mathrm{Hilb}^3(\mathbb{P}^3)$ "</u>.

Avec les notations précédentes, au voisinage de (m_o, m_1), Al_{21} est visiblement donné dans $\mathrm{Al}(3)$ par la condition supplémentaire $a^2 - 4b = 0$. L'espace tangent à l'origine de Al_{21} est donc

$$y_1 + a' + b' = z_1 + a'' + b'' = b = 0 \quad .$$

L'espace tangent à $\mathrm{Hilb}^3(C)$ est donné lui

- d'une part, pour m_o, en tenant compte du lemme précédent, par les quatre équations

$$\begin{cases} a' = a \dfrac{\psi''(0)}{2!} + b \dfrac{\psi'''(0)}{3!} \\ b' = b \dfrac{\psi''(0)}{2!} \\ a'' = b'' \dfrac{\theta'''(0)}{3!} \\ b'' = 0 \end{cases}$$

(on a $\theta''(0) = 0$ car le plan osculateur à C en m_o est Oxy).

- d'autre part, pour m_1, par les équations $y_1 = vx_1$ et $z_1 = wx_1$, puisque $T_{m_1}C$ a pour vecteur directeur $(1,v,w)$.

On vérifie alors que ces neuf équations sont indépendantes si et seulement si $w \neq 0$, autrement dit que la tangente à C en m_1 est transverse au plan osculateur à C en m_o.

en un point de Al_3

En un tel point , $Al_\bullet(3)$ a trois strates : Al_{111} , Al_{21} et Al_3 . Comme Al_3 est de dimension 5 , dire que $Hilb^3(C)$ (de dimension 3) la rencontre transversalement dans $Hilb^3(\mathbb{P}^3)$ signifie simplement que

$$Al_3 \cap Hilb^3(C) = \emptyset$$

ou encore qu'il n'y a pas de tangentes à C ayant un contact > 2 (tangentes stationnaires).

3°) On suppose dorénavant que $Hilb^3(C)$ rencontre $Al_\bullet(3)$ transversalement dans $Hilb^3(\mathbb{P}^3)$.

Examinons maintenant le cas des quadruplets de points. De même que pour $Al(3)$, la sous-variété $Al(4)$ de $Hilb^4(\mathbb{P}^3)$ admet une stratification, notée $Al_\bullet(4)$ par

$$Al_{1111} \ , \ Al_{211} \ , \ Al_{22} \ \text{et} \ Al_{31} \ , \ Al_4 \ ,$$

les notations étant similaires à celles de 2°) concernant $Al_\bullet(3)$.

Or Al_{1111} , ouvert de $Al(4)$, est de dimension 8 , $Hilb^4(C)$ de dimension 4 et $Hilb^4(\mathbb{P}^3)$ de dimension 12 . La condition "$Hilb^4(C)$ rencontre transversalement chaque strate de $Al_\bullet(4)$ dans $Hilb^4(\mathbb{P}^3)$" implique donc , pour des raisons de dimension, que $Hilb^4(C)$ ne rencontre que la première strate Al_{1111}.

Examinons plus en détail ce que signifie alors cette unique condition de transversalité. La discussion reprend entièrement les calculs de ([7]) auxquels nous renvoyons.

Désignons par (m_1 , m_2 , m_3 , m_4) un point de $Al_{1111} \cap Hilb^4(C)$. On se ramène à distinguer trois cas :

i) les quatre tangentes à C sont 2 à 2 disjointes

ii) $T_{m_3}C$ et $T_{m_4}C$ se coupent

iii) $T_{m_1}C$ et $T_{m_2}C$ se coupent et $T_{m_3}C$ et $T_{m_4}C$ se coupent.

Les autres cas sont exclus par 2°) : trois tangentes ne peuvent être dans un même plan.

Par un choix de coordonnées homogènes $(x : y : z : t)$, on se ramène à

$$m_1 = (0 : 0 : 0 : 1) \ , \quad m_2 = (1 : 0 : 0 : 0) \ , \quad m_3 = (1 : 0 : 0 : 1) \quad \text{et}$$

$$m_4 = (\lambda : 0 : 0 : 1) \quad \text{avec} \quad \lambda \neq 0 \quad \text{ou} \quad 1 \ .$$

Dans les cas i) et ii) , on peut supposer que

$$T_{m_1}C = (x = y - z = 0)$$
$$T_{m_2}C = (z = t = 0)$$
$$T_{m_3}C = (y = x - t) = 0$$

et $T_{m_4}C$ définie par les deux points $(\lambda : 0 : 0 : 1)$ et $(\xi : \eta : \zeta : \theta)$.
(Avec η et ζ non tous deux nuls et $\eta = 0$ dans le cas ii) .

Si $(x_1 : y_1 : z_1 : 1)$, $(1 : y_2 : z_2 : t_2)$, $(1 + x_3 : y_3 : z_3 : 1)$ et $(\lambda + x_4 : y_4 : z_4 : 1)$

désignent des points voisins de m_1 , m_2 , m_3 , m_4 une carte de $\mathrm{Hilb}^4(\mathbb{P}^3)$ est donnée par

$$(x_1 , y_1 , z_1 , y_2 , z_2 , t_2 , x_3 , y_3 , y_3 , z_3 , x_4 , y_4 , z_4) \quad \text{et}$$

Al(4) y a pour équations

$$\text{rang} \begin{pmatrix} x_1 & 1 & 1 + x_3 & \lambda + x_4 \\ y_1 & y_2 & y_3 & y_4 \\ z_1 & z_2 & z_3 & z_4 \\ 1 & t_2 & 1 & 1 \end{pmatrix} = 2$$

conditions équivalentes à

$$\frac{y_2 - t_2 y_1}{1 - x_1 t_2} = \frac{y_3 - y_1}{1 + x_3 - x_1} = \frac{y_4 - y_1}{\lambda + x_4 - x_1}$$

et $$\frac{z_2 - t_2 z_1}{1 - x_1 t_2} = \frac{z_3 - z_1}{1 + x_3 - x_1} = \frac{z_4 - z_1}{\lambda + x_4 - x_1} \quad ,$$

dont les équations tangentes sont

$$\begin{cases} y_2 = y_3 - y_1 & \lambda y_2 = y_4 - y_1 \\ z_2 = z_3 - z_1 & \lambda z_2 = z_4 - z_1 \end{cases} \quad .$$

D'autre part, vu l'allure des différentes tangentes, l'espace tangent à l'origine de $\text{Hilb}^4(C)$ est donné par

$$x_1 = 0 \qquad t_2 = 0 \qquad y_3 = 0$$
$$y_1 = z_1 \qquad z_2 = 0 \qquad x_3 = 0$$

et $$\text{rang} \begin{pmatrix} \lambda + x_4 & \lambda & \xi \\ y_4 & 0 & \eta \\ z_4 & 0 & \zeta \\ 1 & 1 & \theta \end{pmatrix} = 2 \quad .$$

Cette dernière condition s'écrit encore

- si $\eta \neq 0$ $\quad y_4 \zeta - z_4 \eta = \eta x_4 - y_4(\xi - \lambda\theta) = 0$
- si $\eta = 0$ $\quad y_4 \zeta = x_4 \zeta - z_4(\xi - \lambda\theta) = 0$.

Que η soit nul ou non, un calcul montre que la condition d'indépendance de ces 12 équations est

$$\eta + \zeta(\lambda - 1) \neq 0 \quad .$$

Dans le cas i) , on retrouve ainsi la condition de ([7]) : les quatre tangentes doivent être en "position générale" .

Dans le cas ii) , comme $\eta = 0$, la condition est toujours vérifiée.

Reste à examiner le cas iii) . Comme dans loc. cit. on ne change par rapport au cas ii) que les équations de $T_{m_2}C$ en $y - z = t = 0$. Ceci modifie une des équations précédentes de l'espace tangent à l'origine de $\mathrm{Hilb}^n(C)$, $z_2 = 0$ qui se change en $y_2 - z_2 = 0$. La condition d'indépendance est encore toujours vérifiée.

4°) <u>En résumé , on a montré le théorème suivant</u> :

<u>Théorème 1</u> : Soit C une courbe non singulière de $\mathbb{P}^3$. On a équivalence entre les conditions :

– Pour tout $n \geq 3$, $\mathrm{Hilb}^n(C)$ coupe transversalement toutes les strates de $Al_{\bullet}(n)$ dans $\mathrm{Hilb}^n(\mathbb{P}^3)$

– La courbe C est générale dans $\mathbb{P}^3$.

<u>Preuve</u> : On sait en effet (loc. cit.) que les courbes générales sont caractérisées par

a) pour toute droite coupant C transversalement en trois points, les trois tangentes ne sont pas dans un même plan,

b) pour toute quadrisécante, si les quatre tangentes sont deux à deux disjointes alors elles sont en position générale,

c) pour toute tangente recoupant C en m , le plan osculateur au point de de contact est transverse à la tangente en m ,

d) il n'y a ni quintisécante, ni bitangente, ni tangente stationnaire, ni tangente recoupant C deux fois.

Cette énumération de conditions est précisément la réunion des conditions obtenues aux paragraphes précédents.

<u>Remarque</u> : Comme on l'a déjà signalé, seuls dans la condition de transversalité les cas $n = 3$ et $n = 4$ ne sont pas triviaux. D'autre part, pour $n = 3$, seuls les cas d'intersection avec les strates Al_{111} et Al_{21} ne sont pas triviaux, ainsi

que pour $n = 4$, seul le cas d'intersection avec la strate Al_{1111} .

5°) Donnons maintenant quelques définitions.

Soit C une courbe (d'ailleurs éventuellement singulière) de $\mathbb{P}^3$. On veut définir les trois nombres suivants :

$$\begin{cases} t = \text{"nombre de trisécantes à } C \text{ rencontrant une droite fixée"} \\ k = \text{"nombre de tangentes à } C \text{ recoupant } C\text{"} \\ q = \text{"nombre de quadrisécantes à } C \text{ "} . \end{cases}$$

Soit $Al(3,C)$ le cycle (dans la cohomologie à valeurs dans $\mathbb{Z}$ de $Al(3)$) intersection avec $\mathrm{Hilb}^3 C$ dans $\mathrm{Hilb}^3(\mathbb{P}^3)$.

Soit de même $Al(4,C)$ le cycle (dans la cohomologie à valeurs dans $\mathbb{Z}$ de $Al(4)$) intersection avec $\mathrm{Hilb}^4(C)$ dans $\mathrm{Hilb}^4(\mathbb{P}^3)$.

Soit $G = G(1,3)$ la grassmannienne des droites de $\mathbb{P}^3$ et γ_1 le cycle fondamental de Schubert des droites rencontrant une droite fixée.

On remarque que $Al(3)$ est muni d'une fibration canonique $f : Al(3) \to G$ de fibre $\mathrm{Hilb}^3(\mathbb{P}^1) = \dfrac{\mathbb{P}^1 \times \mathbb{P}^1 \times \mathbb{P}^1}{\mathfrak{S}^3} = \mathbb{P}^3$. ($\mathfrak{S}^3$ est le groupe de permutations) .

Cette fibration f n'est rien d'autre que l'application qui à un triplet aligné fait correspondre l'unique droite sur laquelle il est situé .

Enfin, on remarque que $Al(3)$ et $Al(4)$ sont connexes, ce qui permet (vu leur dimension) d'identifier $H^{14}(Al(3), \mathbb{Z})$ à $\mathbb{Z}$ et $H^{16}(Al(4), \mathbb{Z})$ à $\mathbb{Z}$.

Ceci étant posé, nous pouvons donner les définitions :

Définition 1 : On appelle t l'intersection $Al(3,C) \cdot f^*\gamma_1$ dans $H^{14}(Al(3), \mathbb{Z}) \simeq \mathbb{Z}$.

Définition 2 : On appelle k l'intersection $Al(3,C) \cdot \overline{Al_{21}}$ dans

$H^{14}(\mathrm{Al}(3)\ ,\ \mathbb{Z}) \simeq \mathbb{Z}$.

Définition 3 : On appelle q la classe de $\mathrm{Al}(4,C)$ dans $H^{16}(\mathrm{Al}(4),\mathbb{Z}) \simeq \mathbb{Z}$.

On a alors la

Proposition 1 : Soit $\pi : C \to S$ une famille de courbes dans $\mathbb{P}^3$, π étant une submersion et S connexe. Alors les nombres t, k et q associés à la courbe $C(s)$ ne dépendent pas de $s \in S$.

Preuve : Si Γ est une courbe lisse, $\mathrm{Hilb}^3\Gamma = \dfrac{\Gamma \times \Gamma \times \Gamma}{\mathfrak{S}^3}$ et $\mathrm{Hilb}^4\Gamma = \dfrac{\Gamma \times \Gamma \times \Gamma \times \Gamma}{\mathfrak{S}^4}$ ($\mathfrak{S}^3$ et $\mathfrak{S}^4$ sont les groupes de permutations) . Sur les produits fibrés $C \underset{S}{\times} C \underset{S}{\times} C$ et $C \underset{S}{\times} C \underset{S}{\times} C \underset{S}{\times} C$ on fait agir les groupes $\mathfrak{S}^3$ et $\mathfrak{S}^4$ et on obtient par passage au quotient des variétés munies de submersions :

$$\mathrm{Hilb}^3 C \to S \qquad \text{et} \qquad \mathrm{Hilb}^4 C \to S \quad .$$

Pour s et $s' \in S$, les fibres $\mathrm{Hilb}^3 C(s)$ et $\mathrm{Hilb}^3 C(s')$ sont homologues. Leurs images par le morphisme j_* où j est le morphisme naturel $\mathrm{Hilb}^3 C \to \mathrm{Hilb}^3 \mathbb{P}^3$ sont donc homologues . Ainsi les nombres d'intersection définis plus haut sont les mêmes. Raisonnement analogue pour les quadruplets.

Le but des deux parties suivantes est de montrer pour une courbe générale de $\mathbb{P}^3$, les formules de Cayley donnant t , k et q en fonction de n et g .

On déduit ainsi de ce qui précède la

Proposition 2 : Soit C_o une courbe se déformant dans $\mathbb{P}^3$ en une courbe générale (par une submersion $\pi : C \to S$ où S connexe) . Alors les formules de Cayley sont valables pour C_o .

Exemple : Si S_k et S_ℓ sont deux surfaces de degrés k et $\ell \geq 4$, se coupant transversalement, on a vu ([7] , Proposition 32) que $C_o = S_k \cap S_\ell$ se déforme en une courbe générale, en modifiant les coefficients de S_k et S_ℓ . Les formules de Cayley sont donc vraies pour une telle intersection.

II) MULTI-SECANTES D'UNE COURBE GAUCHE

NOTATIONS ET RAPPELS

Nous nous servirons par la suite des notions ci-après pour lesquelles on renvoie à [2] et [4].

a) Si Z est une variété projective non singulière, $\mathcal{A}^\bullet(Z)$ désigne l'anneau de Chow des classes d'équivalence rationnelle de cycles, gradué par la codimension. On notera $\mathcal{A}^\bullet(Z) \otimes_{\mathbb{Z}} \mathbb{Q}$ par $\mathcal{A}^\bullet_{\mathbb{Q}}(Z)$ et la classe d'un point par $*$. La partie de degré r d'un élément x de $\mathcal{A}^\bullet(Z)$ sera notée $[x]_r$.

Un morphisme f de Z dans une autre variété projective non singulière Z' donne :

- un morphisme d'anneaux gradués $f^* : \mathcal{A}^\bullet(Z') \to \mathcal{A}^\bullet(Z)$
- un morphisme de groupes $f_* : \mathcal{A}^\bullet(Z) \to \mathcal{A}^\bullet(Z')$.

Si f est plat et M' une sous-variété de Z' alors f^*M' est représenté par $f^{-1}(M')$.

Si f est un morphisme fini et M une sous-variété de Z, f_*M est représenté par $d\,f(M)$ où d est le degré de ramification de $f|M$.

De plus f_* et f^* sont liés par la formule de projection :

$$f_*(a.f^*b) = f_*a.b \quad .$$

b) Soit $K(Z)$ l'anneau de Grothendieck des classes de faisceaux cohérents sur Z . On définit un morphisme d'anneaux

$$Ch : K(Z) \to \mathcal{A}^{\bullet}_{\mathbb{Q}}(Z)$$

qui généralise le caractère de Chern d'un faisceau localement libre [2] .

On a alors le théorème de Grothendieck-Riemann-Roch (cité GRR dans la suite) qu'on énonce ici pour les morphismes finis (seul cas qui nous intéressera) :

Si $f : Z \to Z'$ est un morphisme fini et $\mathcal{F}$ un faisceau cohérent sur Z , alors dans $\mathcal{A}^{\bullet}_{\mathbb{Q}}(Z')$ on a :

$$f_*(Ch\,\mathcal{F} \,.\, Td\,Z) = Ch\,f_*\mathcal{F} \,.\, Td\,Z'$$

où Td désigne la classe de Todd totale [5] .

c) On décrit ici les cycles de Schubert de la grassmannienne $G = G(1,3)$ des droites de $\mathbb{P}_3$. Soit

γ_1 le cycle de G formé des droites qui rencontrent une droite fixée,

γ_2 le cycle de G formé des droites contenues dans un plan fixé.

On a ainsi une description de $\mathcal{A}^{\bullet}(G)$:

$$\begin{cases} \mathcal{A}^0(G) = \mathbf{Z}\,G \\ \mathcal{A}^1(G) = \mathbf{Z}\,\gamma_1 \\ \mathcal{A}^2(G) = \mathbf{Z}\,\gamma_1^2 \oplus \mathbf{Z}\,\gamma_2 \\ \mathcal{A}^3(G) = \mathbf{Z}\,\gamma_1\gamma_2 \\ \mathcal{A}^4(G) = \mathbf{Z}\,* \end{cases} .$$

On a les relations $\gamma_1^3 = 2\gamma_1\gamma_2$, $\gamma_2^2 = \gamma_1^2\gamma_2 = *$ et $\gamma_1^4 = 2*$.

Notons que $\gamma_1^2 - \gamma_2$ est le cycle des droites qui passent par un point fixe.

d) On rappelle ici le théorème du lieu double de Laksov, tel qu'il est démontré dans [6] .

Théorème du lieu double (Laksov) :

Soit X et Y des variétés projectives non singulières de dimensions pures n et m et soit $f : X \to Y$ un morphisme fini.

Soit $\pi : \widetilde{X \times X} \to X \times X$ l'éclatement le long de la diagonale Δ_X, $T(X)$ le diviseur exceptionnel. Soit $Z(f)$ la variété résiduelle de $T(X)$ dans $\pi^{-1}(f \times f)^{-1}(\Delta_Y)$, i.e. définie par l'idéal :

$$I\, J^{-1}$$

où I est l'idéal de $\pi^{-1}(f \times f)^{-1}(\Delta_Y)$, J l'idéal de $T(X)$.

On appelle lieu double de f et on note $D(f)$ l'image $pr_1(\pi(f))) \subset X$.

On fait les hypothèses suivantes :

1°) Soit $\mathcal{D} \subset f(X)$ le sous-espace au-dessus duquel f n'est pas un isomorphisme. Alors $\mathcal{D}$ est soit vide, soit de dimension pure $2n - m$ et pour y appartenant à un ouvert de Zariski dense de $\mathcal{D}$, $f^{-1}(y)$ est formé de deux points simples distincts.

2°) $Z(f)$ est de codimension pure m dans $\widetilde{X \times X}$ et n'a aucune composante contenue dans $T(X)$.

Alors, sous ces hypothèses,

i) $D(f)$ est l'adhérence dans X de l'ensemble

$$D_o(f) = \left\{ x_1 \in X \mid \exists\, x_2 \neq x_1 \text{ et } f(x_2) = f(x_1) \right\}$$

ii) La classe d'équivalence rationnelle de $D(f)$ est donnée dans $\mathcal{A}^{\bullet}(X)$ par

$$D(f) = f^* f_*(X) - \left[f^* c(Y) \,.\, c(X)^{-1} \right]_{m-n} .$$

Définition : Disons qu'une application f d'une variété de dimension n dans une variété de dimension $n+1$ admet un parapluie de Whitney en un point si localement f s'écrit :

$$(a\,,\, b\,,\, x_1\,,\, x_2 \ldots x_{n-2}) \mapsto (ab\,,\, a\,,\, b^2,\, x_1, x_2 \ldots x_{n-2}) .$$

Proposition 0 : Soit X une variété de dimension n, Y une variété de dimension $n+1$ et $f : X \to Y$ un morphisme fini.

1°) <u>Si f est une immersion à croisements normaux</u>, f vérifie les hypothèses du théorème du lieu double.

2°) <u>On se place dans le cas $n = 2$</u>. On suppose pour tout $y \in f(X)$:

- soit f est au voisinage de $f^{-1}(y)$ une immersion à croisements normaux,
- soit $f^{-1}(y) = \{m\}$ et f est au voisinage de m un parapluie de Whitney.

Alors f vérifie les hypothèses du théorème du lieu double.

3°) <u>On se place dans le cas $n = 3$</u>. On suppose pour tout $y \in f(X)$:

- soit f est au voisinage de $f^{-1}(y)$ une immersion à croisements normaux,
- soit $f^{-1}(y) = \{m\}$ et f est au voisinage de m un parapluie de Whitney,
- soit $f^{-1}(y) = \{m,m'\}$, f est une immersion en m', un parapluie de Whitney en m et mieux, dans trois systèmes de coordonnées locales, f s'écrit :

$$\begin{cases} (u,v,w) \mapsto (uw,u,w^2,v) \\ (u',v',w') \mapsto (u',v',w',0) \end{cases} .$$

Alors f vérifie les hypothèses du théorème du lieu double.

<u>Preuve</u> : Le cas 1°) est immédiat. Dans le cas 2°) :

$$f : \mathbb{C}^2 \to \mathbb{C}^3$$
$$(a,b) \mapsto (ab,a,b^2)$$

c'est évidemment au voisinage du point $(0,0,0)$ $(0,0,0)$ de $\mathbb{C}^3 \times \mathbb{C}^3$ qu'on a à vérifier l'hypothèse, puisqu'ailleurs, f est une immersion à croisements normaux.

Un modèle d'éclatement de $X \times X = \mathbb{C}^2 \times \mathbb{C}^2$ le long de la diagonale est donné par deux cartes :

$$\begin{cases} a \\ b \\ \lambda \\ \mu \end{cases} \mapsto \begin{matrix} a = a \\ b = b \\ a' = a - \mu \\ b' = b - \lambda\mu \end{matrix} \quad \text{et} \quad \begin{cases} a \\ b \\ \lambda \\ \mu \end{cases} \mapsto \begin{matrix} a = a \\ b = b \\ a' = a - \lambda\mu \\ b' = b - \mu \end{matrix} .$$

Dans les deux cartes, (μ) est l'idéal J du diviseur exceptionnel. Regardons dans ces cartes, les idéaux de $\pi^{-1}(f \times f)^{-1}(\Delta_Y)$ où $Y = \mathbb{C}^3$.

L'idéal de Δ_Y est $(x-x' , y-y' , z-z')$,

L'idéal de $(f \times f)^{-1}(\Delta_Y)$ est $(ab - a'b' , a-a' , b^2 - b'^2)$,

L'idéal I de $\pi^{-1}(f \times f)^{-1}(\Delta_Y)$ est

$(ab - (a-\mu)(b-\lambda\mu) , \mu , b^2 - (b-\lambda\mu)^2) = (\mu)$ dans le premier cas et

$(ab - (a-\lambda\mu)(b-\mu) , \lambda\mu , b^2 - (b-\mu)^2) = (a\mu , \lambda\mu , \mu(2b - \mu))$

dans le second.

L'idéal IJ^{-1} est donc $\mathcal{O}$ tout entier dans le premier cas et $(a, \lambda , 2b , \mu)$ dans le second. Seul le second est intéressant et il prouve que $Z(f)$ est lisse de codimension 3 et n'a aucune composante contenue dans le diviseur exceptionnel $(\mu = 0)$, ce qui prouve la condition b) .

Enfin, dans le cas 3°) , vérifions également la condition b). Le cas $f^{-1}(y) = \{m\}$ est analogue à ce qui précède. Dans le cas $f^{-1}(y) = \{m , m'\}$, seul est à regarder ce qui se passe au voisinage de (m,m') dans $X \times X$, car les cas (m,m) et (m',m') sont analogues à ce qui a déjà été vu : parapluie de Whitney pour le premier et immersion pour le second.

Comme (m,m') est en dehors de Δ_X , il suffit de vérifier que $\pi(Z(f))$, isomorphe ici à $Z(f)$, est de codimension 4 pour vérifier la condition b) .

L'idéal de Δ_Y étant $(x-x' , y-y' , z-z' , t-t')$, l'idéal de $\pi(Z(f)) = (f \times f)^{-1}(\Delta_Y)$ est donc, vu les formules donnant f :

$$(uw - u' , u - v' , w^2 - v' , v)$$

ce qui prouve que $\pi(Z(f))$ est lisse de codimension 4 dans $\mathbb{C}^3 \times \mathbb{C}^3$.

A) VARIETES ET MORPHISMES ASSOCIES A UNE COURBE DE $\mathbb{P}_3$

Dans tout ce qui suit, C est une courbe lisse connexe de degré n et genre g dans $\mathbb{P}_3$. On ne la suppose générale qu'au paragraphe II .

1°) Quelques calculs dans la grassmannienne

a) Soit ξ le fibré tautologique de rang 2 sur $G = G(1,3)$. Ses classes de Chern sont $-\gamma_1$ et γ_2 ([1] , p. 365) . Comme le fibré tangent TG s'identifie à

$\mathrm{Hom}(\xi , \mathbb{C}^4_G / \xi)$, on a la suite exacte de fibrés sur G :

$$0 \longrightarrow \mathrm{Hom}(\xi , \xi) \longrightarrow \mathrm{Hom}(\xi , \mathbb{C}^4_G) \longrightarrow TG \longrightarrow 0$$

soit encore

$$0 \longrightarrow \xi \otimes \check{\xi} \longrightarrow 4\,\check{\xi} \longrightarrow TG \longrightarrow 0 \qquad .$$

La théorie des classes de Chern (voir par exemple [5]) fournit immédiatement le :

<u>Lemme 1</u> : Soit ξ et η deux fibrés de rang 2 . Alors

$$c_1(\xi \otimes \eta) = 2(c_1(\xi) + c_1(\eta))$$
$$c_2(\xi \otimes \eta) = (c_1(\xi) + c_1(\eta))^2 + 2(c_2(\xi) + c_2(\eta)) + c_1(\xi)\, c_1(\eta)$$
$$c_3(\xi \otimes \eta) = (c_1(\xi) + c_1(\eta))(2c_2(\xi) + 2c_2(\eta) + c_1(\xi)\, c_1(\eta))$$
$$c_4(\xi \otimes \eta) = (c_2(\xi) - c_2(\eta))^2 + c_1(\xi) c_1(\eta)(c_2(\xi) + c_2(\eta)) + c_1^2(\xi)\, c_2(\eta) + c_1^2(\eta)\, c_2(\xi).$$

En appliquant ce lemme à $\eta = \check{\xi}$ dont les classes de Chern sont γ_1 et γ_2 , on arrive à la classe de Chern totale de G :

(1)
$$\boxed{c(G) = 1 + 4\gamma_1 + 7\gamma_1^2 + 12\gamma_1\gamma_2 + 6\,*}$$

b) <u>Notations</u> : Dans ce qui suit, E_1 , E_{11} et E_2 désignent les adhérences dans G des sous-ensembles suivants :

- L'ensemble de droites qui coupent C une fois transversalement
- L'ensemble des droites qui coupent C deux fois transversalement
- L'ensemble des tangentes à C .

On écrira encore, par abus, E_1 , E_{11} et E_2 pour désigner leur classe dans $\mathcal{A}^{\bullet}(G)$.

On a alors les relations suivantes :

(2)
$$E_1 \cdot \gamma_1\gamma_2 = n*$$

En effet, c'est le nombre de droites rencontrant C , contenues dans un plan et passant par un point du plan. C'est donc le degré n de la courbe (la démonstration rigoureuse est laissée au lecteur). On a ainsi immédiatement :

$$E_1 = n.\gamma_1 \quad .$$

Regardons maintenant $E_{11} . \gamma_2$: c'est le nombre de droites contenues dans un plan et rencontrant C deux fois : c'est visiblement $\binom{n}{2}$, donc :

(4) $$E_{11} . \gamma_2 = \frac{n(n-1)}{2} *$$

Par contre, $E_{11} . (\gamma_1^2 - \gamma_2)$ est le nombre de droites passant par un point fixé et rencontrant C deux fois. On le note h et on le désigne par le <u>nombre de points doubles apparents de C</u>. Il est relié au genre g de C par la formule bien connue (valable en toute généralité) :

$$h = \frac{(n-1)(n-2)}{2} - g$$

(voir par exemple [8] , p.85). Donc :

(5) $$E_{11} . \gamma_1^2 = ((n-1)^2 - g)* \quad .$$

Enfin, le nombre $E_2 . \gamma_1$, à savoir le nombre de tangentes à C rencontrant une droite fixée, est traditionnellement désigné comme le <u>rang de C</u> et il vaut $2(n + g - 1)$. Voir la formule, valable en toute généralité, loc. cit. p.84. Ainsi

(6) $$E_2 . \gamma_1 = 2(n + g - 1)* \quad .$$

2°) <u>Quelques calculs dans la variété des drapeaux</u>.

La variété des drapeaux F est définie dans $\mathbb{P}_3 \times G$ par :

$$(x,d) \in F \text{ si et seulement si } x \in d \quad .$$

Lorsqu'on munit F de la première projection $p' : F \to \mathbb{P}_3$, c'est le fibré projectif associé au fibré vectoriel $T\,\mathbb{P}_3$. Lorsqu'on munit F de la seconde projection π' , c'est une fibration de fibre $\mathbb{P}_1$.

On a un fibré tautologique de rang 1 sur F , noté $\mathcal{H}'^{-1}$ dont la restriction à chaque fibre de p' est un fibré $\mathcal{O}(-1)$. Soit H' le cycle de $\mathcal{A}^1(F)$ associé à $\mathcal{H}'$.

Si on désigne le générateur hyperplan de $\mathcal{A}^{\bullet}(\mathbb{P}_3)$ par h , on sait [4] que $\mathcal{A}^{\bullet}(F)$ est , via p'^* un $\mathcal{A}^{\bullet}(\mathbb{P}_3)$-module libre de base 1 , H' , H'^2 . On voit ainsi aisément que H' et p'^*h forment une base de $\mathcal{A}^1(F)$ en tant que $\mathbb{Z}$-module libre.

Alors $\Gamma_1' = \pi'^*\gamma_1$ s'écrit $\lambda p'^*h + \mu H'$ où λ et $\mu \in \mathbb{Z}$.

Lemme 2 : Dans $\mathcal{A}^{\bullet}(F)$, on a

$$\text{a)} \quad H'P'\Gamma_1' = *$$

$$\text{b)} \quad P'\Gamma_1'^2 = * \quad .$$

Preuve : a) Soit x_o fixé dans $\mathbb{P}_3$ et $X_o = p'^{-1}(x_o) \subset F$. La sous-variété X_o représente P' dans $\mathcal{A}^{\bullet}(F)$. Soit $i : X_o \hookrightarrow F$ l'injection canonique. Par la formule de projection : $i_*i^*(H'\Gamma_1') = H'\Gamma_1' i_*(1)$. Mais $i_*(1) = P'$, donc $P'H'\Gamma_1' = i_*i^*(H'\Gamma_1')$. D'autre part , $i^*(H'\Gamma_1') = i^*H'\ i^*\Gamma_1'$. Or X_o s'identifie canoniquement à $\mathbb{P}(T_{x_o}\mathbb{P}_3)$ et dans cette identification, i^*H' devient $\mathcal{O}(1)$ comme on l'a déjà signalé. Soit d_1 une doite ne rencontrant pas x_o dans $\mathbb{P}_3$. Un représentant de i^*H' dans $\mathcal{A}^{\bullet}(X_o)$ est donné par la sous-variété Δ_1 des droites (passant par x_o) rencontrant d_1 . Soit d_2 une autre droite ne rencontrant ni x_o ni d_1 . Le cycle γ_1 est représenté dans $\mathcal{A}^{\bullet}(G)$ par la sous-variété D_2 des droites rencontrant d_2 . Comme π' est une fibration, donc plate, $\Gamma_1' = \pi^*\gamma_1$ est représenté dans $\mathcal{A}^{\bullet}(F)$ par $\pi'^{-1}(D_2)$. Un calcul en coordonnées montre que X_o et $\pi'^{-1}(D_2)$ se coupent transversalement dans F , donc $i^*\Gamma_1'$ est représenté par la sous-variété $X_o \cap \pi'^{-1}(D_2)$ dans $\mathcal{A}^{\bullet}(X_o)$. Un calcul en coordonnées montre que $X_o \cap \pi'^{-1}(D_2)$ et Δ_1 se coupent transversalement dans X_o et ainsi $i^*H'\ i^*\Gamma_1'$ est représenté dans $\mathcal{A}^{\bullet}(X_o)$ par $X_o \cap \pi'^{-1}(D_2) \cap \Delta_1$. Ce dernier est formé d'un seul élément : la droite intersection des deux plans engendrés par x_o et d_1 (resp. d_2) . D'où $P'H'\Gamma_1' = i_*(*)$ dans $\mathcal{A}^{\bullet}(F)$ ce qui démontre a). La preuve est tout à fait analogue pour b) .

Ainsi puisque $\Gamma_1' = \lambda\, p'^*h + \mu\, H'$, en multipliant par $p'\Gamma_1'$ on a

$$* = \lambda P'.p'^*h.\Gamma_1' + \mu P'.H'.\Gamma_1' = \mu\, *$$

comme il résulte de la relation $P'.p'^*h = p'^*(*h) = 0$. D'où la formule (en changeant λ en $-\lambda$) :

(7) $$H' = \lambda\, p'^*h + \Gamma'_1 \quad .$$

3°) <u>La variété A ; les morphismes π et m</u>

a) Soit A la variété non singulière de dimension 3 , image réciproque de C par p' ; c'est l'ensemble des couples (x,d) avec $x \in d \cap C$. On note $p = p'|A$ et $\pi = \pi'|A$. Soit $j : C \hookrightarrow \mathbb{P}_3$ et $J : A \hookrightarrow F$ les injections canoniques. D'où le diagramme commutatif :

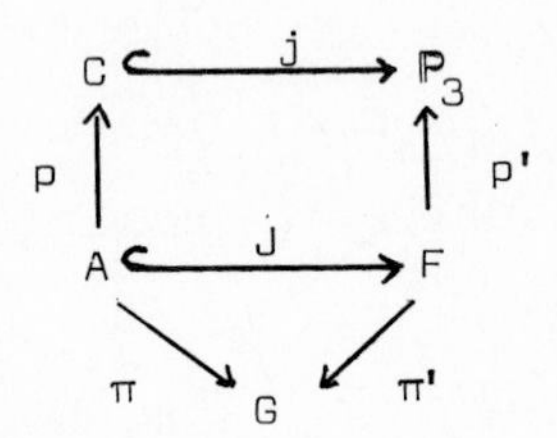

On voit que A est le fibré projectif associé au fibré vectoriel $T\mathbb{P}_3|C$. Notons $J^*\mathcal{H}'$ par $\mathcal{H}$ et de même le cycle associé J^*H' par H . Soit T_vA le fibré tangent vertical à A . Comme $\mathcal{H}$ est le fibré tautologique sur A , on a une suite exacte bien connue de fibrés (voir par exemple [3] , p.348) :

(8) $$0 \longrightarrow \mathbb{C}_A \longrightarrow \mathcal{H} \otimes p^*(T\mathbb{P}_3 | C) \longrightarrow T_vA \longrightarrow 0 \quad .$$

Comme précédemment, on a le :

<u>Lemme 3</u> : Soit L un fibré de rang 1 et V un fibré de rang 3 . Alors

$$c_1(V \otimes L) = 3c_1(L) + c_1(V)$$
$$c_2(V \otimes L) = 3c_1(L)^2 + 2c_1(L)c_1(V) + c_2(V)$$
$$c_3(V \otimes L) = c_1(L)^3 + c_1(L)^2c_1(V) + c_1(L)c_2(V) + c_3(V) \quad .$$

La troisième classe de Chern de $\mathcal{H} \otimes p^*(T\mathbb{P}_3 | C)$ est nulle. Comme $c_1(\mathcal{H}) = H$, le lemme 3 donne la relation :

$$H^3 + p^*c_1(T\mathbb{P}_3 | C)H^2 + p^*c_2(T\mathbb{P}_3 | C)H + p^*c_3(T\mathbb{P}_3 | C) = 0 \quad .$$

Or $c(T\mathbb{P}_3) = (1+h)^4$, d'où $c(T\mathbb{P}_3 \mid C) = j^*c(T\mathbb{P}_3) = 1 + 4n*$

car $j^*h = n*$ par définition du degré de C .

On désigne $p^*(*)$ par P . De sorte que l'on a dans $\mathcal{A}^\bullet(A)$ la relation

$$H^3 + 4nPH^2 = 0 \quad . \tag{9}$$

Désignons $\pi^*\gamma_1 = j^*\Gamma'_1$ par Γ_1 . On a dans $\mathcal{A}^\bullet(A)$ les relations (analogues à celles vues dans $\mathcal{A}^\bullet(F)$) :

$$P^2 = 0 \qquad P\Gamma_1^2 = * \qquad \Gamma_1^3 = 2n* \quad . \tag{10}$$

En effet, $P^2 = p^*(*^2) = p^*(0) = 0$. Le nombre de couples $(x,d) \in F$ avec x fixé et d rencontrant deux droites fixées est 1 , donc $P\Gamma_1^2 = *$. Enfin , $\pi_*(\pi^*\gamma_1^3) = \pi_*1.\gamma_1^3 = n\ \gamma_1^4$, d'après (3) et comme $\gamma_1^4 = 2*$, on a $\Gamma_1^3 = 2n*$.

On tire de l'égalité (7) :

$$H = J^*H' = \lambda\, p^*j^*h + \pi^*\gamma_1 = \lambda\, n\, P + \Gamma_1$$

En remplaçant H par sa valeur dans (9) et tenant compte de (10) , on obtient

$$H = -2nP + \Gamma_1 \quad . \tag{11}$$

Le lemme 3 fournit alors les classes de Chern de T_VA :

$$c_1(T_VA) = -2nP + 3\Gamma_1 \qquad\qquad c_2(T_VA) = -4nP\Gamma_1 + 3\Gamma_1^2 \quad .$$

et naturellement $c_3(T_VA) = 0$. Maintenant, de la suite exacte qui définit T_VA :

$$0 \longrightarrow T_VA \longrightarrow TA \longrightarrow p^*TC \longrightarrow 0$$

et comme $c(C) = 1 + (2-2g)*$, l'on déduit la classe de Chern totale de A :

$$(1 + (2-2g)P)(1 - 2nP + 3\Gamma_1 - 4nP\Gamma_1 + 3\Gamma_1^2) \quad .$$

En tenant compte des relations (10) , on obtient ainsi dans $\mathcal{A}^\bullet(A)$:

$$\boxed{\begin{aligned} c_1(A) &= 3\Gamma_1 + 2(1-g-n)P \\ c_2(A) &= 3\Gamma_1^2 + 2(3-3g-2n)P\Gamma_1 \\ c_3(A) &= (6-6g)* \end{aligned}} \tag{12}$$

ainsi que la classe totale de Todd dans $\mathcal{A}^{\bullet}_{Q}(A)$

(13) $$\text{Td } A = 1 + \frac{3}{2}\Gamma_1 + (1-g-n)P + \Gamma_1^2 + \left(\frac{3}{2} - \frac{3}{2}g - \frac{4n}{3}\right) P\Gamma_1 + (1-g)*$$

b) On considèrera par la suite le morphisme : $m : C \times C \longrightarrow A$ ainsi défini : à (x,y) on fait correspondre le couple formé de x et de la droite xy, cette droite étant la tangente à C en x quand $y = x$. L'image de m est $F_{11} = \pi^{-1}(E_{11})$.

Dans $C \times C$, on a les deux cycles K_1 et K_2, images réciproques d'un point par les deux projections. Comme $T(C \times C) = pr_1^* TC \oplus pr_2^* TC$, on a la classe de Chern totale :

$$c(C \times C) = (1 + (2-2g)K_1)(1 + (2-2g)K_2) \quad .$$

Or, par définition même $K_1^2 = K_2^2 = 0$ et $K_1 \cdot K_2 = *$

d'où

(14) $$c(C \times C) = 1 + (2-2g)(K_1 + K_2) + 4(1-g)^2 *$$

4°) Deux lemmes

Lemme 4 : Soit X et Y deux espaces analytiques réduits et $\pi : X \to Y$ un morphisme fini surjectif. Soit X' un sous-espace de X, $Y' = \pi(X')$ et $\mathfrak{I}_{X'}$, $\mathfrak{I}_{Y'}$ leurs idéaux. On suppose que le morphisme naturel de faisceaux $\mathfrak{I}_{Y'} \to \pi_* \mathfrak{I}_{X'}$ est un isomorphisme.

Alors dans les deux suites exactes sur Y :

$$0 \longrightarrow \mathcal{O}_Y \longrightarrow \pi_*\mathcal{O}_X \longrightarrow Q \longrightarrow 0$$

$$0 \longrightarrow \mathcal{O}_{Y'} \longrightarrow \pi_*\mathcal{O}_{X'} \longrightarrow Q' \longrightarrow 0$$

on a Q isomorphe à Q'.

($\mathcal{O}_{Y'}$ est considéré comme faisceau sur Y à support Y' ; idem pour $\mathcal{O}_{X'}$) .

Preuve : Du fait que π est surjectif, les trois morphismes naturels $\mathfrak{I}_{Y'} \to \pi_* \mathfrak{I}_{X'}$, $\mathcal{O}_Y \to \pi_* \mathcal{O}_X$, $\mathcal{O}_{Y'} \to \pi_* \mathcal{O}_{X'}$ sont injectifs. Soit Q'' , Q , Q' les quotients respectifs. On a un diagramme commutatif où lignes et colonnes sont exactes :

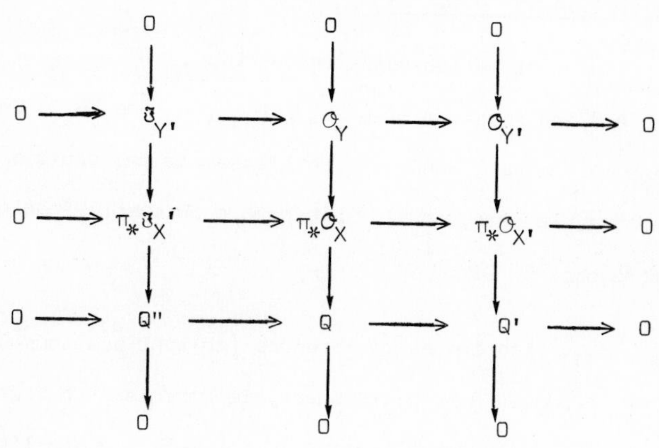

Vu l'hypothèse faite, on a $Q'' = 0$, d'où le résultat .

<u>Lemme 5</u> : Soit $\pi : \mathbb{C}^2 \to \mathbb{C}^3$ défini par $(u,v) \longmapsto (u, uv, v^2)$. Posons $X = \mathbb{C}^2$ et $Y = \pi(X)$. Si (x,y,z) désigne un point de $\mathbb{C}^3$, soit $Y' = Y \cap \{x = y = 0\}$ et $X' = \pi^{-1}(Y')$. Alors le morphisme naturel $\mathfrak{I}_{Y'} \to \pi_* \mathfrak{I}_{X'}$ est un isomorphisme.

<u>Preuve</u> : C'est évident en dehors de 0 . Montrons que tout élément a de $\mathfrak{I}_{X',0}$ s'écrit $b_o\pi$ où $b \in \mathfrak{I}_{Y',0}$. Comme l'idéal de X' est (u) , on a

$$a(u,v) = u(a_1(u,v) + v\, a_2(u,v))$$

où a_1 et a_2 ne contiennent que des termes de degré pair en v . Soit encore :

$$a(u,v) = u(b_1(u,v^2) + v\, b_2(u,v^2)) \quad .$$

Soit b la classe de $x\, b_1(x,z) + y\, b_2(x,z)$ dans $\mathcal{O}_{Y,0} = \dfrac{\mathbb{C}\{x,y,z\}}{(x^2z - y^2)}$.

On a ainsi $b_o\pi = a$.

B) GEOMETRIE ENUMERATIVE POUR UNE COURBE GENERALE DE $\mathbb{P}_3$.

Soit C une courbe lisse de $\mathbb{P}_3$. Dans toute la suite, on suppose la courbe C générale ([7]) .

1°) Notations ; description de π et m

Nous rappelons et complétons les notations de [7] .

On a défini en A.1 les sous-variétés E_1 , E_{11} , E_2 de G . On définit également E_{111} dans G comme l'adhérence de l'ensemble des droites coupant C trois fois (trisécantes). De même, soit q le nombre de quadrisécantes et k le nombre de tangentes recoupant C .

Soit F_{11} , F_2 , F_{111} les images réciproques (en tant que sous-variétés) de E_{11} , E_2 , E_{111} par π dans A . Visiblement, le morphisme $m : C \times C \to A$ défini en I.3 est composé de la normalisation $C \times C \to F_{11}$ et de l'injection canonique $F_{11} \hookrightarrow A$ puisque $C \times C \to F_{11}$ est fini et presque partout un isomorphisme.

Soit G_{111} l'image réciproque (en tant que sous-variété) de F_{111} par m . Soit $\widetilde{G}_{111}$ et $\widetilde{F}_{111}$ les courbes normalisées. Le morphisme $m : G_{111} \to F_{111}$ se relève visiblement en $\tilde{m} : \widetilde{G}_{111} \to \widetilde{F}_{111}$.

Soit de même G_2 l'image réciproque de F_2 ; G_2 s'identifie à la diagonale de $C \times C$.

La description de π a été donnée dans [7] . On la rappelle ici. Le tableau qui suit décrit les germes de $\pi^{-1}(d)$, $m^{-1}\pi^{-1}(d)$, etc... dans les différents cas.

Le morphisme n_1 désigne la normalisation $\widetilde{G}_{111} \to G_{111}$ et le morphisme n_2 désigne la normalisation $\widetilde{F}_{111} \to F_{111}$.

a) Cas où d est une trisécante

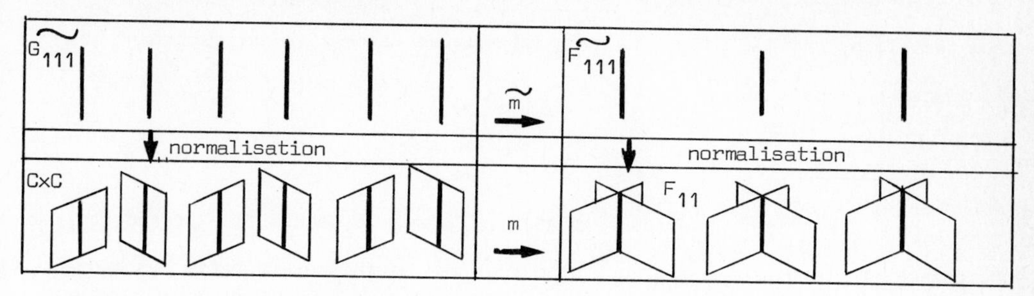

b) cas où d est une quadrisécante (il y en a q)

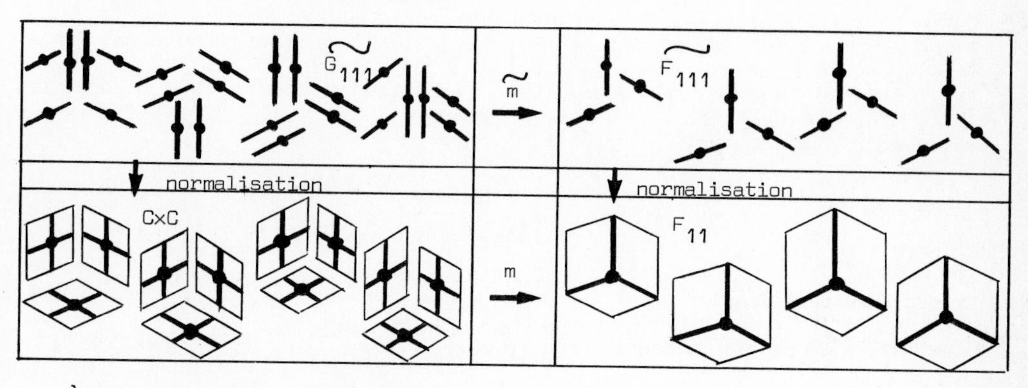

c) cas où d est une tangente

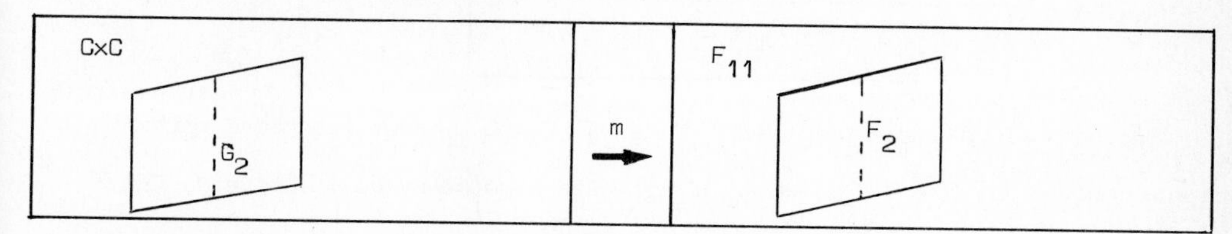

d) cas où d est une tangente recoupant C (il y en a k)

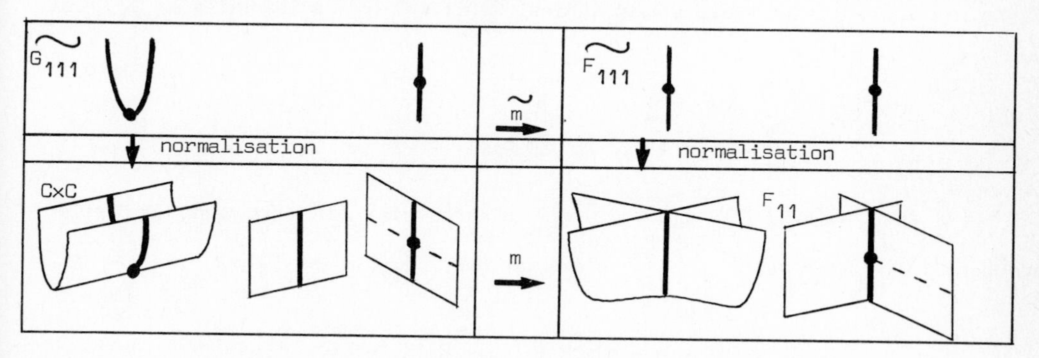

On remarque, par examen de ce tableau, que $\tilde{\pi} : \widetilde{G_{111}} \to \widetilde{F_{111}}$ est un revêtement à deux feuillets, ramifié en k points quadratiques $z \mapsto z^2$, correspondant aux k tangentes recoupant C .

2°) Trisécantes

Cherchons à exprimer F_{11} dans $\mathcal{a}^1(A)$. D'après la description précédente, le morphisme π (croisements normaux et parapluies de Whitney) vérifie les hypothèses du théorème du lieu double, vu la proposition 0 .

Alors $D(\pi) = \overline{D_o(\pi)}$ s'identifie à F_{11} : $D_o(\pi)$ est en effet dans ce cas formé des $(x,d) \in A$ tels que (x',d) avec $x' \neq x$ appartienne aussi à A . D'après la formule du lieu double dans $\mathcal{a}^1(A)$, on a

$$D(\pi) = \pi^*\pi_*(A) - [\pi^*c(G) \,.\, c(A)^{-1}]_1 \quad .$$

Le degré de ramification étant 1 , on a $\pi_* A = E_1 = n\gamma_1$ vu (3) . D'autre part, vu (1) et (12) , la partie de degré 1 de $\pi^*c(G) \,.\, c(A)^{-1}$ est $\Gamma_1 + 2(n+g-1)P$. Ainsi :

(15) $$\boxed{F_{11} = (n-1)\Gamma_1 + 2(1-g-n)P}$$

Cherchons alors à exprimer G_{111} dans $\mathcal{a}^1(C \times C)$. Pour les mêmes raisons que précédemment, $m : C \times C \times C \longrightarrow A$ vérifie les hypothèses du théorème du lieu double . $D_o(m)$ est formé des (x,y) tels qu'il existe $y' \in C$ distinct de y et la droite xy étant égale à xy' . Ainsi $D(m) = \overline{D_o(m)}$ s'identifie à G_{111} et l'on a dans $\mathcal{a}^1(C \times C)$:

$$G_{111} = D(m) = m^*m_*(1) - [m^*c(A).\, c(C \times C)^{-1}]_1 \quad .$$

Or $m_*(1) = F_{11} = (n-1)\,\Gamma_1 + 2(1-g-n)P$ d'après (15) . D'autre part, la partie de degré 1 de $m^*c(A) \,.\, c(C \times C)^{-1}$ s'exprime par , vu (12) et (14) :

$$3m^*\Gamma_1 + 2(1-g-n)m^*P + (2g-2)(K_1 + K_2) \quad .$$

et donc

$$G_{111} = (n-1)m^*\Gamma_1 + 2(1-g-n)m^*P - 3m^*\Gamma_1 - 2(1-g-n)m^*P + (2-2g)(K_1 + K_2)$$

soit :

(16) dans $\mathcal{Q}^\bullet(C \times C)$ $\boxed{G_{111} = (n-4)m^*\Gamma_1 + (2-2g)(K_1 + K_2)}$

Maintenant, le degré de ramification de $m : G_{111} \to F_{111}$ est 2 . On a donc

$$2F_{111} = m_*G_{111} = (n-4)m_*m^*\Gamma_1 + (2-2g)m_*(K_1 + K_2) \quad .$$

Le degré de ramification de $\pi : F_{111} \to E_{111}$ est 3 . Comme $\Gamma_1 = \pi^*\gamma_1$, on a

(17) $$6E_{111} = (n-4)(\pi \circ m)_*(\pi \circ m)^*\gamma_1 + (2-2g)(\pi \circ m)_*(K_1 + K_2)$$

<u>Lemme 6</u> : a) $(\pi \circ m)_* K_2 \, . \, \gamma_1 = (n-1)*$

b) $(\pi \circ m)_*(1) \, . \, \gamma_1^2 = 2((n-1)^2 - g)*$.

<u>Preuve</u> : a) Soit $x_o \in C$ fixé. Dans G on a la sous-variété D des droites passant par x_o et recoupant C en un deuxième point, qui est un représentant du cycle $(\pi \circ m)_*K_1$.

Soit d une droite telle que le plan P engendré par elle et x_o soit transverse à C . Un représentant du cycle γ_1 est la sous-variété L des droites rencontrant d . Un calcul simple dans des coordonnées montre que D et L sont transverses dans G . Comme ils ont en commun $n-1$ éléments correspondant à $P \cap C - \{x_o\}$ on a le résultat annoncé.

b) On a $\pi_*m_*(1) = \pi_*F_{11} = 2\,E_{11}$. (Le degré de ramification est 1 dans le premier cas et 2 dans le second). Or, par (5) , $E_{11} \, . \, \gamma_1^2 = ((n-1)^2 - g)*$. Donc $(\pi \circ m)_*(1) \, . \, \gamma_1^2 = 2((n-1)^2 - g)*$. C'est aussi, par la formule des projections, l'expression de $m^*\Gamma_1$.

Après avoir multiplié (17) par γ_1 et en utilisant la formule des projections, on obtient grâce au lemme précédent :

$$6E_{111} \cdot \gamma_1 = 2(n-2)((n-1)(n-3) - 3g) \quad .$$

On énonce donc le théorème :

<u>Théorème 1</u> : Soit C une courbe générale de $\mathbb{P}_3$ de degré n et genre g. Le nombre de trisécantes à C rencontrant une droite générique est

$$\boxed{t = (n-2)\left(\frac{(n-1)(n-3)}{3} - g\right)}$$

3°) <u>Tangentes recoupant C</u>

L'expression (16) de G_{111} permet de calculer le nombre k de tangentes recoupant C. En effet, comme on le voit en B.1, G_{111} et G_2 se coupent transversalement dans $C \times C$ et donc $k = G_{111} \cdot G_2$. Mais G_2 s'identifie à la diagonale Δ de $C \times C$ et ainsi

$$k = (n-4)n^* \pi^* \gamma_1 \cdot G_2 + (2-2g)(K_1 + K_2) \cdot \Delta \quad .$$

D'une part $K_1 \cdot \Delta = K_2 \cdot \Delta = *$ et d'autre part, la formule des projections donne :

$$\pi_* m_* (m^* \pi^* \gamma_1 \cdot G_2) = \pi_* m_* G_2 \cdot \gamma_1 \quad ; \quad \text{or} \quad \pi_* m_* G_2 = \pi_* F_2 = E_2$$

car le degré de ramification est 1 dans les deux cas. Vu (6), $E_2 \cdot \gamma_1 = (2n-2+2g)*$

On conclut :

$$k = (n-4)(2n-2+2g) + 2(2-2g) = 2((n-2)(n-3) + g(n-6)) \tag{18}$$

On a donc le

<u>Théorème 2</u> : Soit C une courbe générale de $\mathbb{P}_3$, de degré n et genre g. Le nombre de tangentes recoupant C est donné par

$$\boxed{k = 2((n-2)(n-3) + g(n-6))}$$

4°) Une formule dans $\mathcal{A}^{\bullet}_{\mathbb{Q}}(A)$

a) On décompose $m : C \times C \to A$ en $\overline{m} : C \times C \to F_{11}$ le morphisme de normalisation et $j : F_{11} \hookrightarrow A$: l'injection canonique. Les lemmes 4 et 5 donnent immédiatement les deux suites exactes sur F_{11} :

$$0 \longrightarrow \mathcal{O}_{F_{11}} \longrightarrow \overline{m}_* \mathcal{O}_{C\times C} \longrightarrow Q_1 \longrightarrow 0$$

$$0 \longrightarrow \mathcal{O}_{F_{111}} \longrightarrow \overline{m}_* \mathcal{O}_{G_{111}} \longrightarrow Q_1 \longrightarrow 0 \quad .$$

(On considère le faisceau structural d'un sous-espace de Z comme faisceau sur Z, de support le sous-espace considéré). On en déduit les deux suites exactes

$$0 \longrightarrow \mathcal{O}_{F_{11}} \longrightarrow m_* \mathcal{O}_{C\times C} \longrightarrow j_* Q_1 \longrightarrow 0$$

$$0 \longrightarrow \mathcal{O}_{F_{111}} \longrightarrow m_* \mathcal{O}_{G_{111}} \longrightarrow j_* Q_1 \longrightarrow 0 \quad .$$

On a d'autre part la suite exacte associée au diviseur F_{11} de A :

$$0 \longrightarrow \mathcal{O}_A(-F_{11}) \longrightarrow \mathcal{O}_A \longrightarrow \mathcal{O}_{F_{11}} \longrightarrow 0 \quad .$$

Ceci prouve l'égalité dans $K(A)$:

$$- \mathcal{O}_A + \mathcal{O}_A(-F_{11}) + m_* \mathcal{O}_{C\times C} = - \mathcal{O}_{F_{111}} + m_* \mathcal{O}_{G_{111}} \quad .$$

En prenant le caractère de Chern et multipliant par $\mathrm{Td}\, A$, on obtient l'égalité dans $\mathcal{A}^{\bullet}_{\mathbb{Q}}(A)$:

$$- \mathrm{Ch}\, \mathcal{O}_A \cdot \mathrm{Td}\, A + \mathrm{Ch}\, \mathcal{O}_A(-F_{11}) \cdot \mathrm{Td}\, A + \mathrm{Ch}\, m_* \mathcal{O}_{C\times C} \cdot \mathrm{Td}\, A$$

$$= - \mathrm{Ch}\, \mathcal{O}_{F_{111}} \cdot \mathrm{Td}\, A + \mathrm{Ch}\, m_* \mathcal{O}_{G_{111}} \cdot \mathrm{Td}\, A \quad .$$

Or $\mathcal{O}_A(-F_{11})$ est un faisceau localement libre de rang 1 de classe de Chern $- F_{11}$. Son caractère de Chern est donc donné [5] par $e^{-F_{11}}$ dans $\mathcal{A}^{\bullet}_{\mathbb{Q}}(A)$. On transforme alors l'égalité, grâce à GRR appliqué à m, en :

$$(19)\quad (e^{-F_{11}}-1).\mathrm{Td}A + m_*(\mathrm{Td}(C\times C)) = -\mathrm{Ch}\,\mathcal{O}_{F_{111}}.\mathrm{Td}\,A + m_*(\mathrm{Ch}\,\mathcal{O}_{G_{111}}.\mathrm{Td}(C\times C)) .$$

car $\mathrm{Ch}\,\mathcal{O}_A = 1$.

b) D'autre part, un examen en B.1 des deux morphismes de normalisation composés avec les injections canoniques

$$n^1 : \widetilde{G}_{111} \longrightarrow C\times C \qquad\qquad n^2 : \widetilde{F}_{111} \longrightarrow A$$

conduit aux suites exactes :

$$(20)\quad \text{sur } C\times C \qquad 0 \longrightarrow \mathcal{O}_{G_{111}} \longrightarrow n^1_*\,\mathcal{O}_{\widetilde{G}_{111}} \longrightarrow Q_2 \longrightarrow 0$$

$$(21)\quad \text{sur } A \qquad 0 \longrightarrow \mathcal{O}_{F_{111}} \longrightarrow n^2_*\,\mathcal{O}_{\widetilde{F}_{111}} \longrightarrow Q_3 \longrightarrow 0$$

où Q_2(resp. Q_3) est un faisceau de support 12q (resp. 4q) points et fibre $\mathbb{C}$ (resp. $\mathbb{C}^2$) en chaque point. On applique alors GRR aux deux morphismes n^1 et n^2 ce qui donne

$$(22)\quad \text{dans } \mathcal{A}^{\bullet}_Q(C\times C) : \mathrm{Ch}\,\mathcal{O}_{G_{111}}.\mathrm{Td}(C\times C) = n^1_*(\mathrm{Td}\,\widetilde{G}_{111}) - \mathrm{Ch}\,Q_2 . \mathrm{Td}(C\times C)$$

$$(23)\quad \text{dans } \mathcal{A}^{\bullet}_Q(A) : \mathrm{Ch}\,\mathcal{O}_{F_{111}}.\mathrm{Td}\,A = n^2_*(\mathrm{Td}\,\widetilde{F}_{111}) - \mathrm{Ch}\,Q_3 . \mathrm{Td}\,A \quad .$$

<u>Lemme 7</u> : Soit V une variété et $\mathcal{F}$ un faisceau de support un point et fibre $\mathbb{C}$. Alors $\mathrm{Ch}\,\mathcal{F} = *$ dans $\mathcal{A}^{\bullet}_Q(V)$.

<u>Preuve</u> : Soit P le support de $\mathcal{F}$. Par exemple par GRR appliqué à l'injection $j : P \hookrightarrow V$ on a $j_*\mathrm{Td}\,P = \mathrm{Ch}\,j_*\mathcal{O}_P.\mathrm{Td}\,V$. Or , $j_*\mathcal{O}_P = \mathcal{F}$ et $j_*\mathrm{Td}\,P = *$.

Examinons (22). De la suite exacte sur $C\times C$

$$0 \longrightarrow \mathcal{O}_{C\times C}(-G_{111}) \longrightarrow \mathcal{O}_{C\times C} \longrightarrow \mathcal{O}_{G_{111}} \longrightarrow 0$$

et du lemme 7 , on tire dans $\mathcal{A}^{\bullet}_Q(C\times C)$:

$$n_*^1 \,\mathrm{Td}\, \widetilde{G_{111}} = (1 - e^{-G_{111}}) \,.\, \mathrm{Td}\,(C \times C) + 12\, q* \quad .$$

<u>Notation</u> : Notons $\mathrm{Todd}(V)$ la partie de plus haut degré de la classe de Todd de V .

Dans l'égalité qui précède, si l'on ne garde que la partie de plus haut degré, on a

$$n_*^1 \,\mathrm{Todd}\, \widetilde{G_{111}} = 12q* + \frac{G_{111} \,.\, c_1(C \times C) - G_{111}^2}{2}$$

D'après (14) , $c_1(C \times C) = (2-2g)(K_1 + K_2)$ et d'après (16) , on a ainsi :

$$n_*^1 \,\mathrm{Todd}\, \widetilde{G_{111}} = 12\, q* - \frac{(n-4)m^*\Gamma_1((n-4)m^*\Gamma_1 + (2-2g)(K_1 + K_2))}{2} \quad .$$

En utilisant le lemme 5 avec la formule des projections, on arrive à

(24) $$n_*^1 \,\mathrm{Todd}\, \widetilde{G_{111}} = (12q - (n-1)(n-2)(n-3)(n-4) + 3g(n-2)(n-4))\, * \quad .$$

c) Regardons l'égalité obtenue en appliquant m_* à (22) , l'égalité (23) et reportons dans (19) . En ne conservant que la partie de plus haut degré de ce qu'on obtient ainsi, nous avons :

(25) $$[(e^{-F_{11}} - 1) .\, \mathrm{Td}\, A]_3 + (1-g)^2* = m_* n_*^1 \,\mathrm{Todd}\, \widetilde{G_{111}} - n_*^2 \,\mathrm{Todd}\, \widetilde{F_{111}} - 4q\, *$$

puisque $\mathrm{Todd}(C \times C) = (1-g)^2*$ d'après (14) .

5°) <u>Quadrisécantes</u>

<u>Lemme 8</u> : $m_* n_*^1 \,\mathrm{Todd}\, \widetilde{G_{111}} - 2n_*^2 \,\mathrm{Todd}\, \widetilde{F_{111}} = -((n-2)(n-3) + g(n-6))\, *$.

Preuve : On a déjà signalé que $\tilde{m} : \widetilde{G_{111}} \to \widetilde{F_{111}}$ était un revêtement à deux feuillets, ramifié en k points quadratiques. Soit $F^1, \ldots, F^{N'}$ les composantes connexes de $\widetilde{F_{111}}$ et $f^i (1 \le i \le N')$ leur genre. (Même pour une courbe générale, l'ensemble E_{111} des trisécantes peut ne pas être connexe comme le montre l'exemple d'une courbe de bidegré (3,3) située sur une quadrique) .

Quitte à renuméroter, au-dessus de F^i $(1 \le i \le N \le N')$, $\widetilde{G_{111}}$ a une seule composante connexe G^i de genre g^i , ramifiée en k^i points quadratiques.

Au-dessus de F^i $(N < i \leq N')$, $\widetilde{G}_{111}$ a deux composantes connexes, isomorphes à F^i . La formule de Riemann-Hurwitz donne pour la restriction de $\widetilde{m} : G^i \to F^i$

(26) $$g^i - 1 = 2(f^i - 1) + k^i/2 \ .$$

Or si Γ est une courbe connexe de genre γ , on a $\mathrm{Todd}(\Gamma) = (1-\gamma)*$. Ici , si $*_i$ est le générateur canonique de $\mathcal{A}^1(F^i)$, on a

$$\mathrm{Todd}\ \widetilde{F}_{111} = \sum_{i=1}^{N'} (1 - f^i)*_i \quad \text{et donc} \quad n_*^2\ \mathrm{Todd}\ \widetilde{F}_{111} = (\sum_{i=1}^{N'} (1 - f^i))* \ .$$

De même, $$m_* n_*^1\ \mathrm{Todd}\ \widetilde{G}_{111} = \sum_{i=1}^{N} (1 - g^i)* + 2 \sum_{i=N+1}^{N'} (1 - f^i)* \ .$$

Ainsi, d'après (26)

$$m_* n_*^1\ \mathrm{Todd}\ \widetilde{G}_{111} - 2n_*^2\ \mathrm{Todd}\ \widetilde{F}_{111} = - \sum_{i=1}^{N} k^i/2\ * = -k/2\ * \ .$$

ce qui prouve le lemme, d'après (18) .

D'après (15) , (13) et (10) , on a immédiatement la valeur

$$[(e^{-F_{11}} - 1)\ \mathrm{Td}\ A]_3 = \left(\frac{g-1}{2} (n^2 - 5n + 8) - \frac{n(n-2)(n-3)(n-4)}{3} \right) * \ .$$

Ecrivons alors pour plus de commodité

$$m_* n_*^1\ \mathrm{Todd}\ \widetilde{G}_{111} - n_*^2\ \mathrm{Todd}\ \widetilde{F}_{111} = \frac{1}{2} \big((m_* n_*^1\ \mathrm{Todd}\ \widetilde{G}_{111} - 2n_*^2\ \mathrm{Todd}\ \widetilde{F}_{111}) + m_* n_*^1\ \mathrm{Todd}\ \widetilde{G}_{111} \big) \ .$$

D'après ce qui précède, le lemme 8 , (24) et (25) , on obtient l'égalité

$$\frac{g-1}{2} (n^2 - 5n + 8) - \frac{n(n-2)(n-3)(n-4)}{3} + (1-g)^2$$

$$= \frac{1}{2} \big(-(n-2)(n-3) - g(n-6) + 12q - (n-1)(n-2)(n-3)(n-4) + 3g(n-2)(n-4)\big) - 4q$$

d'où l'on tire immédiatement le :

<u>Théorème 3</u> : Soit $\mathbf{C}$ une courbe générale de $\mathbb{P}_3$ de degré n et genre g . Alors

le nombre de quadrisécantes à C est donné par la formule :

$$q = \frac{(n-2)(n-3)^2(n-4)}{12} + \frac{1}{2} g(g - n^2 + 7n - 13)$$

III BITANGENTES D'UNE SURFACE DE $\mathbb{P}^4$

Le paragraphe 1°) reprend presque mot pour mot les paragraphes 1°) et 2°) de la partie II .

1°) Grassmannienne ; variété des drapeaux

a) Soit $G = G(1,4)$ la grassmannienne des droites de $\mathbb{P}^4$. Soit γ_1 et γ_2 les cycles de Schubert définis par :

γ_1 le cycle de G formé des droites qui rencontrent un plan fixé,

γ_2 le cycle de G formé des droites contenues dans un hyperplan fixé.

Notons que $\gamma_1^2 - \gamma_2$ est le cycle des droites coupant une droite fixée ; de même, $\gamma_1^3 - 2\gamma_1\gamma_2$ est le cycle des droites passant par un point fixé. (Voir par exemple [8] , p.302) .

On a les relations : (loc. cit.) :

$$\gamma_2^3 = * \quad , \quad \gamma_1^6 = 5* \quad , \quad \gamma_1^4\gamma_2 = 2* \quad , \quad \gamma_1^2\gamma_2^2 = * \quad . \tag{1}$$

Soit ξ le fibré tautologique de rang 2 sur G . Ses classes de Chern sont $-\gamma_1$ et γ_2 (voir [1] , p. 365) . Comme le fibré tangent TG s'identifie à $\mathrm{Hom}(\xi , \mathbb{C}_G^5/\xi)$, on a la suite exacte de fibrés sur G :

$$0 \longrightarrow \mathrm{Hom}(\xi,\xi) \longrightarrow \mathrm{Hom}(\xi , \mathbb{C}_G^5) \longrightarrow TG \longrightarrow 0$$

soit encore :

$$0 \longrightarrow \xi \otimes \check{\xi} \longrightarrow 5\check{\xi} \longrightarrow TG \longrightarrow 0$$

Le lemme 1 du chapitre II fournit alors la classe totale de Chern dans $\mathcal{A}^{\bullet}(G)$ et on n'en calcule que la partie de bas degré :

(2) $$c(G) = 1 + 5\gamma_1 + 11\gamma_1^2 + \gamma_2 + 15\gamma_1^3 + \text{ termes de degré supérieur à } 4 \quad .$$

b) La variété des drapeaux F est définie dans $\mathbb{P}^4 \times G$ par :

$$(x,d) \in F \text{ si et seulement si } x \in d \quad .$$

Lorsqu'on munit F de la première projection $p' : F \longrightarrow \mathbb{P}^4$, c'est le fibré projectif associé au fibré vectoriel $T\mathbb{P}^4$. Lorsqu'on munit F de la seconde projection π' , c'est une fibration de fibre $\mathbb{P}^1$.

On a un fibré tautologique de rang 1 sur F , noté $\mathcal{H}'^{-1}$ dont la restriction à chaque fibre de p' est un fibré $\mathcal{O}(-1)$. Soit H' le cycle de $\mathcal{A}^1(F)$ associé à $\mathcal{H}'$.

On sait ([4]) que $\mathcal{A}^{\bullet}(F)$ est via p'^* un $\mathcal{A}^{\bullet}(\mathbb{P}^4)$-module libre de base 1 , H' , H'^2 , H'^3 . Notons h le générateur hyperplan de $\mathcal{A}^{\bullet}(\mathbb{P}^4)$. On voit ainsi aisément que H' et p'^*h forment une base de $\mathcal{A}^1(F)$ en tant que $\mathbb{Z}$-module.

<u>Notations</u> : On désigne $\pi'^*\gamma_1$ par Γ'_1 et $p'^*(*)$ par P' .

<u>Lemme 1</u> : On a dans $\mathcal{A}^{\bullet}(F)$:

$$\begin{cases} a) & H' . P' . \Gamma_1'^2 = * \\ b) & P' . \Gamma_1'^3 = * \end{cases} \quad .$$

<u>Preuve</u> : a) Soit x_0 fixé dans $\mathbb{P}^4$ et $X_0 = p'^{-1}(x_0) \subset F$. La sous-variété X_0 représente P' dans $\mathcal{A}^{\bullet}(F)$. Soit $i : X_0 \hookrightarrow F$ l'injection canonique. Par la formule de projection,

$$i_* i^*(H' . \Gamma_1'^2) = H' . \Gamma_1'^2 . i_*(1) \quad .$$

Mais $i_*(1) = P'$, donc $P'H'\Gamma_1'^2 = i_*i^*(H' \Gamma_1'^2)$. D'autre part, $i^*(H' \Gamma_1'^2) = i^*H' . i^* \Gamma_1'^2$. Or X_0 s'identifie canoniquement à $\mathbb{P}(T_{x_0}\mathbb{P}^4)$ et dans cette identification, $i^*\mathcal{H}'$ devient $\mathcal{O}(1)$ comme on l'a déjà signalé.

Soit P_1 un plan ne rencontrant pas x_0 dans $\mathbb{P}^4$. Un représentant de i^*H' dans $\mathcal{A}^{\bullet}(X_0)$ est donné par la sous-variété Δ_1 des droites (passant par x_0)

rencontrant P_1 .

Soit P_2 et P'_2 deux autres plans, ne passant pas par x_0 , transverses à P_1 et transverses entre eux. Le cycle γ_1^2 de G est représenté dans $\mathcal{A}^\bullet(G)$ par la sous-variété D_2 des droites rencontrant P_2 et P'_2 . Comme π' est une fibration, donc plate , $\Gamma_1'^2 = \pi'^*(\gamma_1^2)$ est représenté dans $\mathcal{A}^\bullet(F)$ par $\pi'^{-1}(D_2)$.

Un calcul en coordonnées montre que X_0 et $\pi'^{-1}(D_2)$ se coupent transversalement dans F , donc $i^*\Gamma_1'^2$ est représenté par la sous-variété $X_0 \cap \pi'^{-1}(D_2)$ dans $\mathcal{A}^\bullet(X_0)$.

Un calcul en coordonnées montre que $X_0 \cap \pi'^{-1}(D_2)$ et Δ_1 se coupent transversalement dans X_0 et ainsi $i^*H' . i^*\Gamma_1'^2$ est représenté dans $\mathcal{A}^\bullet(X_0)$ par $X_0 \cap \pi'^{-1}(D_2) \cap \Delta_1$; ce dernier est formé d'un seul élément : la droite intersection des trois hyperplans engendrés par x_0 et P_1(resp. P_2 , P'_2) . D'où $i^*H'. i^*\Gamma_1'^2 = *$ dans $\mathcal{A}^\bullet(X_0)$ et $P' H' \Gamma_1'^2 = i_*(*) = *$ dans $\mathcal{A}^\bullet(F)$, ce qui démontre le a) du lemme.

b) Preuve tout à fait analogue dans le second cas.

Comme H' et p'^*h forment une base du $\mathbb{Z}$-module $\mathcal{A}^1(F)$, écrivons

$$\Gamma'_1 = aH' + bp'^*h \quad \text{où } a \text{ et } b \in \mathbb{Z} .$$

En multipliant par $P'\Gamma_1'^2$ et en tenant compte du lemme précédent, on a

$$* = a^* + 0$$

car $P' . p'^*h = p'^*(*h) = 0$. Ainsi on a :

$$H' = \lambda p'^*h + \Gamma'_1 \quad \text{où } \lambda \in \mathbb{Z} . \tag{3}$$

2°) <u>La variété A</u>

a) Dans ce qui suit, S est une surface non singulière de $\mathbb{P}^4$. Soit c_1 et c_2 ses classes de Chern et e son diviseur hyperplan ; c_1 et e appartiennent à $\mathcal{A}^1(S)$. On regardera plutôt c_2 comme élément de $\mathbb{Z}$ (on sait que S est connexe) et c_2* sera la deuxième classe de Chern comme élément de $\mathcal{A}^2(S)$.

On désigne le <u>degré</u> de S par n ; on a $e^2 = n*$. On désigne le <u>rang</u> de S par μ . C'est par définition le rang d'une section hyperplane générique de S , c'est-à-dire le nombre de tangentes à cette section rancontrant une droite donnée.

Lemme 2 : On a $e.c_1 = (3n - \mu)*$ dans $\mathcal{A}^{\bullet}(S)$.

Preuve : Soit C la section de S par un hyperplan transverse et $j : C \longrightarrow S$ l'injection canonique. On a la suite exacte de fibrés :

$$0 \longrightarrow TC \longrightarrow TS|C \longrightarrow \nu \longrightarrow 0$$

d'où l'on déduit, si g est le genre de C :

$$(1 + (2 - 2g)^*)(1 + j^*e) = 1 + j^*c_1$$

soit encore :

$$e.c_1 = 2 - 2g + n \quad .$$

Or le rang μ de C est lié au genre g et au degré n de C par ([8],p.190)

$$\mu = 2(g + n - 1)$$

d'où le résultat annoncé .

Nous allons restreindre la situation du paragraphe 1°) à S . De façon précise, soit A la variété non singulière de dimension 5 , image réciproque de S par p' . C'est l'ensemble des couples (x,d) avec $x \in d \cap S$.

Notations : Soit $p = p'|A$, $\pi = \pi'|A$ et $j : S \hookrightarrow \mathbb{P}^4$, $J : A \hookrightarrow F$ les injections canoniques.

D'où le diagramme commutatif :

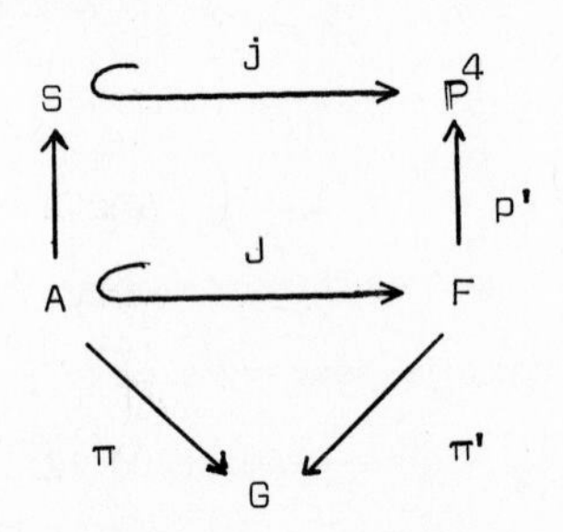

On voit que A est le fibré projectif associé au fibré vectoriel $T\mathbb{P}^4|S$.

Notons $j^*\mathcal{H}'$ par $\mathcal{H}$ et le cycle associé j^*H' par H .

Soit T_vA le fibré tangent vertical à A : il est de rang 3 . Comme $\mathcal{H}$ est le dual du fibré tautologique sur A , on a la suite exacte de fibrés (voir [3] , p. 348) :

(4) $$0 \longrightarrow \mathbb{C}_A \longrightarrow \mathcal{H} \otimes p^*(T\mathbb{P}^4 | S) \longrightarrow T_vA \longrightarrow 0$$

qui prouve que la quatrième classe de Chern de $\mathcal{H} \otimes p^*(T\mathbb{P}^4 | S)$ est nulle .
Or $c(T\mathbb{P}^4) = (1+h)^5$ et par définition , $j^*h = e$, $j^*h^2 = n*$.

<u>Notations</u> : Notons p^*e par E , $p^*(*)$ par P et $\pi^*\gamma_1 = j^*\Gamma_1'$ par Γ_1 .

On a ainsi $c(p^*T\mathbb{P}^4 | S) = 1 + 5E + 10nP$. Par ailleurs, $c_1(\mathcal{H}) = H$ et la théorie des classes de Chern fournit la formule pour la quatrième classe de Chern de $V \otimes L$ où V est de rang 4 et L de rang 1 :

$$c_4(V \otimes L) = c_1^4(L) + c_1^3(L)\, c_1(V) + c_1^2(L)\, c_2(V) + c_1(L)\, c_3(V) + c_4(V) \quad .$$

D'après ce qui précède, on a donc dans $\mathcal{A}^4(A)$ la relation :

(5) $$H^4 + 5H^3E + 10\, nPH^2 = 0$$

b) <u>Proposition 1</u> : On a $E \,.\, \Gamma_1^4 = 3n*$ dans $\mathcal{A}^\bullet(F)$.

Pour démontrer cette proposition, on va utiliser le

<u>Lemme 3</u> : Le cycle $p'_* \,\pi'^*\, \gamma_1^4 = 3h$ dans $\mathcal{A}^1(\mathbb{P}^4)$ où h est le générateur hyperplan.
Preuve du lemme : Il suffit de prouver $p'_* \,\pi'^*\gamma_1^4 \,.\, h^3 = 3*$ dans $\mathcal{A}^\bullet(\mathbb{P}^4)$, ou encore, par la formule de projection, que $\pi'^*\gamma_1^4 \,.\, p'^*h^3 = 3*$ dans $\mathcal{A}^\bullet(F)$.
Or dans G , vu (1) , on a $\gamma_1^4(\gamma_1^2 - \gamma_2) = 5* - 2* = 3*$, ce qui signifie qu'il y a 3 droites dans $\mathbb{P}^4$ rencontrant 4 plans fixés et 1 droite fixée. La fin de la preuve, tenant compte comme précédemment que π' et p' sont plats, est laissée au lecteur.

Ce lemme étant montré, voici la démonstration de la proposition.

Soit H_o un hyperplan transverse à S dans $\mathbb{P}^4$ et $C_o = H_o \cap S$.

(C_o est connexe par le théorème de Bertini ; voir [5] p. 139) . De sorte qu'on a un diagramme commutatif

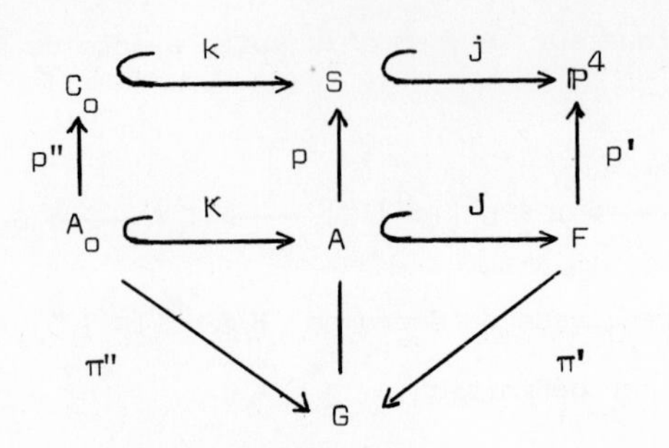

où k et K sont les injections canoniques, $A_o = p^{-1}(C_o)$ et p'' et π'' les restrictions de p et π .

Comme C_o représente le diviseur hyperplan e dans $\mathcal{A}^1(S)$ et comme p est une submersion, donc plate , $E = p^*(e)$ a comme représentant $A_o = p^{-1}(C_o)$ dans $\mathcal{A}^1(A)$. La formule de projection donne

$$K_* K^* \Gamma_1^4 = \Gamma_1^4 \cdot K_*(1) \quad ,$$

et $K_*(1)$ = classe de $A_o = E$. Il suffit donc de prouver que $K^*\Gamma_1^4 = 3n*$ dans $\mathcal{A}^\bullet(A_o)$. Or A_o étant de dimension 4 et connexe, le cycle $K^*\Gamma_1^4$ est dans $\mathcal{A}^4(A_o) = \mathbb{Z}*$, donc $K^*\Gamma_1^4 = m*$ où $m \in \mathbb{Z}$ est à déterminer. Il suffit de montrer $p''_* K^*\Gamma_1^4 = 3n*$ pour avoir $m = 3n$.

Mais $p''_* K^* \Gamma_1^4 = p''_* K^* \pi^* \gamma_1^4 = p''_* K^* J^* \pi'^* \gamma_1^4$.

D'autre part, $p''_*(JK)^* = (jk)^* p'_*$ car p' est une submersion, donc transverse à C_o et le résultat vient de [4] , p. 407 .

Vu le lemme 3 , $p''_* K^* \Gamma_1^4 = (jk)^*(3h)$ et comme C_o est une courbe de degré n dans $\mathbb{P}^4$, on a

$$p''_* K^* \Gamma_1^4 = 3n*$$

et la proposition est démontrée.

c) <u>Corollaire 2</u> : On a $H = -2E + \Gamma_1$ dans $\mathcal{A}^\bullet(A)$.

Preuve : On a , vu (3) , $H' = \lambda p'^{*}h + \Gamma'_1$. D'où

$$H = J^{*}H' = J^{*}(\lambda p'^{*}h + \Gamma'_1) = \lambda E + \Gamma_1 \quad .$$

Reportons dans (5) et multiplions par E . Il vient (comme $E^3 = 0$ et $E^2 = nP$) :

$$(4\lambda + 5)nP\,\Gamma_1^3 + E\,\Gamma_1^4 = 0 \quad .$$

Or on a $P\Gamma_1^3 = *$: c'est le nombre de couples $(x,d) \in F$ avec x fixé et d rencontrant 3 plans fixés. (La preuve rigoureuse est laissée au lecteur). D'autre part, vu la proposition 1 , $E\,\Gamma_1^4 = 3n*$, d'où l'on tire $\lambda = -2$.

Remarque : Si l'on reporte $\lambda = -2$ dans (5) et qu'on multiplie par Γ_1 au lieu de E , on n'obtient aucun renseignement supplémentaire.

3°) Bitangentes

De l'inclusion $TS \hookrightarrow T\mathbb{P}^4 | S$, on déduit en passant aux fibrés projectifs associés une inclusion

$$i : F_2 = \mathrm{Proj}\ TS \hookrightarrow A = \mathrm{Proj}\ (T\mathbb{P}^4 \mid S)$$

et un diagramme commutatif :

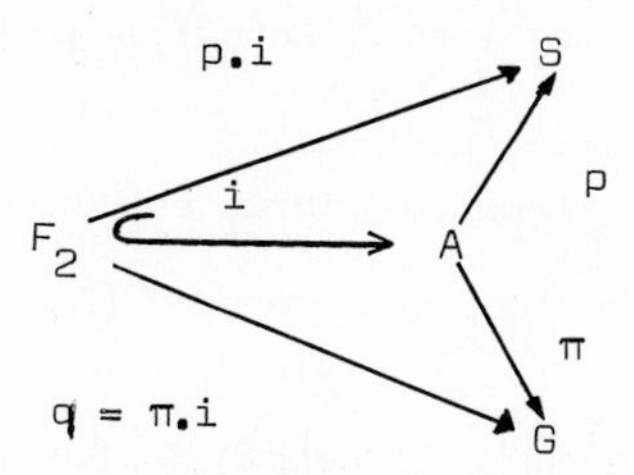

On se propose de déterminer le nombre b de bitangentes à la surface S , qu'on supposera générale dans $\mathbb{P}^4$. En fait, il suffit de supposer que $q : F_2 \longrightarrow G$ est une immersion à croisements normaux , ce qui est toujours vérifié pour une surface générale.

D'après la formule du lieu double de Laksov, on a dans ce cas,

$$D(q) = q^* q_*(1) - \left[q^* c(G) \cdot c(F_2)^{-1} \right]_3$$

et d'autre part, $D(q) = 2b *$.

a) On va estimer d'abord $q^* q_*(1)$. Le degré de ramification de $q : F_2 \to E_2$ étant 1 (E_2 est la sous-variété de G des tangentes à S) , on a $q_* F_2 = E_2$.

Si l'on note ν_2 le nombre de tangentes à S passant par un point générique de $\mathbb{P}^4$, on a ([8] , p. 194) :

$$\nu_2 = (n-1) - \mu$$

car d , le nombre des "noeuds impropres" de S est nul (loc. cit. p. 197) .

Maintenant, le cycle $\gamma_1 \gamma_2$ de G est représenté par les droites contenues dans un hyperplan et coupant une droite de cet hyperplan. Ainsi, par définition du rang μ de S , on a

$$E_2 \cdot \gamma_1 \gamma_2 = \mu * \quad . \tag{6}$$

D'autre part, $\gamma_1^3 - 2\gamma_1\gamma_2$ est représenté par les droites de $\mathbb{P}^4$ passant par un point fixe. Ainsi

$$E_2 \cdot (\gamma_1^3 - 2\gamma_1\gamma_2) = \nu_2 * = (n(n-1) - \mu) * \quad . \tag{7}$$

Une base de $\mathcal{A}^3(G)$, en tant que $\mathbb{Z}$-module libre, est donnée par $\gamma_1\gamma_2$ et γ_1^3 . Vu les relations (1) et ce qui précède, on a dans $\mathcal{A}^3(G)$

$$E_2 = (3\mu - 2n(n-1))\gamma_1\gamma_2 + (n(n-1) - \mu)\gamma_1^3 \quad . \tag{8}$$

Si l'on note $\pi^* \gamma_2$ par Γ_2 , on a donc

$$q^* q_*(1) = i^*((3\mu - 2n(n-1))\Gamma_1\Gamma_2 + (n(n-1) - \mu)\Gamma_1^3) \quad .$$

b) On se propose dans ce paragraphe de calculer la classe de Chern de $F_2 = \text{Proj } TS$.

Sur F_2 , on a un fibré tautologique qui n'est autre que $i^*\mathcal{H}$ où $i : F_2 \hookrightarrow A$ est l'injection canonique. On a alors ([3] ,p. 348) les deux suites exactes suivantes sur F_2 :

(9) $$0 \longrightarrow \mathbb{C}_{F_2} \longrightarrow i^*\mathcal{H} \otimes i^*p^*TS \longrightarrow T_VF_2 \longrightarrow 0$$

(10) $$0 \longrightarrow T_VF_2 \longrightarrow TF_2 \longrightarrow i^*p^*TS \longrightarrow 0$$

où T_VF_2 est le fibré tangent vertical à F_2 .

La classe totale de Chern de S étant par définition

$$c(S) = 1 + c_1 + c_2 * \quad ,$$

on a $i^*p^*c(TS) = i^*(1 + C_1 + c_2P)$ où C_1 désigne p^*c_1 .

D'autre part, la classe de Chern de $i^*\mathcal{H}$ est $i^*H = i^*(-2E + \Gamma_1)$ d'après le corollaire 2. Le principe de scindage appliqué à la première suite exacte fournit alors immédiatement la classe totale de Chern de T_VF_2 :

$$c(T_VF_2) = i^*(1 + 2H + C_1)$$

et la deuxième classe de Chern étant nulle, on a

$$i^*(H^2 + C_1H + c_2P) = 0 \quad .$$

Remplaçant H par sa valeur $-2E + \Gamma_1$ et utilisant le lemme 2 , on a donc :

(11) $$c(T_VF_2) = i^*(1 - 4E + C_1 + 2\Gamma_1)$$

et

(12) $$i^*((c_2 + 2\mu - 2n)P + \Gamma_1(\Gamma_1 - 4E + C_1)) = 0 \quad .$$

<u>Lemme 4</u> : On a $i^*(P\Gamma_1) = *$ dans $\mathcal{A}^3(F_2)$.

Preuve : Soit $x_o \in S$ fixé et X_o la sous-variété de F_2 définie par

$(p \circ i)^{-1}(x_0)$. Soit $u : X_0 \hookrightarrow F_2$ l'injection canonique ; de sorte qu'on a un diagramme commutatif :

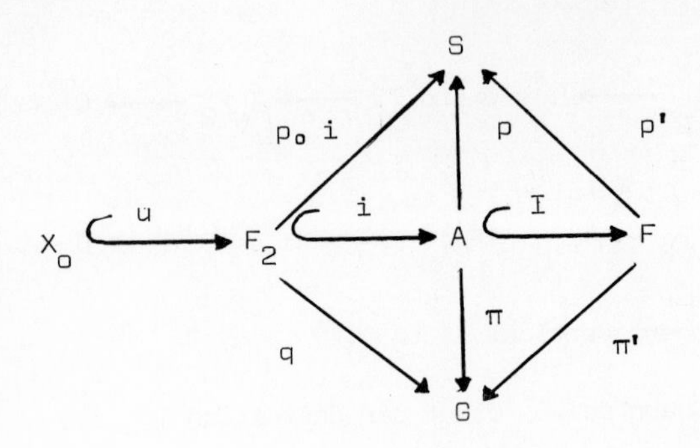

Soit Q un plan ne passant pas par x_0 et transverse à $T_{x_0}S$. La sous-variété D des droites rencontrant Q représente γ_1 dans $\mathcal{C}^{\bullet}(G)$. D'autre part, $p \circ i$ étant plate ($p \circ i$ est la projection canonique Proj TS $\longrightarrow$ S) , le cycle $i^*p^*(*) = i^*P$ est représenté par la sous-variété X_0 de F_2 . Par la formule de projection ,

$$u_*u^*(i^*\Gamma_1) = u_*(1) \cdot i^*(\Gamma_1) = i^*P \cdot i^*\Gamma_1 = i^*(P \cdot \Gamma_1) = m*$$

où $m \in \mathbb{Z}$ est à déterminer (F_2 est connexe). Mais comme $\Gamma_1 = I^*\pi'^*\gamma_1$, en prenant $I_* i_*$ de l'égalité précédente, on a

$$I_*i_*u_*(u^*i^*I^*\pi'^*\gamma_1) = m* \ ;$$

par la formule de projection, c'est aussi $\pi'^*\gamma_1 \cdot I_* i_* u_*(1)$. Or $I_*i_*u_*(1)$ est représenté par la sous-variété X_0 de F . Comme π' est plat, $\pi'^*\gamma_1$ est représenté par $\pi'^{-1}(D)$ dans F . Un calcul en coordonnées montre que X_0 et $\pi'^{-1}(D)$ se coupent transversalement en l'élément correspondant à la tangente à S en x_0 passant par le point $T_{x_0}S \cap Q$. Ainsi $m* = *$ et le lemme est démontré.

On a les relations

$$(13) \quad \begin{cases} EC_1 = p^*(ec_1) = (3n - \mu)p^*(*) = (3n - \mu)P \\ PC_1 = p^*(*c_1) = 0 \\ PE = p^*(*e) = 0 \quad . \end{cases}$$

Multiplions (12) par i^*C_1. Vu le lemme 4, on obtient

$$(14) \qquad i^*(\Gamma_1 c_1^2) = (4(3n - \mu) - c_1^2)* \quad .$$

D'autre part, on a le

Lemme 5 : $i^*\Gamma_1^3 = (n(n-1) + \mu)*$ dans $\mathcal{A}^3(F_2)$.

Preuve : Soit $i^*\Gamma_1^3 = m*$ où $m \in \mathbf{Z}$ est à déterminer. Par la formule de projection :

$$m* = i_* i^* \Gamma_1^3 = i_*(1) \cdot \Gamma_1^3 = F_2 \cdot \Gamma_1^3 = F_2 \cdot \pi^* \gamma_1^3$$

et, toujours par la formule de projection,

$$m* = \pi_*(F_2 \cdot \pi^* \gamma_1^3) = \pi_* F_2 \cdot \gamma_1^3 = E_2 \cdot \gamma_1^3 \quad .$$

(On a en effet déjà vu que la ramification $\pi : F_2 \to E_2$ est d'ordre 1) .
Mais on a calculé précédemment (6) et (7) la valeur de $E_2 \cdot \gamma_1^3$ et on trouve $(n(n-1) + \mu)*$, ce qui prouve le lemme.

Multiplions alors (12) par $i^*\Gamma_1$. On obtient, vu le lemme qui précède :

$$(15) \qquad 4i^*(E \cdot \Gamma_1^2) = (n^2 + 9n - \mu + c_2 - c_1^2)* \quad .$$

Remarque : Le fait que $n^2 + 9n - \mu + c_2 - c_1^2 \equiv 0 \pmod{4}$ peut se retrouver directement par Riemann-Roch.

On peut maintenant enfin exprimer la classe de Chern de F_2 . Vu la suite exacte (10) , on a

$$c(F_2) = c(T_V F_2) \cdot i^* p^* c(S)$$

soit, d'après (11) :

$$c(F_2) = i^*((1 - 4E + C_1 + 2\Gamma_1)(1 + C_1 + c_2 P))$$

et tenant compte des relations qui précèdent, on a

$$c(F_2) = i^*(1 + 2\Gamma_1 - 4E + 2C_1 + (c_1^2 + c_2 + 4(\mu - 3n)P) + 2\Gamma_1 C_1 + 2c_2 P\Gamma_1) \quad .$$

Comme, modulo les termes de degré supérieur à 4 , on a l'égalité

$$(1+X_1+X_2+X_3)^{-1} = 1-X_1+X_1^2 - X_2 + 2X_1X_2 - X_3 ,$$

on obtient immédiatement :

$$(16) \qquad \boxed{c(F_2)^{-1} = i^*(1+4E-2C_1-2\Gamma_1+(3c_1^2-c_2+12\mu-20n)P + 2\Gamma_1(2\Gamma_1+3C_1-8E)) + (4c_1^2+2c_2)*}$$

c) On n'a plus maintenant qu'à calculer 2b où b est le nombre de bitangentes cherché. On a vu que la formule du lieu double donne

$$2b* = q^*q_*(1) - [q^*c(G) \cdot c(F_2)^{-1}]_3 \quad .$$

On a également calculé $q^*q_*(1)$ en a) :

$$q^*q_*(1) = i^*((3\mu-2n(n-1))\Gamma_1\Gamma_2 + (n(n-1)-\mu)\Gamma_1^3) \quad .$$

On a, d'après (2)

$c(G) = 1 + 5\gamma_1 + 11\gamma_1^2 + \gamma_2 + 15\gamma_1^3 +$ termes de degré supérieur et la valeur de $c(F_2)^{-1}$ est donnée par (16) . On voit ainsi que

$$(17) \qquad [q^*c(G) \cdot c(F_2)^{-1}]_3 =$$

$$i^*((19c_1^2-3c_2+60\mu-100n)P\Gamma_1 + 13\Gamma_1^3 + 8\Gamma_1^2C_1 - 36E\,\Gamma_1^2 + \Gamma_2(4E-2C_1-2\Gamma_1)) \quad .$$

On connaît $i^*P\Gamma_1$, $i^*\Gamma_1^3$, $i^*\Gamma_1^2C_1$, $4i^*E\Gamma_1$ dans $\mathcal{A}^\bullet(F_2)$ par le lemme 4 , (14) , le lemme 5 et (15) . D'autre part, on a dans $\mathcal{A}^\bullet(F_2)$:

$$(18) \qquad i^*(\Gamma_1\Gamma_2) = \mu*$$

car par la formule de projection

$$q_* i^*(\Gamma_1\Gamma_2) = q_* q^*(\gamma_1\gamma_2) = q_*(1) \cdot \gamma_1\gamma_2$$

or $q_*(1) = \pi_* i_*(1) = \pi_* F_2 = E_2$. Mais $E_2 \cdot \gamma_1\gamma_2 = \mu$ par définition (16) .

Nous avons enfin la

<u>Proposition 3</u> : Soit Δ un diviseur sur S . Alors dans $\mathcal{A}^\bullet(F_2)$, on a

$$i^*(p^*\Delta \cdot \Gamma_2) = (\Delta \cdot e)^* \quad .$$

On utilise le

<u>Lemme 6</u> : Soit H_o un hyperplan transverse à S . Soit D la sous-variété de G formée des droites contenues dans H_o . Alors dans F , les sous-variétés F_2 et $\pi'^{-1}(D)$ se coupent transversalement.

<u>Preuve du lemme</u> : Soit $(m_o , d_o) \in F_2 \cap \pi'^{-1}(D)$. Cela signifie que d_o est tangente à S en m_o et d'autre part $m_o \in H_o$ puisque $d_o \subset H_o$; ainsi d_o est tangente en m_o à $C_o = H_o \cap S$.

Choisissons un système affine $Oxyzt$ centré en m_o , tel que H_o soit l'hyperplan $Oxyz$, d_o l'axe des z et Ozt le plan tangent en m_o à S . Enfin soit

$$\begin{cases} x = \psi(z,t) \\ y = \theta(z,t) \end{cases} \qquad \text{avec valuation } \psi , \theta \geq 2$$

des équations locales de S au voisinage de m_o .

Une droite d voisine de d_o (d'équations $x = y = t = 0$) a pour équations

$$\begin{cases} x = a_1 z + b_1 \\ y = a_2 z + b_2 \\ t = a_3 z + b_3 \end{cases}$$

et $(a_1,b_1,a_2,b_2,a_3,b_3)$ constitue une carte de G au voisinage de d_o . Dans cette carte , D est donnée par les équations $a_3 = b_3 = 0$.

Une carte de F en (m_o , d_o) est alors constituée par $(a_1,b_1,a_2,b_2,a_3,b_3,z)$ les formules précédentes déterminant les trois autres coordonnées de m où (m,d) est voisin de (m_o , d_o), dans F . La sous-variété $\pi'^{-1}(D)$ est donnée par $a_3 = b_3 = 0$ dans cette carte .

Il reste à exprimer F_2 dans cette même carte. Soit $(m,d) \in F$ voisin de (m_o , d_o) . Le point m est donné par $(\psi(z,t), \theta(z,t) , z , t)$ et d par les trois équations écrites plus haut. Dire que d est tangente en m à S signifie :

i) d passe par m

ii) le vecteur directeur de d est contenu dans la direction de $T_m S$.

La condition i) donne $t = a_3 z + b_3$, d'où

$$\text{(A)} \quad \begin{cases} a_1 z + b_1 = \psi(z , a_3 z + b_3) \\ a_2 z + b_2 = \theta(z , a_3 z + b_3) \end{cases} .$$

La direction de $T_m S$ est donnée d'autre part par les deux formes linéaires

$$\begin{pmatrix} -1 & 0 & \frac{\partial\psi}{\partial z}(z,t) & \frac{\partial\psi}{\partial t}(z,t) \\ 0 & -1 & \frac{\partial\theta}{\partial z}(z,t) & \frac{\partial\theta}{\partial t}(z,t) \end{pmatrix}$$

Un vecteur directeur de d étant $(a_1,a_2,a_3,1)$, la condition ii) se traduit par les deux équations :

$$\text{(B)} \quad \begin{cases} -a_1 + a_3 \frac{\partial\psi}{\partial z}(z,a_3 z + b_3) + \frac{\partial\psi}{\partial t}(z, a_3 z + b_3) = 0 \\ -a_2 + a_3 \frac{\partial\theta}{\partial z}(z,a_3 z + b_3) + \frac{\partial\theta}{\partial t}(z, a_3 z + b_3) = 0 \end{cases} .$$

Ecrivons

$$\psi(z,t) = \lambda z^2 + \mu zt + \nu t^2 + \ldots$$

$$\theta(z,t) = \lambda' z^2 + \mu' zt + \nu' t^2 + \ldots$$

Les équations linéaires tangentes à A) et B) sont alors :

$$b_1 = b_2 = -a_1 + \mu z + 2\nu b_3 = -a_2 + \mu' z + 2\nu' b_3 = 0 \quad .$$

On voit ainsi qu'elles définissent un sous-espace transverse à $a_3 = b_3 = 0$ dans $\mathbb{C}^7$ et le lemme est démontré .

Fin de la preuve de la proposition 3 :

Soit T_o l'intersection de F_2 et $\pi'^{-1}(D)$. Si $u : T_o \hookrightarrow F_2$ et $k : C_o \hookrightarrow S$ sont les injections canoniques, on a un diagramme commutatif :

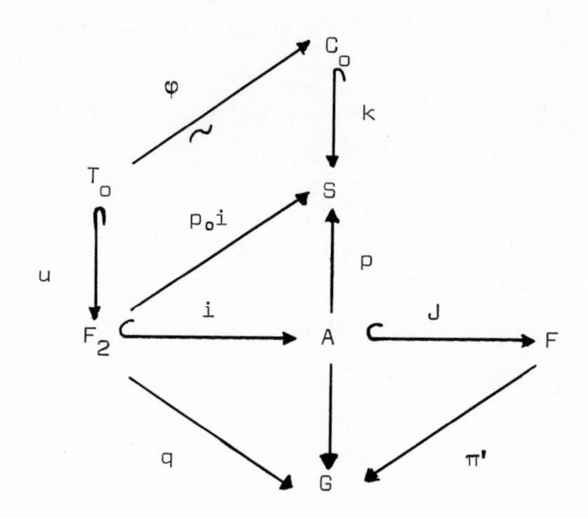

(Notons que φ^{-1} est l'application de C_o dans T_o qui à x associe $(x, T_x C_o)$) .

Puisque C_o , donc T_o est connexe par le théorème de Bertini, le diviseur $u^* i^* p^* \Delta$ sur T_o est de la forme $m*$ où $m \in \mathbb{Z}$ est à déterminer.

Par la formule de projection,

$$m* = u_*(u^* i^* p^* \Delta) = u_*(1) \cdot i^* p^* \Delta \quad .$$

Or $u_*(1)$ est représenté par T_o dans $\mathcal{A}^\bullet(F_2)$ et comme π' est plat , $\pi'^{-1}(D)$ représente $\pi'^* \gamma_2$ dans $\mathcal{A}^\bullet(F)$. D'après le lemme 6 , $T_o = F_2 \cap \pi'^{-1}(D)$ représente $(Ji)^* \pi'^* \gamma_2 = i^* \Gamma_2$ dans $\mathcal{A}^\bullet(F_2)$. On a donc :

$$m* = i^*\Gamma_2 \cdot i^*p^*\Delta = i^*(\Gamma_2 \cdot p^*\Delta) \quad .$$

D'autre part, $u^*i^*p^*\Delta = \varphi^*k^*\Delta$ et par définition , $k^*\Delta$ est le nombre d'intersection de C_o et Δ , soit $e.\Delta$, ce qui prouve la proposition.

Comme corollaire de la proposition 3 , on a les relations

$$(19) \qquad i^*(E\Gamma_2) = n* \quad \text{et} \quad i^*(C_1\Gamma_2) = (3n - \mu)* \quad .$$

Ceci permet de calculer $[q^*c(G) \cdot c(F_2)^{-1}]_3$ dans (17) et l'on a dans $\mathcal{A}^\bullet(F_2)$:

$$(20) \qquad [q^*c(G) \cdot c(F_2)^{-1}]_3 = 20c_1^2 - 12c_2 + 50\mu + 4n^2 - 100n \quad .$$

Par (18) et (14) , on a également

$$q^*q_*(1) = n^2(n - 1)^2 + 2\mu^2 - 2n\mu(n - 1)$$

et la formule du lieu double donne ainsi :

$$2b* = D(q) = 12c_2 - 20c_1^2 + n(n^3 - 2n^2 - 3n + 100) + 2\mu^2 - 2\mu(n^2 - n + 25) \quad .$$

On énonce alors le

<u>THEOREME</u> : Soit S une surface générale de $\mathbb{P}^4$, de degré n et rang μ , de classes de Chern c_1 et c_2 . Alors le nombre b de bitangentes à S est donné par la formule :

$$\boxed{b = 6c_2 - 10c_1^2 + \frac{1}{2}n(n^3 - 2n^2 - 3n + 100) + \mu^2 - \mu(n^2 - n + 25)}$$

BIBLIOGRAPHIE

[1] A.BOREL - F.HIRZEBRUCH : On characteristic classes of homogeneous spaces II, Am. J. Math. 81, 351-382 (1959).

[2] A.BOREL - J.P.SERRE : Le théorème de Riemann-Roch, Bull. Soc. Math. de France t.86, 97-136 (1958).

[3] E.BRIESKORN : Uber holomorphe $\mathbb{P}_n$- Bündel über $\mathbb{P}_1$, Math. Ann. 157, 343-357 (1965).

[4] C.CHEVALLEY - A.GROTHENDIECK - J.P.SERRE : Anneaux de Chow et applications, Séminaire C. Chevalley, 2e année, Secrétariat Math. I.H.P. Paris (1958).

[5] F.HIRZEBRUCH : Topological methods in algebraic geometry, Erg. der Math., Heft 9, Berlin - Heidelberg - New-York , Springer (1966).

[6] D. LAKSOV : Residual intersections and Todd's formula for the double locus of a morphism, Acta Math. 140 (1978), 75-92.

[7] P. LE BARZ : Courbes générales de $\mathbb{P}^3$, à paraître.

[8] J.G. SEMPLE - L. ROTH : Introduction to algebraic geometry, Oxford (Clarendon Press) (1949).

Patrick LE BARZ
Département de Mathématiques
I. M. S. P.
Parc Valrose
06034 Nice-Cédex
FRANCE

COMPLEX COBORDISM AND INTERSECTIONS OF PROJECTIVE VARIETIES

Elmer Rees and Emery Thomas

§1 Introduction

Complete intersections are, in many ways, the best understood and simplest projective varieties. So, it is interesting to know the extent to which a given projective variety differs from a complete intersection. An obvious first step is to ask whether the given variety $X_n \subset P_{n+k}$ is the transverse intersection of a hypersurface H with some smooth variety $Y_{n+1} \subset P_{n+k}$. In this paper we use complex cobordism to study this question for smooth complex varieties. We obtain integrality conditions on the various transverse intersections of X_n with the linear subspaces of P_{n+k}. In the case of high codimension, these conditions can be stated very simply in terms of complex cobordism. When the codimension is lower $(n \geq k+2)$ there are some extra, unstable, restrictions which are analogous to those that we have already studied in [5]; for the case $n = k+2$ of our present problem we study them here. The precise relationship between these unstable restrictions and the problem studied in [5] will be discussed at the end of §3. As well as obtaining these (necessary) integrality conditions we show that they are also sufficient for one to be able to find a "complex normal" submanifold Y such that $Y \cap H = X$. In this introduction we have stressed this particular application, however it is a consequence of a much more general result that we discuss in §2.

§2 General Method

As in any geometric application of cobordism we use the basic constructions due to L. Pontryagin and R. Thom [7]. For convenience, we recall some of these basic concepts of cobordism that will be used here. Our only interest will be in (compact) submanifolds whose normal bundles are complex vector bundles; when this fact needs to be stressed we will call them "complex normal" submanifolds. As usual $BU(k)$ will denote a classifying space for complex k-dimensional vector bundles, one such space is the Grassmannian of codimension k planes in $\mathbb{C}^\infty$. Over $BU(k)$ there is the universal $\mathbb{C}^k$ bundle denoted by γ^k. The universal Thom space $MU(k)$ is obtained by collapsing the boundary of the associated disc bundle of γ^k to a point.

Suppose X_n is a complex normal submanifold of Y_{n+k} (X and

Y need not themselves be complex manifolds or even admit an almost complex structure), the normal bundle ν^k is classified by a map $\nu^k \to \gamma^k$ that is an isomorphism on each fibre. The tubular neighbourhood theorem asserts that the disc bundle, $D\nu$, of ν^k is isomorphic to some closed neighbourhood of X in Y. By collapsing the complement of such a neighbourhood to a point one obtains the Pontryagin-Thom map

$$f_X : Y \to MU(k).$$

The classifying space BU(k) may be regarded, via the zero section, as a subspace of MU(k) and clearly $f_X^{-1} BU(k)$ is X. If $g : Y \to MU(k)$ is a map that is homotopic to f_X and is transverse regular to BU(k), then $g^{-1} BU(k)$ is a submanifold of Y that is cobordant to X. More precisely, $g^{-1} BU(k)$ is "L-equivalent" to X (see [7] for this terminology) which means that if the homotopy between f_X and g is made transverse regular to BU(k), without changing f_X and g, one obtains a cobordism, in X x I, between X and $g^{-1} BU(k)$.

The inclusion $i: BU(k) \to BU(k+1)$ induces a map $\alpha : S^2 MU(k) \to MU(k+1)$ because $i^*\gamma^{k+1} = \gamma^k \oplus 1$. The map α has an adjoint $\tilde{\alpha} : MU(k) \to \Omega^2 MU(k+1)$ which induces maps $[Y, \Omega^{2r} MU(k+r)] \to [Y, \Omega^{2r+2} MU(k+r+1)]$ for $r \geq 0$. The direct limit is the group $MU^{2k}(Y)$ and the map $\tilde{\alpha}$ is sufficiently connected that $MU^{2k}(Y) = [Y, MU(k)]$ if $\dim Y < 4k$. The corresponding homology theory can be defined more directly : an element of $MU_{2k}(Y)$ is represented by a continuous map $f : M^{2k} \to Y$ where M^{2k} is a stably almost complex manifold (that is, the vector bundle $\tau_M \oplus \mathbb{R}^2$ has a complex structure). Two such maps f_1, f_2 represent the same element of $MU_{2k}(Y)$ if there is a cobordism in W between the two manifolds such that $f_1 \cup f_2$ extends over W. For more details on cobordism as a cohomology theory see [1],[2].

Suppose $Y_{n+\ell}$ and Z_{n+k} are two submanifolds of $V_{n+\ell+k}$ that meet transversely in X_n. The product in the cohomology ring $MU^*(V)$ is defined so that

$$[f_Y].[f_Z] = [f_X].$$

Hence, if $X_n \subset Y_{n+\ell} \subset V_{n+k+\ell}$, a necessary condition for there to be a submanifold Z_{n+k} of $V_{n+k+\ell}$ such that X is the transverse intersection of Y with Z is that there be a class $[g] \in MU^{2\ell}(V)$ such that

$$[f_X] = [f_Y].[g].$$

Conversely, suppose there is such a class [g], it corresponds exactly to a map

$$g : V \to \Omega^{2N} MU(\ell+N)$$

for some large N (here ΩA denotes the space of loops in a space A and $\Omega^{2N}A$ the 2Nth iterate of this construction). The map

$$\tilde{\alpha} : MU(\ell) \longrightarrow \Omega^{2N} MU(\ell+N)$$

is $4\ell-1$ connected. Hence if $\dim V<4\ell$ (that is $n+k<\ell$), the class $[g]$ corresponds to a map

$$\tilde{g} : V \longrightarrow MU(\ell).$$

When g is restricted to Y, it is homotopic to the map

$$f_X^Y : Y \longrightarrow MU(\ell)$$

that is defined by X. So, by the homotopy extension property, there is a map $\tilde{g}'$ which is homotopic to $\tilde{g}$ and which extends the map f_X^Y. This implies, by the relative transversality theorem, that there is a submanifold Z such that the (transverse) intersection $Y \cap Z$ is exactly X. This argument works whenever the map g lifts to a map $\tilde{g}$ into $MU(\ell)$. At the end of §3 we consider other conditions for this to happen. To summarize, we have shown

Proposition 1. Suppose $X_n \subset Y_{n+\ell} \subset V_{n+k+\ell}$ are complex normal embeddings. Let $[f_X],[f_Y]$ be the corresponding elements of $MU^*(V)$. If there is $Z_{n+k} \subset V$ that meets Y transversely in X, then

$$[f_X] = [f_Y].[f_Z] \text{ in } MU^*(V).$$

Conversely, if there is a $[g] \in MU^*(V)$ such that

$$[f_X] = [f_Y].[g]$$

and $[g]$ corresponds to a map

$$g : V \longrightarrow MU(\ell)$$

(this is automatic if $n+k<\ell$), then there is such a submanifold Z.

Remark One could have conducted a part of this discussion by considering maps

$$X \longrightarrow Y \longrightarrow V$$

that are not necessarily embeddings. There is no essential difference and this more general situation can, in any case, be reduced to the case of embeddings by considering products of Y and V with suitable complex number spaces.

§3 Complex projective varieties

The discussion is §2 is not directly applicable to particular examples. In this section the results of §2 are translated into terms that can be used for the study of projective varieties, which is the main case of interest. Specific calculations are carried out in §4.

First, recall that

$$MU^*(P_{n+k}) \cong MU_*[y]/(y^{n+k+1})$$

where the class $y \in MU^2(P_{n+k})$ is given by the inclusion $P_{n+k} \subset P_\infty = MU(1)$ and MU_* denotes the complex bordism ring. If $X_n \subset P_{n+k}$ is a projective variety, denote by X_i the projective variety obtained by intersecting X_n transversely with an $(i+k)$-dimensional linear subspace, P_{i+k}. The class $[f_X] \in MU^{2k}(P_{n+k})$ is given by

$$[f_X] = \sum_{i=0}^{n} \xi_i y^{i+k}$$

for classes $\xi_i \in MU_{2i}$. Define $\underline{X}$ to be $\sum_{i=0}^{n} X_i t^i$, $\underline{\xi}$ to be $\sum_{i=0}^{n} \xi_i t^i$ and $\underline{P}_n$ to be $\sum_{i=0}^{n} P_i t^i$. In this notation, Lemma (3.4) of [5] becomes

Lemma 2 In the ring $R_n = MU_*[t]/(t^{n+1})$ one has $\underline{X} = \underline{\xi}.\underline{P}_n$.

Note that $\underline{P}_n$ is invertible in the ring R_n and so $\underline{\xi} = \underline{X}.\underline{P}_n^{-1}$.

Specializing Proposition 1 gives

Theorem 3 Let $X_n \subset Y_{n+\ell} \subset P_{n+k+\ell}$ be complex normal embeddings. If $Z_{n+k} \subset P_{n+k+\ell}$ is a complex normal embedding such that Z meets Y transversely in X, then $\underline{X} = \underline{Y}.\underline{Z}.\underline{P}_n^{-1}$ in R_n; in particular

$$\underline{X}.\underline{Y}^{-1} \in R_n.$$

Conversely, if $n+k<\ell$ and $\underline{X}.\underline{Y}^{-1} \in R_n$ then there is such a submanifold Z.

This theorem is an integrality theorem; $\underline{X}.\underline{Y}^{-1}$ is a polynomial in the ring $R_n \otimes \mathbb{Z}[1/d]$ where $d = Y_0$ is the degree of Y. The condition $\underline{X}.\underline{Y}^{-1} \in R_n$ is that it is an 'integral' polynomial.

Corollary 4 If $X_n \subset P_{n+k+\ell}$ is the complete intersection of the hypersurfaces $H_1, H_2, \ldots, H_k$ then in R_n one has

$$\underline{X} = \underline{H}_1.\underline{H}_2 \ldots \underline{H}_k.\underline{P}_n^{1-k}.$$

Now consider the unstable cases, when $n+k \geq \ell$. If the integrality condition '$\underline{X}.\underline{Y}^{-1} \in R_n$' is satisfied one obtains a map

$$g : P_{n+k+\ell} \longrightarrow \Omega_\ell = \Omega^{2N} MU(N+\ell)$$

and one would like to lift g to a map

$$\tilde{g}: P_{n+k+\ell} \longrightarrow MU(\ell).$$

The obstructions to being able to do this have been analyzed in [5].

When $n+k = \ell$ there is only one obstruction, in the notation of [5] it is

$$\Gamma_0(g)^2 - \Gamma_\ell(g) \qquad (*)$$

The map g is given by the formula

$$[g] = \sum_{i=0}^{n+k} \zeta_i y^{i+\ell}$$

and the only restriction on it is that $\underline{\zeta}.\underline{P}_n^{-1} = \underline{X}.\underline{Y}^{-1}$ in the ring R_n. So for $n+1 \leq i \leq n+k$, the classes ζ_i can be chosen arbitrarily. This can be interpreted by saying that the obstruction (*) has indeterminacy. By [5,(3.6)-(3.8)], the obstruction is

$$\zeta_0{}^2 - \sum_{i=0}^{\ell} c_i(\zeta_i)\binom{\ell+i}{2i}.$$

One notes that $\ell = n+k$. In [4] it is proved that all the classes $c_i(\zeta_i)$, for fixed i, are divisible precisely by $2^{\rho(i)}$ where $\rho(i)$ is the numerical function $\min\{k \mid \alpha(i+k) \leq 2k\}$ [$\alpha(r)$ is the number of ones in the dyadic expansion of r]. The indeterminacy of the obstruction is therefore determined by the integer

$$\gamma_{\ell,n} = \underset{n+1 \leq i \leq \ell}{\text{h.c.f.}} \left\{\binom{\ell+i}{2i} 2^{\rho(i)}\right\}.$$

Clearly $\gamma_{\ell,n}$ is a power of two because it divides $2^{\rho(\ell)}$. It equals $2^{\rho(\ell)}$ when $n+1 = \ell$ and also divides $2^{\rho(\ell-1)}$ when $n+1 < \ell$.

<u>Theorem 5</u> If $X_n \subset Y_{n+\ell} \subset P_{n+k+\ell}$ are complex normal embeddings with $n+k = \ell$, necessary and sufficient conditions for the existence of a Z_{n+k} that meets Y transversely in X are

i) $\underline{X}.\underline{Y}^{-1} \in R_n$

ii) $\underline{\zeta} = \underline{X}.\underline{Y}^{-1}.\underline{P}_n$ satisfies

$$\sum_{i=1}^{n} c_i(\zeta_i)\binom{\ell+i}{2i} \equiv \zeta_0{}^2 - \zeta_0 \mod \gamma_{\ell,n}$$

The unstable condition, ii) of Theorem 5, is rather similar to the obstructions to smoothability considered in [5]. Precisely, the obstruction in $\Pi_{4m-1}MU(m)$ for smoothing the cone on a variety $X_{m-1} \subset P_{2m-1}$ is obtained as a special case of Theorem 5: put $n=m-1$, $k=m+1$ and $Y_{n+\ell} = P_{2m-1}$. The manifold Z is the (potential) smoothing of the cone on X. When $X_{m-1} \subset P_{2m-r} = Y_{2m-r}$ and $k = m+1$, Theorem 5 gives the obstruction to smoothing the projective join of X with P_{r-1} in P_{2m}. This latter problem can be analyzed in much the same way as the problem in [5]. The obstructions to smoothing the projective join lie in the set of homotopy classes

$$[S\big((2m-r+1)H_{r-1}\big) \; ; \; MU(m-r+1)]$$

where $S(t\,H_s)$ denotes the sphere bundle of the Whitney sum of t copies of the Hopf line bundle H_s over P_s. When $r-1 < m-r+1$, this homotopy set is isomorphic to

$$[S\big((2m-r+1)H_{r-1}\big)/P_{r-1} \; ; \; MU(m-r+1]$$

The space $S\big((2m-r+1)H_{r-1}\big)/P_{r-1}$ is $(4m-1)$-dimensional and $(4m-2r+1)$-connected, so when $m > 2r-2$ it is a suspension space. This makes the homotopy set into a group and is thus calculable. Results like those of [5] can then be deduced.

§4 Examples

We will consider a submanifold $X_n \subset P_{n+k}$ and ask whether there is a submanifold $Z_{n+1} \subset P_{n+k}$ such that X is the transverse intersection of Z with a given hypersurface H. Of course, X itself may not lie in any hypersurface, however for sufficiently large k one can always deform X so that it lies in a given hypersurface H. From §3 we see that the important condition is that $\underline{X}.\underline{H}^{-1} \subset R_n$. This condition gives $(n+1)$ integrality restrictions, the first of these is that the degree of H divides the degree of X, which is clearly a necessary restriction. The condition $\underline{X}.\underline{H}^{-1} \in R_n$ can therefore be regarded as an extension of this restriction on the degree. We call X an <u>H(d) intersection</u> if X is the transverse intersection of a submanifold $Z \subset P_{n+k}$ with a hypersurface $H(d)$ of degree d.

The first case of interest is when $n = 1$. So, let X be a curve of degree de and genus g.

<u>Proposition 6</u> X is an $H(d)$ intersection in $P_m, m \geq 3$, if and only if

$$g \equiv 1 + \binom{d}{2}e \mod d.$$

It follows that a rational curve is an $H(d)$ intersection only if $d=1$ or $d=2$ and e is odd, and that an elliptic curve is such only if d is odd or e is even.

<u>Proof</u> Recall that MU_2 is infinite cyclic and that the isomorphism with $\mathbb{Z}$ is given by

$$X \longmapsto \tfrac{1}{2} c_1(X).$$

However $c_1(X) = -\chi(X) = 2g-2$ so that the isomorphism is given by $X \longmapsto g-1$. (We are using <u>normal</u> Chern classes)

Given $X \subset P_m$ one has $\underline{X} = X_0 + X_1 t$ where $X_0 = de$ and X_1 is the bordism class of X. For a hypersurface $H(d)$ one has $\underline{H} = H_0 + H_1 t + H_2 t^2 + \ldots$ where H_i is the bordism class of the hypersurface of degree d in P_{i+1} and $H_0 = d$. So in the ring R_1

$$\underline{X}.\underline{H}^{-1} = (de + X_1 t)(d + H_1 t)^{-1} = e + \frac{1}{d}(X_1 - H_1 e)t$$

Hence the condition is that $X_1 \equiv H_1 e \mod d$ in MU_2, that is, $g(X_1)-1 \equiv g(H_1)e - e \mod d$. However $g(H_1) = (d-1)(d-2)/2$ which makes the condition

$$g \equiv 1 + e\,d(d-3)/2 \mod d.$$

This is easily seen to be the same as the given condition.

The proof is now completed for $m \geq 5$ by using Theorem 3 with $n=1$, $Y_{\ell+1} = H(d)$, $m = \ell+2$ and $k = 1$. When $m=4$, the further unstable obstruction of Theorem 5 vanishes because the indeterminacy is total, so the result follows. When $m=3$ the result follows as for the classical results see, for example, [6].

Now we consider surfaces X_2. The group MU_4 is isomorphic to $\mathbb{Z} + \mathbb{Z}$, an isomorphism being given by

$$X \longmapsto (td(X), \sigma(X))$$

where $td(X)$ is the Todd genus of X and $\sigma(X)$ is the signature of X. In terms of the normal Chern numbers c_1^2, c_2 one has

$$td(X) = \frac{1}{12}(2c_1^2 - c_2)\ , \quad \sigma(X) = \frac{1}{3}(2c_2 - c_1^2)\ .$$

Note that $td(P_1 \times P_1) = 1$, $\sigma(P_1 \times P_1) = 0$ and $td(P_2) = 1$, $\sigma(P_2) = 1$; so that $P_1 \times P_1$ and P_2 are generators for MU_4.

<u>Proposition 7</u> The almost complex surface $X_2 \subset P_m$ is an $H(d)$ intersection, for $m \geq 6$, if and only if

i) X_1 is an $H(d)$ intersection, that is

$$td\,X_1 = df + \binom{d}{2}e \quad \text{for some } f \in \mathbb{Z}$$

and ii)

$$td\,X_2 \equiv \binom{d}{2}f + \binom{d}{3}e \mod d$$

$$\sigma X_2 \equiv \binom{d}{3}e \mod d.$$

Proof Consider $\underline{X}.\underline{H(d)}^{-1} = e + \frac{1}{d}(X_1 - eH_1)t + \frac{1}{d^2}(dX_2 - H_1X_1 + eH_1^2 - deH_2)$. The condition is that this be integral. Let g = genus X, then $td\,X_1 = 1-g$. The condition that X_1 is an H(d) intersection, which is that $X_1 - eH_1$ is divisible by d, becomes

$$td\,X_1 \equiv -\binom{d}{2}e \mod d.$$

Both td and σ are ring homomorphisms from MU_* to Z, so the two dimensional integrality condition may be written as

$$d\,td\,X - td\,H_1\,td\,X_1 + e(td\,H_1)^2 - de\,td\,H_2 \equiv 0 \mod d^2$$

and $\quad \sigma X - e\,\sigma\,H_2 \equiv 0 \mod d.$

To proceed with this calculation, one needs

Lemma 8

i) $td\,H_1 = \frac{1}{2}d(3-d)$

ii) $td\,H_2 = \frac{1}{6}d(d^2 - 6d + 11)$

$\sigma\,H_2 = \frac{1}{3}d(4 - d^2)$

Proof i) is immediate because the genus g of H_1 is $\binom{d-1}{2}$ and the Todd genus of a curve is 1-g.

ii) Let $i : H_2 \to P_3$ be the inclusion and $H^*(P_3) \cong \mathbb{Z}[a]/(a^4)$. Then

$$1 + c_1H_2 + c_2H_2 = i^*(1-4a + 10a^2)(1 + da)$$

But, $i^*a^2 = d[H_2]$; so, as integers, one has

$$c_2H_2 = 2d(5-2d) \quad \text{and} \quad c_1^2 H_2 = d(d-4)^2$$

The results ii) are now immediate using the formulae for td and σ given previously.

A simple calculation now shows that the two dimensional integrality conditions are equivalent to those given in Proposition 7.

When $m \geq 7$, the result of Proposition 7 follows from Theorem 3. When $m = 6$ one uses Theorem 5 with $k = 1$, $n = 2$ and $n = 3$; the indeterminacy for the lifting obstruction is given by $\gamma_{3,2} = 2$ and thus is total.

As a particular case of this result let us consider rational surfaces X. These have the property that $td\,X = 1$. A calculation shows that X cannot be an H(d) intersection unless $d = 1,2,3,$ or 6 because these are the only values of d for which h.c.f. $\left\{d,\binom{d}{2},\binom{d}{3}\right\}=1$.

If X is the projective plane then one can also use the integrality condition on the signature to eliminate the cases $d=2,6$. When $d=3$, the Todd genus condition shows that $e\equiv 1(3)$ and the signature condition shows that $e\equiv -1(3)$ thus this case cannot occur either. So P_2 can be an $H(d)$ intersection only for $d=1$.

If X is the quadric, σX vanishes. In this case X can only be an $H(d)$ intersection for $d=1$ or 2.

Similar results can be obtained for other examples of complex surfaces.

In this discussion of specific examples we have only considered positive degrees, however if one is interested in topological embeddings they might occur with any integer as degree. The results are very similar in this more general situation.

For curves and surfaces, only the signature and Todd genus occur in the integrality conditions. To show that these conditions are necessary one probably does not need complex cobordism, but it seems to make the calculations easier. We will now derive the condition on the Todd genus for a manifold of any dimension; the similar result for the signature is stated at the end.

Lemma 9 Let $H_n(d)$ be a hypersurface of degree d in P_{n+1}, then

$$\operatorname{td} H_n(d) = d - \binom{d}{2} + \binom{d}{3} \;\cdots\cdots\; \pm \binom{d}{n+1}.$$

Proof Following Hirzebruch [3] we have that if $H^*(P_{n+1}) = \mathbb{Z}[a]/(a^{n+2})$, H is the canonical bundle on P_{n+1} and $i : H_n(d) \longrightarrow P_{n+1}$ is the inclusion, then

$$\begin{aligned}\operatorname{td} H_n(d) &= i^*\left(\operatorname{td} P_{n+1}\, \operatorname{td}(H^d)^{-1}\right)\\ &= i^*\left(\frac{a^{n+2}}{(1-e^{-a})^{n+2}}\cdot\frac{(1-e^{-da})}{da}\right)[H_n(d)]\\ &= \operatorname*{Res}_{a=0} \frac{1-e^{-da}}{(1-e^{-a})^{n+2}}\circ(da)\\ &= \operatorname*{Res}_{b=0} \frac{1-(1-b)^d}{(1-b)\,b^{n+2}}\cdot(db) \qquad \text{where } b = 1-e^{-a}\\ &= d - \binom{d}{2} + \binom{d}{3} - \cdots \pm \binom{d}{n+1}.\end{aligned}$$

Proposition 10 If $X_n \subset P_{n+\ell}$ is an $H(d)$ intersection, then there are integers $e_0, e_1, \ldots, e_n$ such that

$$\mathrm{td}\, X_k = d\, e_k + \binom{d}{2} e_{k-1} + \ldots + \binom{d}{k+1} e_0$$

for each $1 \le k \le n$, where X_k is the transverse intersection of X with a linear subspace of $P_{n+\ell}$.

Proof The assumption is that there is a Z_{n+1} such that $Z_{n+1} \cap H_{n+\ell-1}(d) = X_n$. So in the notation of Theorem 3 one has $\underline{X} = \underline{Z}.\underline{H(d)}.\underline{P}_n^{-1}$. As td is a ring homomorphism, one obtains

$$\mathrm{td}\, \underline{X} = \mathrm{td}\, \underline{Z} \;.\; \mathrm{td}\, \underline{H(d)}.\, \mathrm{td}\, \underline{P}_n^{-1}$$

But, from Lemma 9, one has

$$\mathrm{td}\, \underline{H(d)} = \left\{1-(1-t)^d\right\}(1-t)^{-1}\, t^{-1} .$$

Rewriting $\mathrm{td}\, \underline{Z}.\ \mathrm{td}\, \underline{P}_n^{-1}.(1-t)^{-1}$ as $(e_0 - e_1 t + e_2 t^2 - e_3 t^3 + \ldots.)$ one obtains the result.

We also state the corresponding result for the signature. The proofs are similar to those for td.

Lemma 11

$$\sigma\, \underline{H(d)} = \frac{(1+t)^d - (1-t)^d}{(1+t)^d + (1-t)^d} \cdot \frac{1}{t(1-t^2)}$$

Using this result one can derive the following iterative formula for $\sigma H_{2n}(d)$:

Let $\sigma' H_{2n}(d) = \sigma H_{2n}(d) - 1$, then

$$\sigma' H_{2n}(d) = \binom{d-1}{2n+1} - \binom{d}{2n}\sigma' H_0(d) - \binom{d}{2n-2}\sigma' H_2(d) - \ldots - \binom{d}{2}\sigma' H_{2n-2}(d).$$

Proposition 12 If X_n is an $H(d)$ intersection, there are integers $f_0, f_1, \ldots, f_m$ where $m = [n/2]$, such that

$$\sigma X_{2k} = d f_k + \binom{d}{3} f_{k-1} + \binom{d}{5} f_{k-2} + \ldots. + \binom{d}{2k+1} f_0 .$$

for each $1 \le k \le [n/2]$.

References

1. J. F. Adams 'Stable homotopy and generalised homology.' University of Chicago Press (1974).
2. P. E. Conner and E. E. Floyd 'Differentiable periodic maps.' Springer-Verlag (1964).
3. F. Hirzebruch 'Topological Methods in algebraic geometry.' Springer-Verlag (1966).
4. E. Rees and E. Thomas 'On the divisibility of certain Chern numbers.' Quart. J. Math. (to appear)
5. E. Rees and E. Thomas 'Cobordism obstructions to deforming isolated singularities.' Math. Annalen. (to appear)
6. J. Semple and L. Roth 'Introduction to algebraic geometry.' Oxford University Press (1949).
7. R.Thom 'Quelques propriétés globales des varietés differentiables' Comm. Math. Helv. 28 (1954) 17-86.

St. Catherine's College
Oxford

and

University of California
Berkeley

During the preparation of this paper both authors were partially supported by NSF grants.

ANALYCITE SEPAREE ET PROLONGEMENTS ANALYTIQUES.

(d'après le dernier manuscrit de W. ROTHSTEIN)

G. DLOUSSKY

Introduction:

Le dernier manuscrit de W. ROTHSTEIN [13] est composé de trois parties : La première est consacrée à des problèmes de prolongement par analyticité séparée, la deuxième au prolongement de sous-ensembles analytiques contenus dans des ouverts (de $\mathbb{C}^n$ ou d'un espace analytique) vérifiant certaines propriétés de concavité, enfin la troisième aux singularités essentielles de sous-ensembles analytiques, leur contenu peut être résumé de la façon suivante:

lère partie : Elle débute par des rappels de théorie du potentiel et les résultats, qui se trouvent pour l'essentiel dans [5], tournent autour des propriétés des fermés de capacité positive et des fonctions surharmoniques (voir Déf. 1.1 et lemmes 1.3,1.4). On s'intéresse alors au prolongement par analyticité séparée des fonctions holomorphes et méromorphes, ainsi qu'à la comparaison des rayons d'analyticité (ou méromorphie) de Hartogs (qui est précisément surharmonique) et de Hadamard (Déf.1.2 , th. 1.6,1.8) : c'est une "refonte" de [5] et [6]. L'origine des raffinements proposés est le classique résultat suivant : si $f(w,z)$ est une fonction méromorphe sur le polydisque unité de $\mathbb{C}^2$ et pour tout z , $f(.,z)$ se prolonge méromorphiquement au disque $\Delta(r)$ de rayon $r > 1$, alors $f(w,z)$ se prolonge méromorphiquement à $\Delta(r) \times \Delta$.

L'auteur généralise les résultats concernant les fonctions, aux revêtements ramifiés finis ainsi qu'aux fonctions analytiques définies sur une famille de domaines de Riemann (th. 1.10 et 1.12); il mentionne l'application suivante de ce dernier cas (voir [11] § 2 Satz 2 et § 3)

Théorème : Soit $G \subset \mathbb{C}^n$ un domaine borné de $\mathbb{C}^n$ qui est le domaine d'holomorphie d'une fonction analytique f et $Q \subset \mathbb{C}$ l'ensemble des points $c \in \mathbb{C}$ pour lesquels $M(c) = \{w \in G \mid f(w) = c\}$ a une composante irréductible qui se prolonge en un point de la frontière de G . Alors : Q est de capacité intérieure nulle.

2ème partie : Elle fait la synthèse des articles [8], [9] et [10] dont elle améliore certains résultats (ceux sur les prolongements globaux notamment). On commence par s'intéresser au cas d'un ensemble analytique de dimension pure $s \geq r+1$ au voisinage d'un point frontière p d'un ouvert Ω de $\mathbb{C}^n$, où $\partial\Omega$ est r-concave (Déf. 2.2) . Les difficultés techniques sont rassemblées dans un "lemme de projection" (lemme 2.4) qui permet de ramener le problème du prolongement d'un ensemble analytique de dimension pure $s \geq r+1$ à celui du prolongement d'un revêtement ramifié fini d'un ouvert de Hartogs (Hartogsfigur Déf. 2.3) à tout le polydisque : on obtient ainsi le prolongement local en un point de r-concavité (th. 2.5) (Cf [1]).

On aborde ensuite le problème du prolongement de sous-ensembles analytiques en des points p situés simultanément sur la frontière de deux (ou plus) domaines r-concaves en p... ce qui ne va pas sans mal puisqu'on peut donner l'exemple de deux ouverts D_1 et D_2 de $\mathbb{C}^4$ 2-concaves en un point $p \in \partial D_1 \cap \partial D_2$ et d'un sous-ensemble analytique $A^* \subset D_1 \cup D_2$ de dimension 3 pour lequel existe un "prolongement" A tel que $A \cap (D_1 \cup D_2) \supsetneq A^*$ mais pour lequel on ne peut pas avoir de prolongement "direct" (Direkte Fortsetzung) c'est-à-dire tel que la trace sur $D_1 \cup D_2$ soit exactement A^* .

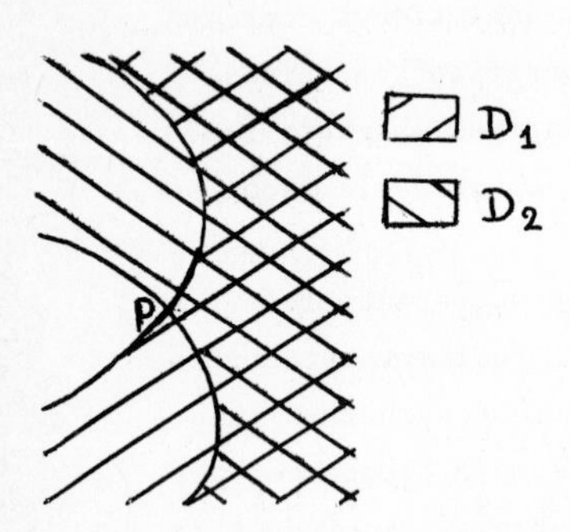

Dans ce type de situation, des conditions suffisantes sont données (Prop. 2.7) pour assurer l'existence et l'unicité d'un prolongement; de plus si D_1 et D_2 sont 1-concaves ($\partial D_1 \cap \partial D_2$ est appelé dans ce cas "arête"), on obtient un résultat plus fort (th. 2.9) qu'on utilise dans le § 3 pour obtenir des prolongements globaux dans le cas essentiel des ouverts de Hartogs : en effet on "approche" l'ouvert de Hartogs par un ouvert intersection d'ouverts 1-concaves. Comme aux points-frontière on sait prolonger localement cela permet de "remplir" tout l'ouvert de Hartogs. Plus précisément, on a le théorème suivant qui améliore le résultat analogue de [8] :

Théorème : soit M un ensemble analytique de dimension pure $k \geqslant r+1$ dans l'ouvert de Hartogs de $\mathbb{C}^n$:

$$H = \{(x,y) \mid \forall i, 1 \leqslant i \leqslant r, |x_i| < \varepsilon; \forall j, r+1 \leqslant j \leqslant n, |y_j| < 1\}$$

$$\cup \{(x,y) \mid \forall i, 1 \leqslant i \leqslant r, |x_i| < 1; \exists j, r+1 \leqslant j \leqslant n, \rho < |y_j| < 1\}$$

où $\varepsilon, \rho > 0$.

Alors : il existe un unique ensemble analytique $\hat{M}$ dans le polydisque unité Δ^n de dimension pure r tel que $\hat{M} \cap H = M$.

Tous les résultats précédents sont généralisés aux espaces analytiques. On définit pour cela deux notions de concavité pour lesquelles on obtient des résultats de même type que dans le cadre de $\mathbb{C}^n$; de même l'auteur s'intéresse à des domaines de $\mathbb{C}^n$ de types particuliers dont certains ont déjà été étudiés dans [10], notamment des domaines auxquels on a enlevé un fermé "mince" (Gebiet mit Schlitzen). Dans le cas des espaces analytiques comme dans le cas de ces domaines l'étude suit le schéma : prolongement local en un point de r-concavité-prolongement local en un point situé sur une arête-prolongement global. Cette étude débouche sur l'application à $\mathbb{P}^n$ suivante :

Théorème : Soit $A \subset \mathbb{P}^n$ une sous-variété algébrique irréductible de dimension s et U un voisinage de A. Soient $B_j \subset \mathbb{P}^n$ $(j = 1,\ldots,\ell)$ des sous-variétés algébriques de dimension quelconque. Enfin soit $M \subset U \setminus (A \cup (\cup B_j))$ un sous-ensemble analytique irréductible vérifiant $\dim M \geqslant k$ $(k+s = n+1)$ et $\overline{M} \cap A \neq \emptyset$.

Alors : M se prolonge en un ensemble analytique $\mathfrak{M}$ dans $\mathbb{P}^n \setminus (A \cup (\cup B_j))$ tel que $\dim \mathfrak{M} = \dim M$ et qui coïncide avec M dans un voisinage de A.

3ème partie : Nishino [3] et Tadokoro [15] ont montré que si E est un fermé r-pseudoconcave (Déf. 3.1) dans un ouvert Ω de $\mathbb{C}^n$, alors le fermé $E' \subset E$ formé des points de E où E n'est pas localement un ensemble analytique, est également r-pseudoconvave.

Rothstein redémontre ce résultat, puis à l'aide d'un principe du maximum sophistiqué en déduit le

Théorème : soit A un fermé d'un domaine G de $\mathbb{C}^n$ et M un sous-ensemble analytique de dimension pure r dans $G \setminus A$. On suppose qu'il existe sur M une fonction u plurisousharmonique telle que $0 \geq u(p) \not\equiv -\infty$ et $u(p) \to -\infty$ lorsque $p \to A$. Dans ces conditions l'ensemble $S^* \subset A$ des singularités de $\overline{M}$ est un fermé r-pseudoconcave.

On peut remarquer que si en particulier A est un sous-ensemble analytique de G, le théorème précédent peut être appliqué. C'est un des rares résultats avec un résultat classique de BISHOP, s'appliquant au cas ou $\dim M < \dim A$.

Ce manuscrit est une synthèse inachevée des travaux de Rothstein, les résultats de [7], [11], [12] n'y étant pratiquement pas abordés. Cependant [11] devrait faire suite à la première partie, [7] et [12] à la troisième.

J'essaie de faire apparaître quelques méthodes de démonstration des résultats importants qui cependant ne se situent pas trop loin dans l'enchevêtrement du texte; quelques points demandant des développements trop longs sont omis.

1.- Prolongements par analyticité séparée :

1.1. Quelques définitions :

Considérons une partie compacte P du disque unité Δ_z de $\mathbb{C}$ et soit G le domaine de $\Delta_z \setminus P$ dont la frontière contient $\partial\Delta$. Notons $\varphi : \Delta_w \to G$ le revêtement universel de G ; l'ensemble $\{|z| = 1\}$ contenu dans ∂G correspond à une suite d'arcs (K_ν) de $\{|w| = 1\}$. Définissons alors la fonction Ψ sur $\{|w| = 1\}$ par :

$$\Psi(e^{i\theta}) = 0 \quad \text{si} \quad e^{i\theta} \in \cup K_\nu$$
$$= 1 \quad \text{sinon}$$

L'intégrale de Poisson de Ψ est une fonction harmonique Ω dans Δ_w dont les valeurs sont comprises entre 0 et 1.
Vu la définition de Ψ et l'invariance du noyau de Poisson par les automorphismes du disque il existe une fonction harmonique $\omega(z,P,G)$ dans G telle que $\omega(z,P,G) \circ \varphi = \Omega$ appelée la mesure harmonique de P par rapport à G.

Définition 1 (voir [2], ou [12] p. 168)

1) soit P un compact du disque unité Δ_z. On dit que P est de capacité positive (resp. de capacité nulle) si $\omega(z,P,G) > 0$ (resp. $\omega(z,P,G) \equiv 0$)

2) soit P un fermé du disque unité Δ_z. On dit que P est de capacité positive s'il existe $0 < r < 1$ tel que la capacité de $P \cap \{|z| \leqslant r\}$ soit positive, de capacité nulle dans le cas contraire.
On notera suivant le cas $\text{cap } P > 0$ ou $\text{cap } P = 0$.

3) Un sous-ensemble Q du disque unité Δ_z est dit de capacité intérieure nulle si tout fermé $P \subset Q$ est de capacité nulle.

Remarques a) dans 1) la dichotomie $\omega > 0$ ou $\omega \equiv 0$ est une conséquence du principe du minimum.

b) Les courbes de Jordan sont des fermés de capacité positive.

c) Une propriété fréquemment utilisée est la suivante :

si $P = \bigcup_{m=0}^{\infty} \overline{P_m}$ avec $\text{cap } P > 0$ alors il existe m_o tel que $\text{cap } \overline{P_{m_o}} > 0$

Définition 2 Considérons une fonction $f(w,z)$ méromorphe dans $\Delta_w^n \times \Delta_z$.
Pour tout $z \in \Delta_z$ on définit :

1) $R(z)$ (resp. $M(z)$) comme étant la borne supérieure des réels $r > 0$ pour lesquels il existe un voisinage de $\{(w,\zeta) \mid |w_i| < r,\ i = 1,\dots,n, \zeta = z\}$ sur lequel f se prolonge holomorphiquement (resp. méromorphiquement).

2) $\rho(z)$ (resp. $\mu(z)$) comme étant la borne supérieure des réels $r > 0$ pour lesquels $f(.,z)$ se prolonge holomorphiquement (resp. méromorphiquement) à $\{w \mid |w_i| < r,\ i = 1,\dots,n\}$.
On appelle $R(z)$ (resp $M(z)$) le rayon d'holomorphie (resp. méromorphie) de Hartogs et $\rho(z)$ (resp. $\mu(z)$) le rayon d'holomorphie (resp. méromorphie) de Hadamard.

1.2. Concernant les capacités des fermés, on a les deux lemmes suivants utilisés dans la suite :

Lemme 3 : Soit P un fermé de Δ_z de capacité positive. Alors il existe $a \in P$ ayant la propriété suivante :
si A et e sont deux réels > 0, il existe un voisinage $V(a)$ de a tel que pour toute fonction surharmonique $h \geqslant 0$ dans Δ_z qui vérifie $h(z) \geqslant A$ sur P, on a :

$$h(z) > A - e \quad \text{sur } V(a)$$

Lemme 4 : Soit J une courbe de Jordan fermée de Δ_z et $h(z)$ une fonction surharmonique $\geqslant 0$. On suppose que Q est un fermé de J de capacité nulle pour lequel $h(c) \geqslant A$ pour tout $c \in J \setminus Q$.
Alors : $h(z) \geqslant A$ pour tout $z \in J$.

Pour les démonstrations de ces lemmes, on se reportera à [5] . Concernant les rayons de Hartogs, on rappelle que $-\text{Log}R$ et $-\text{Log}M$ sont plurisousharmoniques.(cf. [4]).

1.3. On compare dans ce paragraphe les rayons de Hartogs et de Hadamard. Dans toutes les démonstrations, on se limite au cas de fonctions à deux variables, cependant les théorèmes sont donnés dans toute leur généralité.

Le lien entre les rayons de Hartogs et de Hadamard se situe dans l'observation évidente suivante : soit $f(w,z) = \sum_{k=0}^{\infty} c_k(z)w^k$ une fonction holomorphe dans $\Delta_w \times \Delta_z$ et $c \in \Delta_z$ tel que la série $f(w,c) = \sum_{k=0}^{\infty} c_k(c)w^k$ converge dans $\{|w| < q'\}$ où $q' > 1$. Alors si q vérifie $1 < q < q'$, chacune des sommes partielles $s_m(w,z) = \sum_{k=0}^{m} c_k(z)\, w^k$ est une fonction analytique dans un voisinage de $\{z = c\} \times \{|w| < q\}$. Comme on va vouloir faire converger la suite (s_m), ceci justifie la présence de la

Proposition 5 Soit P un fermé de capacité > 0 dans Δ_z et $(f_n(w,z))_n$ une suite de fonctions holomorphes de $\Delta_w \times \Delta_z$. On suppose que :

1) (f_n) converge uniformément dans $\Delta_w \times \Delta_z$.

2) Pour tout $c \in P$, $f_n(w,c)$ est holomorphe dans $\{|w| < q'\}$ $(q' > 1)$ et la suite $(f_n(w,c))$ converge uniformément dans $\{|w| < q'\}$.

Alors : Pour tout $q < q'$ il existe $a \in P$ et $V(a)$ un voisinage de a tel que dans $\{|w| < q\} \times V(a)$ les fonctions $f_n(w,z)$ soient holomorphes et convergent uniformément.

□ démonstration :

a) On peut supposer qu'il existe une constante $N > 0$ telle que pour tout n , tout $c \in P$ et tout w vérifiant $|w| < q'$ on ait : $|f_n(w,c)| < N$:
Il suffit pour cela de remarquer que si $P(m)$ désigne l'ensemble des $c \in P$ tels que pour tout n et tout w vérifiant $|w| < q''$ $(q < q'' < q')$ on a $|f_n(w,c)| \leqslant m$, alors $P = \bigcup_{m=1}^{\infty} P(m)$.
On conclut grâce au théorème de Vitali.

b) Supposons que les $f_n(w,z)$ soient holomorphes dans un voisinage de $\{|w| < q''\} \times P$. Grâce à la surharmonicité de $R(z)$ et au lemme 3 , il existe $a \in P$ et $V(a)$ tels que sur $\{|w| < q\} \times V(a)$ les fonctions $f_n(w,z)$ soient toutes holomorphes et bornées par N. Comme la suite $(f_n(w,z))$ converge uniformément sur $\Delta_w \times V(a)$,elle converge uniformément sur $\{|w|< q\}\times V(a)$.

c) On écrit $f_n(w,z) = \sum_{k=0}^{\infty} c_k(z)w^k$. Comme les sommes partielles vérifient les conditions de b) cela permet d'obtenir le résultat.□

De la proposition 5 , on déduit le

Théorème 6 : Soit $f(w,z)$ holomorphe dans $\Delta^n_w \times \Delta_z$ et Q l'ensemble de tous les points $c \in \Delta_z$ pour lesquels $R(c) < \rho(c)$. Alors : Q est de capacité intérieure nulle.

□ Démonstration :

a) On commence par déduire immédiatement de la proposition 5 que si $\rho(c) \geqslant q$ pour tout $c \in P$ fermé de capacité > 0 , alors l'ensemble des points $a \in P$ pour lesquels $R(a) < q$ est de capacité intérieure nulle (on prendra pour cela la suite constante où $f_n(w,z) = f(w,z)$).

b) Si F est un fermé de capacité > 0 contenu dans Q on peut écrire $F = \cup F(q,q',A)$, où q,q',A sont des rationnels > 0 et $F(q,q',A)$ l'ensemble des $c \in F$ tels que $\rho(c) > q' \gg q > R(c)$ et $|f(w,c)| \leqslant A$ dans $\{|w| < q'\}$; on en déduit qu'il existe q_*,q'_*,A_* tels que $\text{cap}\ \overline{F(q_*,q'_*,A_*)} > 0$ et on conclut grâce au théorème de Vitali.□

On suppose maintenant que $f(w,z)$ est une fonction méromorphe de $\Delta_w \times \Delta_z$ et que pour $c \in P$ un fermé de capacité > 0 , la fonction $f(w,c)$ est méromorphe dans $\{|w| < q'\}$ $(q' > 1)$,lorsque $\{z = c\}$ n'est pas un pôle de $f(w,c)$.
Dans ces conditions, on a le

Lemme 7 Pour tout $q < q'$, il existe $a \in P$ et un voisinage $V(a)$ de a tel que $f(w,z)$ soit méromorphe dans $\{|w|< q\} \times V(a)$.

□ La démonstration consiste à se ramener au cas où il existe un entier S, des points $a_1,\dots,a_s \in \{|w|<q\}$ à coordonnées rationnelles, des rationnels $0 < d' < d$, $A > 0$,$B > 0$ tels que pour tout $c \in P$, $f(w,c)$ ait S pôles contenus dans les disques disjoints $K_s = \{|w - a_s| < d\}$, sur $\cup K_s$ on ait $|f(w,c)| \geq B$, et sur $H = \{|w| < q\} \setminus \cup K'_s$ où $K'_s = \{|w - a_s| < d'\}$ on ait $|f(w,c)| \leq A$.

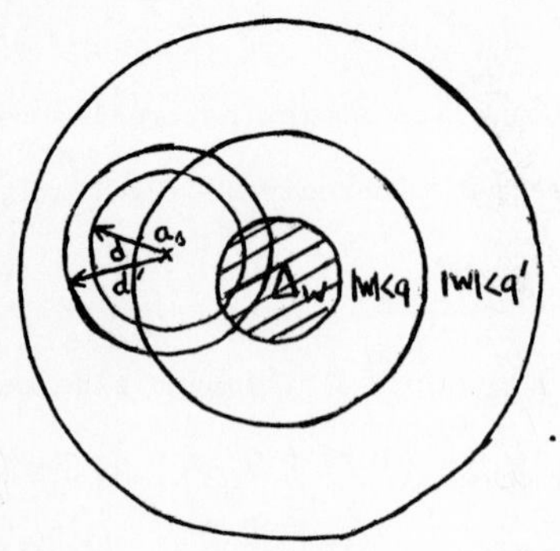

On recouvre alors $\overline{H} \setminus \Delta_w$ par un nombre fini N de disques U_j sur lesquels on peut appliquer la proposition 5 (avec la suite constante $f_n = f_{|U_j}$) , puis on applique à nouveau la proposition 5 à la restriction de $1/_f$ à $K_1,\dots,K_S$.□

...ce qui permet d'obtenir l'analogue du théorème 6 :

Théorème 8 : Soit $f(w,z)$ une fonction méromorphe sur $\Delta_w^n \times \Delta_z$. Alors l'ensemble Q des points $c \in \Delta_z$ tels que $\mu(c) > M(c)$ est de capacité intérieure nulle.

Rothstein s'intéresse également aux suites de fonctions méromorphes, pour lesquelles on a un résultat analogue.

1.4. Grâce au théorème 6 (resp. th. 8) et au lemme 4 qui donne le cas $m = 1$, puis en faisant une démonstration par récurrence on a:

Théorème 9 : Soit $f(w,z)$ une fonction holomorphe (resp. méromorphe) dans $\Delta_w^n \times \Delta_z$ et C_i , $i = 1,\dots,m$ des courbes de Jordan fermées du disque unité Δ_{z_i} . Si pour tout $c \in C_1 \times\dots\times C_m$ on a $\rho(c) \geq q$ (resp. $\mu(c) \geq q$) alors pour tout $c \in C_1 \times\dots\times C_m$ on a $R(c) \geq q$ (resp. $M(c) \geq q$).

1.5. Revêtements et domaines de Riemann.

Le but de ce § est d'étudier la façon dont se prolonge une fonction analytique (à valeurs dans $\mathbb{C}$ ou $\mathbb{C}^m$) , $F(\omega,z)$ définie sur $U \times \Delta_z$, où U est un domaine étalé sur un polydisque de $\mathbb{C}^r$ et telle que pour tout point c appartenant à un fermé Q de capacité positive dans Δ_z , $F(\omega,c)$ se prolonge à un domaine de Riemann $\widetilde{G}(c)$ au-dessus de $\mathbb{C}^r$ pouvant posséder des ramifications et pouvant varier avec c .

Rothstein commence par s'intéresser au cas des revêtements ramifiés finis qui se déduit assez rapidement du prolongement par analyticité séparée des fonctions holomorphes (développé précédemment), puisque l'espace total $M \subset \Delta_x \times \Delta_y \times \mathbb{C}^m$ d'un revêtement $(M, \Pi, \Delta_x \times \Delta_y)$ est une composante irréductible d'un ensemble analytique $\{P_1 = \ldots = P_m = 0\}$ où $P_i(u_i, x, y)$ est un polynôme en u_i dont les coefficients sont des fonctions analytiques dans $\Delta_x \times \Delta_y$. On a notamment le

Théorème 10 Soient $d \subset\subset D \subset\subset D'$ des polydisques de $\mathbb{C}^r_w$ et dans $d \times \Delta_z \times \mathbb{C}^m$ un ensemble analytique M tel que $(M, \Pi, d \times \Delta_z)$ soit un revêtement non ramifié fini, Π étant la restriction à M de la projection. On suppose qu'il existe un fermé $Q \subset \Delta_z$ de capacité > 0 tel que si $z_o \in Q$ le revêtement $(M \cap (d \times \{z_o\} \times \mathbb{C}^m), \Pi, d \times \{z_o\})$ se prolonge en un revêtement $(M(z_o, D'), \Pi, D' \times \{z_o\})$ irréductible.

Alors : il existe $z^* \in Q$, un voisinage V^* de z^* et un ensemble analytique irréductible $M(V^*, D)$ dans $D \times V^* \times \mathbb{C}^m$ muni des propriétés :

1) $(M(V^*, D), \Pi, D \times V^*)$ est un revêtement analytique irréductible.

2) $M(V^*, D) \cap \{z = \alpha\} = M(\alpha, D') \cap (D \times \{\alpha\} \times \mathbb{C}^m)$ pour tout $\alpha \in Q \cap V^*$.

3) Pour tout $\alpha \in Q \cap V^*$ on a la condition : si $K(\alpha)$ est un germe premier de $M(\alpha, D')$ au point $(u^\circ, w^\circ, \alpha)$, alors il n'existe q'un seul germe premier K de $M(V^*, D)$ au point $(u^\circ, w^\circ, \alpha)$ vérifiant $K(\alpha) \subset K \cap \{z = \alpha\}$

Nous en arrivons maintenant au prolongement de la fonction $F(\omega, z)$ citée au début du § . Le cas le plus simple, qui résulte de la proposition 5 , est celui du

Lemme 11 Soient G et G' des domaines de Riemann non ramifiés au dessous de $\mathbb{C}^r_w$ tels que $G \subset\subset G'$. On suppose que :

1) U est un domaine de G.

2) $F(\omega, z)$ est holomorphe sur $U \times \Delta_z$

3) Pour tout $c \in Q$ fermé de capacité > 0 , $F(\omega, c)$ est holomorphe sur G'.

Alors, il existe un point $a \in Q$ et un voisinage $V(a)$ de a tel que $F(\omega, c)$ soit holomorphe sur $G \times V(a)$.

On va généraliser ce point de vue : Dans le lemme précédent $F(\omega, z)$

se prolonge à un domaine non ramifié fixe G' ; on va maintenant permettre à $F(\omega,c)$ de se prolonger à un domaine ramifié $\tilde{G}(c)$ variant avec c :

Théorème 12. Soit U un polydisque de $\mathbb{C}^r$ et $F(\omega,z)$ une application holomorphe de $U \times \Delta_z$ dans $\mathbb{C}^m$. On suppose que :

1) Il existe un fermé Q de capacité > 0 tel que pour tout $c \in Q$ existent deux domaines de Riemann $G^*(c) \subset\subset \tilde{G}(c)$ au dessus de $\mathbb{C}^r$ tels que $U \subset G^*(c)$ et $F(\omega,c)$ se prolonge holomorphiquement à $\tilde{G}(c)$.
2) En deux points distincts de $\tilde{G}(c)$, $F(\omega,c)$ a des germes distincts.

Alors il existe $a \in Q$, un voisinage V de a, $Q_* \subset Q$ tel que $\operatorname{cap} \overline{Q_*} > 0$, un domaine de Riemann $R(V)$ au dessus de $\mathbb{C}^r \times V$ et une application analytique $\tilde{F}(q)$ de $R(V)$ dans $\mathbb{C}^m$ tels que :

1) $U \times V \subset R(V)$
2) Pour tout $c \in V \cap Q_*$, $\overline{G^*(c)} \times \{c\} \subset R(V) \cap \{z = c\}$
3) $\tilde{F}(q) = F(\omega,c)$ si $q = (\omega,c) \in U \times V$.

□ Commentaire de la démonstration :

Soient $(G^*,\Pi,\mathbb{C}^r)$ et $(\tilde{G},\Pi,\mathbb{C}^r)$ deux domaines de Riemann tels que $G^* \subset\subset \tilde{G}$. On prend un recouvrement ouvert $\{V_i\}$ de $\overline{G^*}$, où $V_i \subset\subset \tilde{G}$ assez petit pour que $\Pi(V_i)$ soit un polydisque et :

ou bien V_i soit homéomorphe à $\Pi(V_i)$: on le note dans ce cas Π_i

ou bien $(V_i,\Pi,\Pi(V_i))$ soit un revêtement ramifié fini : V_i est alors noté Δ_i.

Posons $G = \cup \Pi_i$ et $S = \cup \Delta_i$, on a $\overline{G^*} \subset G \cup S$, le lieu de ramification de G^* est contenu dans S, et si les V_i sont assez petits G est un connexe tel que pour tout i existe un polydisque $d_i \subset \Pi(\Delta_i)$ tel que $\Pi^{-1}(d_i) \subset G$ soit un revêtement.

Maintenant : un domaine de Riemann $(G,\Pi,\mathbb{C}^r)$ non ramifié peut être considéré comme un recollem ent de polydisques Π_i à centres et rayons rationnels, avec des conditions de recollement données par Π : par conséquent on peut associer à tout $G(c)$, qui est relativement compact, un nombre fini de rationnels qui déterminent complétement $G(c)$: à savoir tous les centres et rayons des polydisques Π_i et les conditions de recollement (on associe 1 à (i,j) si on recolle Π_i et Π_j le long de $\Pi(\Pi_i) \cap \Pi(\Pi_j)$, 0 sinon). Au domaine $G(c) \cup S(c)$ on peut associer non seulement tous les rationnels précédents, mais aussi ceux donnés par le recouvrement de $S(c)$ par les ouverts D_j tels que

$(D_j, \Pi, \Pi(D_j))$ soit un revêtement ramifié et $\Pi(D_j)$ un polydisque à centre et rayon rationnels: à savoir les nombres de feuillets, les centres, rayons de $\Pi(D_j)$ ... et d'autres rationnels utiles pour la démonstration. A tout $c \in Q$ on associe donc un nombre fini de rationnels $\alpha_1, \ldots, \alpha_{N(c)}$. On note $L(c) = (\alpha_1, \ldots, \alpha_{N(c)})$. Comme l'ensemble de tous les $L(c)$ est dénombrable et $\text{cap } Q > 0$ il en existe un, disons L_*, et un ouvert V_* tels que $\text{cap } Q \cap V_* > 0$ et $\text{cap } \overline{\{c \in Q \cap V_* \mid L(c) = L_*\}} > 0$.
On montre qu'en fait $\{c \in Q \cap V_* | L(c) = L_*\}$ est fermé.
Par cet argument on peut supposer dans le théorème que G ne dépend pas de c.
On suit alors la démonstration de [11] § 2 Satz 2 :
On remarque tout d'abord que $F(\omega, z)$ admet un prolongement à $G \times V(a)$ d'après le lemme 11 et on se ramène à la situation du th. 10 grâce à l'hypothèse 2) et l'existence du polydisque d_i. On remarque finalement que le domaine de Riemann ainsi construit est en fait une partie du domaine d'existence de F, ce qui donne le résultat. □

Mentionnons pour finir le résultat suivant qu'on obtient à l'aide du Th. 12 (voir [11] § 3 Hauptlemma):

Théorème 13 : Soit f une fonction holomorphe dans un domaine borné $G \subset \mathbb{C}^n$ qui est son domaine d'holomorphie, et considérons $Q \subset \mathbb{C}$ l'ensemble des points $c \in \mathbb{C}$ pour lesquels $M(c) = \{w \in G | f(w) = c\}$ a une composante irréductible qui se prolonge en un point de la frontière de G. Alors : Q est de capacité intérieure nulle.

*
* *

2.- *Concavité et prolongements de sous-ensembles analytiques.*

2.1. Quelques définitions :

Soit X une variété analytique complexe de dimension n et v une fonction deux fois continûment différentiable sur X à valeurs réelles.
En $p \in X$ choisissons un système de coordonnées $z = (z_1, \ldots, z_n)$ dans lequel $p = 0$ et considérons la forme hermitienne $\sum_{i,j=1}^{n} \frac{\partial^2 v}{\partial z_i \partial \bar{z}_j} w_i \bar{w}_j$:
le nombre de ses valeurs propres strictement positives ne dépend pas du choix des coordonnées.

Définition 1 : On dit que v est s-convexe $(1 \leq s \leq n)$ au point p, si la forme hermitienne $\Sigma \dfrac{\partial^2 v}{\partial z_i \partial \overline{z}_j}(p)\, w_i \overline{w_j}$ a au moins $n-s+1$ valeurs propres strictement positives.

Cela signifie qu'on peut choisir un système de coordonnées $w_1,\ldots,w_n$ tel que sur le $(n-s+1)$-plan $\{w_1 = \ldots = w_{s-1} = 0\}$, v soit strictement plurisousharmonique.

Définition 2 : Soit D un ouvert de X et $p \in X$ un point de la frontière de D. On dit que D est s-concave au point p s'il existe un voisinage U de p et une fonction s-convexe dans U telle que

$$U \cap D = \{v > v(p)\}$$

En particulier, on peut remarquer que si D est 1-concave au point p, $\{v < v(p)\}$ est strictement pseudoconvexe en p.

Définition 3 : Notons pour $0 \leq s \leq n$, $\varepsilon > 0$, $1 > r > 0$:

$z = (x,y)$ avec $x = (x_1,\ldots,x_s) = (z_1,\ldots,z_s)$ et $y = (y_1,\ldots,y_{n-s}) =$
$= (z_{s+1},\ldots,z_n)$

$P = \{(x,y) \mid \forall i,\ 1 \leq i \leq s,\ |x_i| < \varepsilon,\ \forall j,\ 1 \leq j \leq n-s,\ |y_j| < 1\}$

$R = \{(x,y) \in \Delta^n \mid \forall i,\ 1 \leq i \leq s,\ |x_i| < 1,\ \exists j,\ 1 \leq j \leq n-s,\ r < |y_j| < 1\}$

$H^s = H = P \cup R \subset \Delta^n$ et l'enveloppe d'holomorphie de H est Δ^n.

On appellera ouvert de Hartogs (de type s, de dimension n) dans X, et on notera (H,E), la donnée de deux ouverts H et E de X pour lesquels existe une application biholomorphe $\varphi : \Delta^n \to E$ telle que $\varphi(H^s) = H$.

2.2. Le lemme de projection : Il permet de ramener le problème du prolongement d'un ensemble analytique de dimension $k \geq s+1$ au voisinage d'un point de s-concavité à celui du prolongement d'un revêtement ramifié fini.

Plus précisément :

Lemme 4 (de projection) : Soit D un domaine de X s-concave au point p.

Alors il existe un voisinage connexe $\hat{E}$ de p, un domaine $\hat{H}$ dans $\hat{E}$ et une application holomorphe

$$\phi : \hat{E} \to \mathbb{C}^{s+1}$$

munie des propriétés suivantes :

i) $E = \Phi(\hat{E})$ est un polydisque.

ii) (H,E) est un ouvert de Hartogs si $H = \Phi(\hat{H})$

iii) L'intersection de H avec $\Phi(\hat{E} \setminus D)$ est vide

iv) $\hat{E} \cap D$ est connexe.

De plus : si M est un ensemble analytique de dimension $s+1$ dans D, on peut choisir $\hat{E}$, $\hat{H}$ et Φ de sorte que :

v) $(M \cap \hat{H}, \Phi_{|M}, H)$ soit un revêtement analytique.

vi) Il existe un voisinage V de p tel que chaque composante de $M \cap D \cap \hat{E}$ qui rencontre V, rencontre $\hat{H}$.

v) permet de montrer l'existence d'un prolongement, vi) son unicité.

☐ Etapes de la démonstration du lemme de projection :

1) Comme v est de classe $\mathcal{C}^2$ on peut considérer

$$f_q(z) = v(q) + 2\sum_{j=1}^{n} \frac{\partial v}{\partial z_j}(q)(z_j - q_j) + \sum_{i,j=1}^{n} \frac{\partial^2 v}{\partial z_i \partial z_j}(q)(z_i - q_i)(z_j - q_j)$$

Comparant le développement de Taylor au rang 2 de v à f_q, un calcul élémentaire permet de voir qu'il existe un voisinage U de p et une constante $K > 0$ tels que pour tout $q \in U$, il existe une fonction u_q de classe $\mathcal{C}^2$ telle que

$$u_q(q_1, \ldots, q_{s-1}, z_s, \ldots, z_n) \equiv 0$$

et vérifiant

$$(*) \qquad v(z) \geqslant \mathcal{R}e\, f_q(z) + K(|z_s - q_s|^2 + \ldots + |z_n - q_n|^2) + u_q(z_1, \ldots, z_n)$$

De plus en remplaçant au besoin K par $K' < K$ on peut rajouter à f_q un terme de la forme $\sum_{i,j} \varepsilon_{ij}(z_i - q_i)(z_j - q_j)$ sans changer l'inégalité $(*)$ à condition que les ε_{ij} soient assez petits. Grâce à ce terme supplémentaire

$$(**) \qquad \{f_p = z_1 = \ldots = z_{n-1} = 0\} \text{ n'est composé que de points}$$

isolés.

2) *"Kontinuitätssatz" en un point de s-concavité* :

Pour des réels $t, \tau \geqslant 0$ et un entier $k \geqslant s$ considérons $F_k(t,\tau) \subset U$

défini par :

$$F_k(t,\tau) = \{z \in U \mid f_p(z) - v(p) - it - \tau = z_1 = \ldots = z_{k-1} = 0\}$$

D'après (*) et (**) de 1) :

a) pour tous t et τ, $\dim F_k(t,\tau) = n-k$

b) $F_k(t,\tau) \subset D$ si $\tau > 0$

c) $F_k(0,0) - \{p\} \subset D$

d) si $t \neq 0$, $F_k(t,0) \subset D$

En particulier, la famille $(F_k(t,0))_{t \geqslant 0}$ ne rencontre ∂D qu'en p.

3) Considérons l'application :

$$\Phi : U \to \mathbb{C}^{k+1} \qquad 1 \leqslant k \leqslant n-1$$

$$(z_1,\ldots,z_n) \to (w,z_1,\ldots,z_k)$$

où $w = f_p(z) - v(p)$.

D'après (**), Φ est ouverte. Notons B l'image par Φ de $\{v \leqslant v(p)\}$: *on peut vérifier qu'il existe un ouvert de Hartogs* $(H,E) \subset \Phi(U)$ *tel que* $H \cap B = \emptyset$ *mais* $\Phi(p) = 0 \in E$. Il suffit pour cela de considérer la famille de disques

$$K(\tau) = \{(w,z) \in \mathbb{C}^{k+1} \mid w - \tau = z_1 = \ldots = z_{k-i} = 0 , |z_k| \leqslant r\}$$

qui vérifie : a) si r est assez petit $K(\tau) \subset \Phi(F_k(0,\tau))$

b) $K(\tau) \cap B = \emptyset$ d'après 2) b) si $\tau > 0$

c) $K(0) \cap B = \{0\}$ d'après 2) c)

ce qui permet de construire (H,E) où

$$H = \{(w,z) \in \mathbb{C}^{k+1} \mid |w| < 2\zeta , |z_j| < 2\zeta , j = 1,\ldots,k-1 , r_1 < |z_k| < r_2\}$$

$$\cup \{(w,z) \in \mathbb{C}^{k+1} \mid |w - \tau_*| < \zeta_*, |z_j| < \zeta_*, j = 1,\ldots,k-1, |z_k| < r_2\}$$

$$E = \{(w,z) \in \mathbb{C}^{k+1} \mid |w| < 2\zeta , |z_j| < 2\zeta , j = 1,\ldots,k-1 , |z_k| < r_2\}$$

avec $\zeta > 0$, $r_1 < r < r_2$, τ_*, $\zeta_* > 0$ convenablement choisis.

4) *On construit* $\hat{E}$ *et* $\hat{H}$:

On choisit $e > 0$ et E construit dans 3) assez petits pour que $\mathcal{E} = \Phi^{-1}(E) \cap \{z \mid |z_j| < e , j = k+1,\ldots,n\}$ et

et $\mathcal{H} = \Phi^{-1}(H) \cap \{z \mid |z_j| < e , j = k+1,\ldots,n\}$

soient relativement compacts. On désigne alors $\hat{E}$ comme étant la composante connexe de $\mathcal{E}$ qui contient p et $\hat{H}$ la composante de $\mathcal{H}$ contenue dans $\hat{E}$. Ce choix de $\hat{H}$ et $\hat{E}$ permet de vérifier immédiatement les conditions i) ii) et iii).

5) Soit q un point de $\hat{E} \cap D$, alors $A_q = \{z \in \hat{E} | f_q - v(q) = z_1 - q_1 = \ldots = z_{k-1} - q_{k-1} = 0\}$ est entièrement contenu dans D. De plus il existe un voisinage V de p tel que pour tout $q \in V$ se trouve vérifiée la propriété suivante : tout ensemble analytique $N \subset A_q$ de dimension 1 rencontre $\hat{H}$ si $\max(|z_{k+1}|, \ldots, |z_n|) < e$ sur $\bar{N}$. En particulier $\hat{E} \cap D$ est connexe ce qui donne iv) :

En effet : l'inclusion $A_q \subset D$ résulte de 1)(*). D'autre part vu la continuité des dérivées secondes de v, si V est assez petit, $\mathrm{Max}\{|f_p - v(p)|, |z_1|, \ldots, |z_{k-1}|\}$ est arbitrairement petit sur $\bar{N}$; si de plus sur $\bar{N}$, $\mathrm{Max}\{|z_{k+1}|, \ldots, |z_n|\} < e$, $\bar{N}$ qui doit rencontrer le bord de $\hat{E}$ doit vérifier $\max\{|z_k|\} = r_2$ sur $\bar{N}$ et donc $N \cap \hat{H} \neq \emptyset$

6) On "bouge" les coordonnées $z_1, \ldots, z_s$ de sorte que $M \cap \{z_1 = \ldots = z_s = 0\}$ n'ait que des composantes de dimension 1, puis comme dans 1) on choisit f_p (en choisissant les ε_{ij}) de sorte que $S = M \cap D \cap \{f_p(z) - v(p) = z_1 = \ldots = z_s = 0\}$ ne soit composé que de points isolés. Avec un tel système de coordonnées et f_p on définit comme précédemment $\Phi, E, H, \hat{E}, \hat{H}$ et on choisit $e > 0$, et E assez petits pour que S ne rencontre pas $\mathrm{Max}\{|z_{k+1}|, \ldots, |z_n|\} = e$ dans ces conditions v) est vérifié.

7) soit $q \in M \cap D \cap \hat{E}$ et notons maintenant $\hat{A}_q = \{f_q(z) - v(q) = z_1 - q_1 = \ldots = z_{s-1} - q_{s-1} = 0\}$. Si on pose $\tilde{N} = M \cap D \cap \hat{E} \cap A_q$, $\dim N \geqslant 1$ pour toute composante N de $\tilde{N}$. Puisque dans 6) S n'a pas de point sur la frontière de $\{|z_j| < e, j = s+1 \ldots n\}$ en prenant E assez petit on a $\max\{|z_{s+1}|, \ldots, |z_n|\} < e$ sur $\bar{N}$. D'après 5 en prenant un voisinage V de p assez petit $N \cap \hat{H} \neq \emptyset$, ce qui prouve vi).

8) Grâce à 2) on a également, en prenant les mêmes notations : *soit M un ensemble analytique dans U tel que $p \in M$. Si $\dim M \geqslant s$ alors $M \cap D \neq \emptyset$:* En effet si $N = M \cap \{z_1 = \ldots = z_{s-1} = 0\}$, $\dim N \geqslant 1$.

Puisque $f_p(z)-v(p)$ est une fonction holomorphe non constante sur N, qui s'annule au point p, $f_p(z)-v(p)$ prend sur N des valeurs imaginaires pures et par conséquent $N \cap F_s(t,0) \neq \emptyset$ pour t assez petit, ce qui donne le résultat puisque $F_s(t,0) \subset D$.

2.3. Prolongement local en un point où la frontière est s-concave.

On obtient grâce au précédent lemme le

Théorème 5 : Soit D un ouvert s-concave au point $p \in \partial D$ et M un ensemble analytique de dimension pure $k+1$ $(k \geqslant s)$. Alors M se prolonge dans un voisinage de p c'est-à-dire il existe un voisinage connexe V de p et un ensemble analytique $\hat{M}$ dans V de dimension pure $k+1$ tels que $\hat{M} \cap D = M \cap V$; de plus, le germe de $\hat{M}$ en p est défini de façon unique.

2.4. Prolongement local en un point situé simultanément sur plusieurs frontières.

Considérons le cas où un domaine $D = D_1 \cup D_2$ de $\mathbb{C}^n$ est réunion de deux domaines D_1 et D_2 dont les frontières sont s-concaves en un point $p \in \partial D_1 \cap \partial D_2$. Si M est un ensemble analytique de dimension pure $s+1$, $M_i = M \cap D_i$, $i = 1,2$, a d'après le thm. 5, un prolongement $\hat{M}_i$ dans un voisinage de p vérifiant $M_i = \hat{M}_i \cap D_i$. Cependant comme va le montrer l'exemple suivant l'ensemble $\hat{M} = \hat{M}_1 \cup \hat{M}_2$ risque d'être trop gros et pour tout voisinage V de p on peut avoir $M \cap V \subsetneqq \hat{M} \cap V \cap D$.

Exemple 6 : Considérons
$$\varphi_1(z,w,u,v) = |z|^2 + |w|^2 - \beta(|u|^2 + |v|^2) - (1-\beta)$$
$$\varphi_2(z,w,u,v,) = |u|^2 + |v|^2 - \beta(|z|^2 + |w|^2) - (1-\beta)$$

où $0 < \beta < 1$.

Les hypersurfaces réelles $\{\varphi_1 = 0\}$ et $\{\varphi_2 = 0\}$ de $\mathbb{C}^4$ ont pour intersection $T = \{|z|^2 + |w|^2 = |u|^2 + |v|^2 = 1\}$

Les domaines $\{\varphi_1 < 0\}$ *et* $\{\varphi_2 < 0\}$ *sont 2-concaves :* en effet soit $p \in \{\varphi_1 = 0\}$. L'une des coordonnées de p disons z doit être non nulle, la condition $\varphi_1 < 0$ est donc équivalente à la condition

$\Psi_1 = \dfrac{\varphi_1}{|z|^2} < 0$. Si on fait alors le changement de coordonnées

$$\tilde{z} = \frac{1}{z}\,,\ \tilde{w} = \frac{w}{z}\,,\ \tilde{u} = \frac{u}{z}\,,\ \tilde{v} = \frac{v}{z}$$

alors on obtient l'ouvert $\{\widetilde{\Psi}_1 < 0\}$ où

$$\widetilde{\Psi}_1(\widetilde{z},\widetilde{w},\widetilde{u},\widetilde{v}) = 1 + |\widetilde{w}|^2 - \beta(|\widetilde{u}|^2 + |\widetilde{v}|^2) - (1-\beta)|\widetilde{z}|^2$$

et $-\widetilde{\Psi}_1$ est bien 2-convexe.

Considérons A l'hyperplan complexe tangent à la sphère K de centre 0 et de rayon $\sqrt{2}$ en un point $p \in T$ dont la coordonnée en z ne s'annule pas et posons $A^* = A \cap \{\varphi_1 < 0\}$. Alors :

- A^* est un ensemble analytique dans $\{\varphi_1 < 0\} \cup \{\varphi_2 < 0\}$: Il suffit pour vérifier cela de voir que A^* est fermé dans $\{\varphi_1 < 0\} \cup \{\varphi_2 < 0\}$ ce qui est vrai puisque $\{\varphi_1 < 0\} \cap \{\varphi_2 < 0\}$ est contenu dans la boule de frontière K.
- A^* se prolonge en p et son prolongement est A

  Cependant $A \cap (\{\varphi_1 < 0\} \cup \{\varphi_2 < 0\}) \supsetneq A^*$

La proposition suivante donne une condition par laquelle ce phénomène ne peut pas se produire.

Proposition 7 Soit D un domaine dans X qui est réunion de domaines D_i $i = 1,\dots,m$ On suppose que D_i est s_i-concave au point $p \in \bigcap_{i=1}^{m} \partial D_i$, et M est un ensemble analytique dans D de dimension pure. Si $\dim M \geqslant \max\{s_i + s_j \mid 1 \leqslant i < j \leqslant m\}$ alors M admet un prolongement "direct" c'est-à-dire il existe un voisinage V de p et un sous-ensemble analytique $\hat{M}$ de V tel que $\hat{M} \cap D = M$.

Cas des domaines 1-concaves.

Ce cas sera utilisé pour obtenir des prolongements globaux.

Définition 8 : Soient D_i, $i = 1,\dots,\sigma$, des domaines 1-concaves au point $p \in \bigcap_{i=1}^{\sigma} D_i$. On appellera $K = \bigcap \partial D_i$ une σ-arête (σ-Kante) au point p.

On considère dans ce cas un ensemble analytique M non plus dans la réunion des domaines, mais dans leur intersection, la démonstration du théorème suivant reprend dans ce cadre la construction du revêtement $(M \cap \hat{H}, \phi, H)$ du lemme 4 :

Théorème 9 : Soient D_i, $i = 1,\dots,s$, des domaines 1-concaves au point $p \in \cap \partial D_i$ et M un ensemble analytique de dimension pure $k+1$ $(k \geq s)$ dans $\Delta = \bigcap_{i=1}^{s} D_i$. Alors M a un prolongement "direct" $\hat{M}$ au point p ; de plus, le germe de $\hat{M}$ en p est unique.

On a également (comparer avec 8) de la démonstration du lemme 4) :

Proposition 10 : Soit M un ensemble analytique de dimension s dans un ouvert de $\mathbb{C}^n$ et $p \in M$.
Soit U un voisinage ouvert de p et $v_1,\dots,v_s$ s fonctions strictement plurisousharmoniques (= 1-convexes) dans U avec $v_1(p) = \dots = v_s(p) = 0$ (c'est-à-dire p est sur une arête).
Alors pour tout voisinage V de p il existe des points de $M \cap V$ où $\min(v_1,\dots,v_s) > 0$.

2.5. Prolongements globaux :

On s'intéresse au cas des ouverts de Hartogs, de ce cas se déduisent des généralisations aux espaces analytiques.(voir aussi [14]).

On rappelle que pour $1 \leq s \leq n-1$ H est l'ouvert de $\mathbb{C}^n$ défini par

$$H = P \cup R$$

où :

$$P = \{(x,y) \mid \forall i,\ 1 \leq i \leq s,\ |x_i| < \varepsilon,\ \forall j,\ 1 \leq j \leq n-s, |y_j| < 1\}$$

$$R = \{(x,y) \in \Delta^n \mid \forall i, 1 \leq i \leq s,\ |x_i| < 1,\ \exists j\ 1 \leq j \leq n-s,\ r < |y_j| < 1\}$$

Théorème 11. Pour tout ensemble analytique $M \subset H$ de dimension pure $k \geq s+1$, il existe un unique ensemble analytique $\hat{M} \subset \Delta^n$ de dimension pure k tel que $\hat{M} \cap H = M$.

□ Pour démontrer ce théorème on considère une famille de domaines paramétrée par α et $\tau > 0$:

$$\tilde{G}(\alpha,\tau) = \{|y_k| < 1,\ k = 1,\dots,n-s\} \cap \left(\bigcap_{j=1}^{s} \{\varphi_j > 0\}\right)$$

où

$$\varphi_j(x,y) = -|x_j|^2 + \alpha\{\sum_{i=1}^{s} |x_i|^2 + \sum_{j=1}^{n-s} |y_j|^2\} + \tau$$

Par un raisonnement analogue à celui de l'Exemple 6, on vérifie facilement que $\{\varphi_j > 0\}$ est 1-concave, par conséquent les points-frontière de $\widetilde{G}(\alpha,\tau)$ dans Δ^n sont situés sur des σ-arêtes $(\sigma \leqslant s)$.
On peut choisir $\alpha > 0$ et $\delta, T < 1$ tels que si

$$P = \{(x,y) \,|\, |x_i| < \varepsilon,\ i = 1,\ldots,s,\ |y_j| < 1\ ,\ j = 1,\ldots,n-s\}$$

on ait

$$\widetilde{G}(\alpha,\delta) \subset P \subset \widetilde{G}(\alpha,\ T) \subset \Delta^n$$

Compte-tenu du fait qu'en un point frontière de $\widetilde{G}(\alpha,\tau)$ $(\delta \leqslant \tau \leqslant T)$ les sous-ensembles analytiques de dimension $\geqslant s+1$ ont un prolongement local d'après le théorème 9 , on peut montrer que M se prolonge à $\widetilde{G}(\alpha,\ T)$. On conclut alors en remarquant que Δ^n est une réunion croissante de domaines $\widetilde{G}(\alpha,T) \cap \Delta^n$.□

Remarque : Le théorème 11 est *faux* avec un ensemble analytique M de dimension $k = s$ ou si on remplace H par
$\{(x,y) \,|\, |x_i| < \varepsilon, |y_j| < 1\} \cup \{(x,y) \,|\, |x_i| < 1\ ,\ r < |y_j| < 1\}$

2.6. Généralisations et applications.

L'auteur étend les résultats précédents aux espaces analytiques réduits. Pour ce faire, on dispose de deux définitions possibles de s-convexité et donc s-concavité.

Définition 12: Soit Y un espace analytique.

1) Une fonction à valeurs réelles v sur Y est dite s-convexe au point $p \in Y$ s'il existe un voisinage U de p pour lequel existe un sous-ensemble analytique A dans un polydisque Z , une application biholomorphe $\varphi : U \to A$ et une fonction w dans Z , s-convexe au point $\varphi(p)$ tels que $w = v \circ \varphi$.
   On dit que v est *s-convexe si dans la précédente définition φ au lieu d'être biholomorphe n'est seulement qu'à fibres discrètes.

2) Un domaine $D \subset Y$ est dit s-concave (resp *s-concave), au point $p \in \partial D$ s'il existe un voisinage V de p muni d'une fonction v s-convexe (resp. *s-convexe) telle que $D \cap V = \{v > v(p)\}$.

Dans les deux cas de concavité on a un théorème de prolongement local du type du th. 5 (dans le cas de la s-concavité c'est immédiat).

En ce qui concerne les prolongements globaux, Rothstein examine différentes notions de s-convexité pour avoir des résultats du type : "Soit B un ouvert s-convexe et M un ensemble analytique de dimension assez grande dans un voisinage de ∂B, alors M se prolonge à B'', on examine différentes généralisations du th. 11 notamment dans le cas des produits d'espaces analytiques.

Rothstein étudie pour finir, en détail, le prolongement de sous-ensembles analytiques dans des ouverts auxquels on a enlevé une famille d'hypersurfaces (Gebiete mit zulässige Schlitzmenge); une application en est le

Théorème 13 : Soit $A \subset \mathbb{P}^n$ une sous-variété algébrique irréductible de dimension s et U un voisinage de A. Soient $B_j \subset \mathbb{P}^n$ $(j = 1,\dots,\ell)$ des sous-variétés algébriques de dimensions quelconques. Enfin soit $M \subset U \setminus (A \cup (\cup B_j))$ un sous-ensemble analytique irréductible vérifiant $\dim M \geq k$ $(k + s = n + 1)$ et $\overline{M} \cap A \neq \emptyset$. Alors M se prolonge en un ensemble analytique $\mathfrak{M}$ dans $\mathbb{P}^n \setminus (A \cup (\cup B_j))$ tel que $\dim \mathfrak{M} = \dim M$ et qui coïncide avec M dans un voisinage de A.

3.- *Singularités essentielles de sous-ensembles analytiques.*

Rappelons d'abord les notions de r-pseudoconcavité et d'ensemble dérivé :

Définition 1 : Soit Ω un ouvert de $\mathbb{C}^n$ et S un fermé de Ω. On dit que S est r-pseudoconcave au point $z \in S$ si pour tout voisinage V de z et tout ouvert de Hartogs (H,E) (voir Déf. 2.3) de type s et de dimension n vérifiant $H \subset V$ et $\overline{H} \cap S = \emptyset$ on a : $E \cap S = \emptyset$.

Définition 2 : Soit Ω un ouvert de $\mathbb{C}^n$ et S un fermé de Ω. On appelle ensemble dérivé de S l'ensemble des points $z \in S$ où S n'est pas analytique : c'est un fermé de Ω.

Nishino [3] et Tadokoro [15] ont montré (Nishino dans le cas $r = n - 1$) le

Théorème 3 : Soit S un fermé r-pseudoconcave d'un domaine G de $\mathbb{C}^n$. Alors l'ensemble dérivé S^* de S est également r-pseudoconcave.

... ce qui permet d'obtenir le

Théorème 4 : Soit A un fermé d'un domaine G de $\mathbb{C}^n$ et M un ensemble analytique de dimension pure r dans $G \setminus A$. On suppose qu'il existe sur M une fonction plurisousharmonique $u \leq 0$ telle que pour tout $p \in M$ $u(p) \neq -\infty$ et $u(p) \to -\infty$ quand $p \to A$. Alors :

l'ensemble $S^* \subset A$ des singularités de $\overline{M}$ est r-pseudoconcave.

Démonstration :

D'après le thm. 3 , il suffit de montrer que $\overline{M}$ est r-pseudoconcave, c'est à dire que si

$$H = H^r = \{(x,y) \mid |x_i| < e ; |y_j| < 1\} \cup \{(x,y) \in \Delta^n \mid |x_i| < 1 ; \exists j , e' < |y_j| < 1\}$$

vérifie $\overline{H} \cap \overline{M} = \emptyset$ alors $\Delta^n \cap \overline{M} = \emptyset$.

On fait une démonstration par récurrence sur r :

Si r = 1 : Soit M_1 une composante irréductible de M , ε la borne supérieure des réels $e \leqslant r \leqslant 1$ vérifiant

$$\{(x,y) \mid |x| < r , |y_j| < 1\} \cap \overline{M_1} = \emptyset$$

et

$$T = \{(x,y) \mid |x| = \varepsilon , |y_j| \leqslant e'\}$$

Supposons que $\varepsilon < 1$, on a alors :

$$T \cap \overline{M_1} \neq \emptyset$$

Cependant la fonction $-\log |x|$ induit sur M_1 une fonction harmonique $h(x,y)$ dont le maximum est atteint sur T . De plus d'après le principe du maximum $M_1 \cap T = \emptyset$, ce qui signifie que $\overline{M_1} \cap T \subset A$.

Comme d'après l'hypothèse

$$M_1 \cap \partial \{(x,y) \mid |x_i| < 1 , |y_j| < e'\} = \emptyset$$

on en déduit d'après le principe du maximum suivant :

Principe du maximum (voir [12] § 1) :

Soit M un sous-ensemble analytique irréductible d'un ouvert de $\mathbb{C}^n$ muni d'une fonction p.s.h. u telle que $0 \geqslant u(p) \neq -\infty$ et d'une fonction φ p.s.h. bornée supérieurement. On suppose que pour toute suite (p_n) sans point d'accumulation dans M on a : $\overline{\lim}\ \varphi(p_n) \leqslant m$ ou $\underline{\lim}\ u(p_n) = -\infty$ (ou les deux).

Alors : $\varphi(p) \leqslant m$ dans tout M .

... que le maximum de $h(x,y)$ est atteint sur $\partial\Delta_x \times \Delta_y^{n-1}$ c'est à dire $h(x,y) \leqslant 0$ ce qui est impossible.

Soit $r \geqslant 2$ et supposons le théorème vrai pour $r-1$:

Soit $\xi_1 \in \mathbb{C}$ tel que $|\xi_1| < e$.

Si $G(\xi_1)$, $H(\xi_1)$, $A(\xi_1)$ et $M(\xi_1)$ désignent les traces de G, H, A, et M sur l'hyperplan de $\mathbb{C}^n$, $\{x_1 = \xi_1\}$, on remarque que $M(\xi_1)$ est pour une raison de dimension et à cause du principe du maximum un sous-ensemble analytique de $G(\xi_1) \setminus A(\xi_1)$ de dimension pure $r-1$ et que $H(\xi_1)$ est un ouvert de Hartogs de type $r-1$ vérifiant

$$\overline{H(\xi_1)} \cap \overline{M(\xi_1)} = \emptyset$$

D'après l'hypothèse de récurrence

$$\Delta^n \cap \{x_1 = \xi_1\} \cap \overline{M_1(\xi_1)} = \emptyset$$

et donc

$$\Delta^n \cap \{|x_1| < e\} \cap \overline{M_1} = \emptyset$$

En considérant les traces de G , H , A et M sur l'hyperplan $\{x_2 = \xi_2\}$ avec $|\xi_2| < 1$, on montre de la même façon que $M_1 \cap \Delta^n = \emptyset$, ce qui achève la démonstration. □

REFERENCES

[1] H. FUJIMOTO On the continuation of analytic sets - J. Math. Soc. Japan Vol. 18 (1966) p. 51,85.

[2] R. NEVANLINNA Eindeutige analytische Funktionen - Springer-Verlag (1953).

[3] T. NISHINO Sur les ensembles pseudoconcaves - J. Math. Kyoto Univ. 1-2 (1962) 225,245.

[4] H. OKUDA , E. SAKAI On the continuation theorem of Levi and the radius of meromorphy - Memoirs of the Fac. of Science, Kyushu Univ. Vol. 11 Ser. A (1957) - 65,73.

[5] W. ROTHSTEIN Über die Fortsetzbarkeit regulärer und meromorpher Funktionen von zwei Veränderlichen und den Hauptsatz von Hartogs. Math. Nachrichten 3 (1949) 95,101.

[6] " Ein neuer Beweis des Hartogsschen Hauptsatzes und seine Ausdehnung auf meromorphe Funktionen. Math. Zeit. 53 (1950) 84,95.

[7] " Der Satz von Casorati-Weierstrass und ein Satz von Thullen. Archiv. Math. 5 (1954) 338,343.

[8] " Zur theorie der analytischen Mannigfaltigkeiten im Raume von n komplexen Veränderlichen - Math. Annalen 129 (1955) 96,138.

[9] " Zur theorie der analytischen Mannigfaltigkeiten im Raume von n komplexen Veränderlichen - Math. Annalen 133 (1957) 271,280.

[10] " Zur theorie der analytischen Mannigfaltigkeiten im Raume von n komplexen Veränderlichen ; Die Fortsetzung analytische Mengen in Gebieten mit analytischen Schlitzen -
" Math. Annalen 133 (1957) 400,409.

[11] " Zur theorie der analytischen Mengen - Math Annalen 174 (1967) 8,32.

[12] " Das Maximumprinzip und die Singularitäten analytischen Mengen - Invent.Math 6 (1968) 163,184.

[13] W. ROTHSTEIN dernier manuscrit (non publié).

[14] Y.T. SIU Techniques of extension of analytic objects. Lecture Notes in Pure and Applied Maths. Marcel Dekker (1974).

[15] M. TADOKORO Sur les ensembles pseudoconcaves généraux - J. Math. Soc. Japan 17 (1965) 281,290.

*
* *

Université de Provence
AIX MARSEILLE
Département de Mathématiques
3, place Victor Hugo

13331 - MARSEILLE CEDEX 3.

TOPOLOGICAL PROPERTIES OF HOLOMORPHIC AND MEROMORPHIC MAPPINGS

Karl Stein

1. The questions considered in this note are connected with the following problem:

Let X, Y be reduced complex spaces and $F : X \longrightarrow Y$ a meromorphic mapping. Let X be irreducible and denote by $K_F(X)$ the field of meromorphic functions $X \longrightarrow \mathbb{P}_1$ on X which are dependent on F. _When is_ $K_F(X)$ _an algebraic function field over_ $\mathbb{C}$?

Many answers concerning more or less general situations are known (compare e.g. [1], [18], [19] and the references given there; for basic notions, notations and propositions regarding holomorphic and meromorphic mappings see also [2], [5], [13]). For instance, if X is compact, $X = Y$ and $F = id_X$, then $K_F(X)$ coincides with the field $K(X)$ of all meromorphic functions on X and $K(X)$ is - by a theorem of Chow-Thimm ([4], [20]) - an algebraic function field over $\mathbb{C}$. It is remarkable that one can revert to this case under more general conditions: Assume that there exists a compact complex space Y_m and a meromorphic mapping $F_m : X \longrightarrow Y_m$ such that (F_m, Y_m) is a complex m-base with respect to F. (This means: F_m is m-maximal in the sense that F_m uniquely m-majorizes every meromorphic mapping $X \longrightarrow Z$ dependent on F_m, furthermore F_m and F are related. See [19]). Then Y_m is irreducible and the function field $K_F(X)$ is isomorphic to the field $K(Y_m)$ of all meromorphic functions on Y_m which is an algebraic function field. Therefore, in order to apply this statement one has to ask for conditions under which a (F_m, Y_m) exists with Y_m compact.

I will give here some sufficient conditions. These conditions have to do with topological properties of F, more precisely with topological properties of the system of fibres of F. This seems natural: If a complex m-base (F_m, Y_m) exists, then it is uniquely determined up to bimeromorphic equivalence by the system of fibres of F; the image space Y is rather inessential.

2. The complex space X is assumed to be irreducible but need not be compact [1]. In the following we assume that X has countable topology. - All complex spaces considered in this note are assumed to be reduced.

First, we assign to F a homology class $\mathcal{f}(F)$ [2]. In order to simplify the situation we assume in the following that F is even a holomorphic map $X \longrightarrow Y$ (this restriction is not essential: if F is meromorphic but not holomorphic, one can give a suitable definition of $\mathcal{f}(F)$ by using the graph G_F of F and the holomorphic lifting of F to G_F).

Let n be the dimension of X and r be the global geometric rank $\mathrm{rk}\, F$ of F. Then the minimal fibre dimension of F is $n - r =: k$. Let $\mathcal{f} = \mathcal{f}(x) := F^{-1}(F(x))$, $x \in X$, be a fibre of F.

---

1) If X is compact, then a complex m-base (F_m, Y_m) with a compact Y_m always exists ([18], [19]).

2) For the notions in algebraic topology used in this note see e.g. [16], [3], [8], [17]; compare also [7], [14].

<u>Definition</u>. $\mathfrak{f}$ is called <u>general</u> (with respect to F) if it has the following properties:

(1) $\mathfrak{f}$ is pure dimensional with $\dim \mathfrak{f} = k = n - r$;

(2) no irreducible component of $\mathfrak{f}$ is contained in the set $S(X)$ of singular points of X ;

(3) the differential rank of F (see [5]) at every point of $\mathfrak{f} \cap (X \setminus S(X))$ is r ;

(4) if $x_o, x_1 \in \mathfrak{f} \cap (X \setminus S(X))$, then x_o and x_1 have arbitrary small neighbourhoods V_o, V_1 such that $F(V_o) = F(V_1)$.

There are general fibres of F , more precisely: Let E be the union of all general fibres of F , denote $E' := X \setminus E$. Then one has the following statements:

(a) E' is the union of countably many nowhere dense locally analytic sets;

(b) E is dense in X and connected by piecewise real-analytic arcs (in the sense that the support of each piece is a real semianalytic set of a complex locally analytic set of dimension 1).

(b) follows from (a) because the complement of a union of countably many locally analytic sets is always connected by piecewise real-analytic arcs: this is shown by using induction with respect to the dimension of X .

Consider now a general fibre $\mathfrak{f}$ of F . $\mathfrak{f}$ can be (analytically) triangulated ([6] , [12]). We choose a triangulation of $\mathfrak{f}$. Then each irreducible component of $\mathfrak{f}$ becomes the support of an orientable pseudomanifold of dimension $2k$ without boundary; note that the topological dimension of the intersection of two different irreducible components of $\mathfrak{f}$ (which is contained in $S(X)$) is at most $2k - 2$. There is a distinguished orientation of $\mathfrak{f}$ (i.e. the natural positive orientation of $\mathfrak{f}$ as an analytic set). We equip every 2k-simplex of the triangulation of $\mathfrak{f}$ with the orientation induced by the distinguished orientation of $\mathfrak{f}$ and with the multiplicity 1 . Thus an oriented singular chain $\mathfrak{z}$ in X with integer coefficients (compare [16]) and support $\mathfrak{f}$ is defined which may be infinite. Note that every compact set in X is met by the supports of at most finitely many simplexes of $\mathfrak{z}$ ($\mathfrak{z}$ is "locally finite"). Hence $\mathfrak{z}$ is a <u>chain of the second kind</u> (i.e. a locally finite chain whose support is not necessarily compact (but closed in X)).

We have

(I) $\mathfrak{z}$ <u>is a cycle of the second kind</u>.

Let $\mathcal{H}_{\mu}(X)$ denote the μ-th homology group of the complex of locally finite oriented singular chains in X with integer coefficients. $\mathfrak{z}$ determines an element $\mathfrak{f} \in \mathcal{H}_{2k}(X)$.

(II) $\mathfrak{f}$ <u>does not depend on the triangulation of</u> $\mathfrak{f}$.

This can be shown using the technique of simplicial approximation.

(III) <u>Let</u> $\mathfrak{f}^{(1)}$, $\mathfrak{f}^{(2)}$ <u>be two general fibres of</u> F <u>and</u> $\mathfrak{f}^{(1)}$, $\mathfrak{f}^{(2)} \in \mathcal{H}_{2k}(X)$ <u>the homology classes assigned to</u> $\mathfrak{f}^{(1)}$, $\mathfrak{f}^{(2)}$. Then $\mathfrak{f}^{(1)} = \mathfrak{f}^{(2)}$.

We sketch the proof of (III): If $\mathfrak{f}^{(2)}$ is near enough to $\mathfrak{f}^{(1)}$, then there are points $x_1 \in \mathfrak{f}^{(1)} \cap (X \setminus S(X))$, $x_2 \in \mathfrak{f}^{(2)} \cap (X \setminus S(X))$ and a real-analytic arc W in $E \cap (X \setminus S(X))$ connecting x_1 and x_2 such that the following holds: Let $|W|$ be the support of W and let M be the set $F^{-1}(F(|W|)$, then (i) $M \cap (X \setminus S(X))$ is a submanifold of $X \setminus S(X)$ of topological dimension $2k + 1$; (ii) M can be triangulated and becomes in this way the support of a union of orientable pseudomanifolds P_i with boundaries bd P_i such that the union of the supports of the bd P_i is $\mathfrak{f}^{(1)} \cup \mathfrak{f}^{(2)}$; (iii) there is an oriented singular chain $\mathfrak{m}$ of the second kind with support M such that $\partial \mathfrak{m} = \mathfrak{z}^{(1)} - \mathfrak{z}^{(2)}$ where $\mathfrak{z}^{(1)}$, $\mathfrak{z}^{(2)}$

are cycles with supports $f^{(1)}$, $f^{(2)}$ representing $\mathfrak{f}^{(1)}$, $\mathfrak{f}^{(2)}$. Thus one gets $\mathfrak{f}^{(1)} = \mathfrak{f}^{(2)}$. If $f^{(1)}$, $f^{(2)}$ are far away from each other one can choose a finite set of general fibres $f_o = f^{(1)}$, $f_1, \dots, f_n = f^{(2)}$ with homology classes $\mathfrak{f}_o, \dots, \mathfrak{f}_n$ such that $f_{\nu-1}, f_\nu (\nu = 1, \dots, n)$ are near enough in the above sense and one obtains $\mathfrak{f}^{(1)} = \mathfrak{f}^{(2)}$ from $\mathfrak{f}_{\nu-1} = \mathfrak{f}_\nu$.

Definition. The homology class $\mathfrak{f} \in \mathfrak{H}_{2k}(X)$ assigned to a general fibre of F is called the *homology class* of F. Notation: $\mathfrak{f} = \mathfrak{f}(F)$.

Remark. If f is a fibre of F which satiesfies only the conditions (1), (2) and (4) in the definition of general fibres, then every irreducible component of f has a positive multiplicity with respect to F, and there is again a cycle $\mathfrak{z}$ with support f which represents $\mathfrak{f}(F)$.

3. Denote by $D_F := \{ x \in X : \dim_x f(x) > k = n - r \}$ the degeneracy set of $F : X \longrightarrow Y$. We have

Theorem 1. Assume $D_F = \emptyset$, $\mathfrak{f}(F) \neq o$. *Then* $F(X)$ *is a compact analytic set in* Y. *Furthermore a complex m-base* (F_m, Y_m) *with respect to* F *exists such that* Y_m *is compact*.

For the proof we may assume that X is normal. Let $A_r(Y)$ denote the normal complex space of r-dimensional analytic prime germs of Y and let $\pi : A_r(Y) \longrightarrow Y$ be the projection map. One has a holomorphic map $\tilde{F} : X \longrightarrow A_r(Y)$ with $F = \pi \circ \tilde{F}$. Then $\tilde{F}(X)$ is an open subset of $A_r(Y)$, furthermore $\tilde{F}(E)$ (E is the union of all general fibres of F) is dense in $\tilde{F}(X)$ and connected by piecewise real-analytic arcs. Assume now that $\tilde{F}(X)$ is not compact. We choose a point $\xi \in \tilde{F}(E)$ and connect ξ to the ideal boundary of $\tilde{F}(X)$ by a piecewise real-analytic simple curve W in $\tilde{F}(E)$ with support $|W|$. The set $\tilde{F}^{-1}(|W|) =: \tilde{M}$ can be triangulated. Then a locally finite oriented singular chain $\tilde{m}$ with support $\tilde{M}$ can be defined whose boundary is a chain with support $\tilde{F}^{-1}(\xi)$ (which is a general fibre of F) representing $\mathcal{f}(F)$. This means $\mathcal{f}(F) = 0$ and we have a contradiction. Hence $\tilde{F}(X)$ is compact and - by Remmert's mapping theorem - $F(X) = \pi(\tilde{F}(X))$ is a compact analytic set in Y . A complex m-base (F_m, Y_m) with respect to F exists, since $D_F = \emptyset$, and (F_m, Y_m) can be chosen so that F_m is a holomorphic map (compare [19]). F_m is surjective, and one has $D_{F_m} = \emptyset$. One can show that $\mathcal{f}(F) \neq 0$ implies $\mathcal{f}(F_m) \neq 0$. Hence $F_m(X) = Y_m$ is compact.

If the degeneracy set D_F of F is not empty, there is no factorisation $F = \pi \circ \tilde{F}$ and the method of proof sketched above does not work. But if X is a complex manifold and $\mathcal{f}(F)$ is not too special, one can show that F is globally semiproper and this implies that the conclusion of Theorem 1 holds again.

Recall: $F : X \longrightarrow Y$ is said to be semiproper if for every compact set C in Y there is a compact set C' in X such that C' is met by every fibre $F^{-1}(y)$, where $y \in C \cap F(X)$. F is called globally semiproper if there is a compact set C' in X which is met by every fibre $F^{-1}(y)$, where $y \in F(X)$. A generalisation of Remmert's mapping theorem ([15]) by N. Kuhlmann states that $F(X)$ is an analytic set in Y if F is holomorphic and semiproper ([10] , [11] , see also [1] , [21]). Therefore, if F is holomorphic and globally semiproper, $F(X)$ is a compact analytic set in Y .

We assume now that X is a complex manifold; we equip X with its natural positive orientation. Thus the Poincaré duality and the technique of intersection theory are available for X . The Poincaré duality yields an isomorphism

$$\varphi : \mathcal{G}_{2k}(X) \longrightarrow H^{2r}(X) \quad (r = \mathrm{rk}\, F = n - k)$$

where $H^{2r}(X) = H^{2r}$ denotes the 2r-dimensional singular cohomology group of X with integer coefficients. One has the exact sequence

$$0 \longrightarrow \mathrm{Ext}(H_{2r-1}, \mathbb{Z}) \xrightarrow{\beta} H^{2r} \longrightarrow \mathrm{Hom}(H_{2r}, \mathbb{Z}) \longrightarrow 0 \text{ , where}$$

$H_\varrho = H_\varrho(X)$ denotes the singular homology group of X in dimension ϱ (integer coefficients, finite chains - homology of the first kind).

If $p(\mathfrak{f}(F)) =: h^{2r} \notin \mathrm{Im}(\beta)$, then there is a homomorphism $\alpha : H_{2r} \longrightarrow \mathbb{Z}$ (induced by h^{2r}) and a homology class $h_{2r} \in H_{2r}$ with $\alpha(h_{2r}) \neq 0$. Now let $\mathfrak{f}$ be a general fibre of F , $\mathfrak{z}$ a singular cycle assigned to $\mathfrak{f}$ as above (the homology class of $\mathfrak{z}$ is $\mathfrak{f}(F)$) and z_{2r} an oriented singular cycle of the first kind (with compact support $|z_{2r}|$) whose homology class is h_{2r} . Then $\alpha(h_{2r})$ equals the intersection number $s(z_{2r}, \mathfrak{z})$ which depends only on the homology class of $\mathfrak{z}$ (and on the homology class of z_{2r}). Since $\alpha(h_{2r}) \neq 0$ this implies that $|z_{2r}|$ meets the support of every cycle of the second kind in X which is homologous to $\mathfrak{z}$. In particular, $|z_{2r}|$ meets every general fibre of F . It follows that $|z_{2r}|$ meets every fibre of F, because the union E of all general fibres of F is dense in X . Hence F is globally semi-proper, and $F(X)$ is a compact analytic set in Y . Let now $'F : X \longrightarrow {}'Y$ be any meromorphic mapping which is dependent on F such that there is a meromorphic mapping $\varphi : {}'Y \longrightarrow Y$ with $F = \varphi \vartriangle {}'F$. Then one can show that $|z_{2r}|$ meets every fibre of $'F$ too, and this can be used in order to prove the existence of a complex m-base (F_m , Y_m) with respect to F with a compact base space Y_m (compare [18] , [19]).

If $p(\mathfrak{f}(F)) = h^{2r} \in \mathrm{Im}\,\beta$ and $\mathfrak{f}(F)$ is not divisible in $\mathcal{G}_{2k}(X)$ (thus h^{2r} is not divisible in $H^{2r}(X)$) , then there exists a

$\nu \in \mathbb{N} (\nu > 1)$ and a cycle $z_{2r} \bmod \nu$ of the first kind in X such that $s(z_{2r}, \mathfrak{z})$ is defined and $s(z_{2r}, \mathfrak{z}) \not\equiv 0 \bmod \nu$. This implies again that the support $|z_{2r}|$ of z_{2r} meets every fibre of F. Hence $F(X)$ is compact analytic in Y, and the existence of a complex m-base (F_m, Y_m) with Y_m compact follows.

One obtains

__Theorem 2.__ _Assume that X is a complex manifold and that $\mathfrak{f}(F)$ is not divisible in $\mathcal{G}_{2k}(X)$. Then $F(X)$ is a compact analytic set in Y. Furthermore a complex m-base (F_m, Y_m) with respect to F exists such that Y_m is compact._

__Remark__. If $H_{2r-1}(X)$ is finitely generated, then $\mathrm{Ext}(H_{2r-1}(X), \mathbb{Z})$ and consequently $H^{2r}(X)$ do not have divisible elements except 0. Hence the assumption " $\mathfrak{f}(F)$ is not divisible in $\mathcal{G}_{2k}(X)$" in Theo - rem 2 can be replaced in this case by " $\mathfrak{f}(F) \neq 0$" .

4. It is possible that $F(X)$ is compact analytic and that a (F_m, Y_m) with a compact Y_m exists, even if $\mathfrak{f}(F) = 0$.

Let N be a subset of X. N is called _analytically thin with re - spect to_ $F : X \longrightarrow Y$ if every point $x \in N$ has an open neighbor - hood $U(x) = U$ in X with the following property: There is an analytic subset A_U of U such that $A_U \supset N \cap U$ and $\mathrm{rk}\, F|A_U < \mathrm{rk}\, F = r$.

In the rest of this section, X is again assumed to be a complex manifold equipped with its natural positve orientation.

Consider a general fibre $\mathfrak{f}$ of F and let $\mathfrak{z}$ be a cycle of the second kind assigned to $\mathfrak{f}$ as in 2.(with support $|\mathfrak{z}| = \mathfrak{f}$). As - sume that there is a 2r-dimensional oriented singular chain (inte -

ger coefficients) of the first kind c_{2r} (with compact support $|c_{2r}|$) in X such that

(i) the support $|\partial c_{2r}|$ of ∂c_{2r} is analytically thin with respect to F,

(ii) $|\partial c_{2r}| \cap \mathfrak{f} = \emptyset$,

(iii) the intersection number $s(c_{2r}, \mathfrak{z})$ is not zero (note that $s(c_{2r}, \mathfrak{z})$ exists because of (ii)).

We assert that $|c_{2r}|$ <u>meets every fibre of</u> F.

To prove this, one shows:

(1) The fibre of F which do not meet $|\partial c_{2r}|$ form a dense subset of X.

(2) Let $\mathfrak{z}^{(1)}$, $\mathfrak{z}^{(2)}$ be two cycles of the second kind assigned to general fibres $\mathfrak{f}^{(1)}$, $\mathfrak{f}^{(2)}$ of F which do not meet $|\partial c_{2r}|$. Then $\mathfrak{z}^{(1)}$ and $\mathfrak{z}^{(2)}$ are homologous in $X \setminus |\partial c_{2r}|$; hence $s(c_{2r}, \mathfrak{z}^{(1)}) = s(c_{2r}, \mathfrak{z}^{(2)})$.

By Kuhlmann's theorem it follows again that $F(X)$ is compact analytic, and the existence of a (f_m, Y_m) with a compact Y_m can be proved as above.

Example: Consider the holomorphic map $F : X := \mathbb{C}^2 \setminus \{(o,o)\} \longrightarrow \mathbb{P}_1 =: Y$ of rank $r = 1$ defined by $(\xi_1, \xi_2) \longmapsto \xi_1 : \xi_2$. The fibres of F are complex lines through $(o,o) \in \mathbb{C}^2$ without the point (o,o); they all are general, and every cycle $\mathfrak{z}$ assigned to a fibre of F is 0-homologous in X. Let $\mathfrak{f}^{(1)}$ be the fibre $F^{-1}(F(1,1))$, $\mathfrak{z}^{(1)}$ a cycle assigned to $\mathfrak{f}^{(1)}$, $S := \{(\xi_1, \xi_2) \in \mathbb{C}^2 : |\xi_1|^2 + |\xi_2|^2 = 1\}$ and $S_1 := \mathfrak{f}_1 \cap S$. S_1 is the support of a 1-dimensional cycle z_1 of the first kind such that

(a) there is a 2-dimensional chain of the first kind c_2 with $\partial c_2 = z_1$, and

(b) $s(c_2, \mathfrak{z}) = 1$, where $\mathfrak{z}$ is a cycle of the second kind assigned to any fibre $\mathfrak{f}$ of F different from $\mathfrak{f}_1$ ($s(c_2, \mathfrak{z})$ equals the linking number $v(z_1, \mathfrak{z})$).

$|c_2|$ is met by every fibre of F. It is evident that $F(X) = Y$ and that F is m-maximal, hence $F(X)$ is compact analytic and $(F, \mathbb{P}_1)$ is a complex m-base with respect to F. Note that $s(c_2, \mathfrak{z}) = v(z_1, \mathfrak{z})$ corresponds to the Hopf invariant of the Hopf map $F|S : S \longrightarrow \mathbb{P}_1$ ([9]).

We generalize the above result.

Let $\mathfrak{r}(X) = \mathfrak{r}$ be the complex of finite oriented singular chains (integer coefficients) of X. Denote by $\mathfrak{r}_a$ the subcomplex of $\mathfrak{r}$ whose chains have analytically thin supports with respect to F and by $\mathfrak{r}/\mathfrak{r}_a$ the quotient complex of $\mathfrak{r}$ and $\mathfrak{r}_a$. One has homology groups $H_q(\mathfrak{r}) = H_q(X)$, $H_q(\mathfrak{r}_a)$, $H_q(\mathfrak{r}/\mathfrak{r}_a)$ $(q \geqq o)$. The chain $c_{2r} \in \mathfrak{r}$ considered above has the property that $\partial c_{2r} \in \mathfrak{r}_a$. Hence c_{2r} represents a cycle in $\mathfrak{r}/\mathfrak{r}_a$. The intersection number $s(c_{2r}, \mathfrak{z})$ can be considered to be an element of $H_o(X)$. This ele - ment does not change if c_{2r} is replaced by a c_{2r}' homologous to c_{2r} in $\mathfrak{r}/\mathfrak{r}_a$ and $\mathfrak{f}, \mathfrak{z}$ are replaced by $\mathfrak{f}'$, $\mathfrak{z}'$ such that $|\partial c_{2r}'| \cap \mathfrak{f}' = \emptyset$. It follows that the mapping $c_{2r} \longmapsto s(c_{2r}, \mathfrak{z})$ determines a homomorphism

$$\tau_{2r} : H_{2r}(\mathfrak{r}/\mathfrak{r}_a) \longrightarrow H_o(X) \cong \mathbb{Z} .$$

Similarly, using intersection theory, one obtains homomorphisms

$$\tau_q : H_q(\mathfrak{r}/\mathfrak{r}_a) \longrightarrow H_{q+2k-2n}(X) \ , \ q > 2r \ ,$$

which are again determined by mappings $c_q \longmapsto s(c_q, \mathfrak{z})$. Here $c_q \in \mathfrak{r}$ denotes a q-dimensional chain with $\partial c_q \in \mathfrak{r}_a$ and $|\partial c_q| \cap \mathfrak{f} = |\partial c_q| \cap |\mathfrak{z}| = \emptyset$. $s(c_q, \mathfrak{z})$ denotes the (well defined) intersection class of the homology class of c_q in $\mathfrak{r}/\mathfrak{r}_a$ and the homology class $\mathfrak{f}(F)$ of $\mathfrak{z}$; $s(c_q, \mathfrak{z})$ is an element of $H_{q+2k-2n}(X)$. For $q < 2n-2k$ we define $\eta_q = 0$. η_q is called the q-th F-homomorphism.

In an analogous manner as sketched above, one proves

Theorem 3. If there is an non-trivial F-homomorphism η_q , then $F(X)$ is compact analytic in Y , and a complex m-base (F_m , Y_m) with a compact base space Y_m exists.

Finally, we give an application of the considerations in this section.

Let $\mathfrak{f}^{(0)}$ be a (not necessarily general) fibre of F and z_{q-1} a $(q-1)$-dimensional oriented singular cycle of the first kind in X whose support is contained in $\mathfrak{f}^{(0)}$ and which is 0-homologous in X . Let c_q be a q-dimensional oriented singular chain of the first kind in X such that $\partial c_q = z_{q-1}$; c_q represents an element $[c_q] \in H_q(\mathfrak{r}/\mathfrak{r}_a)$. In the case that z_{q-1} and c_q exist such that $\eta_q([c_q]) \in H_{q+2k-2n}(X)$ is not zero, we call $\mathfrak{f}^{(0)}$ a F-linked fibre.

For example, if F is a non-constant holomorphic function $X \longrightarrow \mathbb{C}$, we have the result that there is no F-linked fibre of F : If there were such a fibre $\mathfrak{f}^{(0)}$, the image $F(X)$ would have to be compact by Theorem 3. But this is impossible since $F(X)$ is open in $\mathbb{C}$. For $X = \mathbb{C}^2$ the nonexistence of F-linked fibres of $F : \mathbb{C}^2 \longrightarrow \mathbb{C}$ means: If $\mathfrak{f}^{(0)}$ is a fibre of F , then there is no 1-dimensional oriented singular cycle z_1 of the first kind on $\mathfrak{f}^{(0)}$ which is linked to any cycle of the second kind assigned to a fibre $\mathfrak{f}^{(1)} \neq \mathfrak{f}^{(0)}$ of F (note that every fibre of F is the support of a cycle $\mathfrak{z}$ representing $\mathfrak{f}(F)$; when $\mathfrak{f}$ is not general, one has to consider the multiplicities of the irreducible components of $\mathfrak{f}$ as remarked at the end of section 2.

A conclusion of the foregoing statement is the following: Consider in $\mathbb{C}^2$ the analytic sets

$$A_o := \{(\xi_1, \xi_2) \in \mathbb{C}^2 : \xi_1 = 0\} \quad \text{and}$$
$$A_1 := \{(\xi_1, \xi_2) \in \mathbb{C}^2 : \xi_1 \xi_2 - 1 = 0\} \ .$$

We assert that <u>there</u> <u>is</u> <u>no</u> <u>holomorphic</u> <u>function</u> $F : \mathbb{C}^2 \longrightarrow \mathbb{C}$ <u>with</u> $F^{-1}(0) = A_o$ <u>and</u> $F^{-1}(1) = A_1$: There is an oriented singular 1-cycle z_1 of the first kind with the support

$$|z_1| = \{(\xi_1, \xi_2) \in \mathbb{C}^2 : \xi_1 = e^{i\vartheta}, \xi_2 = e^{-i\vartheta}, 0 \leqq \vartheta \leqq 2\pi\} \subset A_1$$

and an oriented singular 2-cycle $\mathfrak{z}_o$ of the second kind whose support is A_o such that the linking number $v(z_1, \mathfrak{z}_o)$ equals $+1$. This implies that such a holomorphic function F cannot exist (no matter what the multiplicity of the zero set A_o is). However, note that the holomorphic map $\Phi : \mathbb{C}^2 \longrightarrow \mathbb{P}_1$ defined by

$$\Phi(\xi_1 \xi) = \frac{\xi_1}{\xi_1 + \xi_1 \xi_2 - 1}$$

has the property that $\Phi^{-1}(0) = A_o$ and $\Phi^{-1}(1) = A_1$.

REFERENCES

[1] A. ANDREOTTI and W. STOLL : Analytic and algebraic dependence of meromorphic functions. Lecture Notes in Mathematics Nr. 234. Springer-Verlag, 1971.

[2] H. BEHNKE und P. THULLEN : Theorie der Funktionen mehrerer komplexer Veränderlichen. Ergebnisse der Mathematik und ihrer Grenzgebiete, Band 51. Zweite, erweiterte Auflage. Springer-Verlag, 1970.

[3] H. CARTAN : Sêminaire E.N.S. Paris, 1948/49.

[4] W.L. CHOW and K. KODAIRA : On analytic surfaces with two independent functions. Proc.Nat.Acad.Sci. 38 (1952 pp. 319 - 325.

[5] G. FISCHER : Complex analytic geometry. Lecture Notes in Mathematics Nr. 538. Springer-Verlag, 1976.

[6] B. GIESECKE : Simpliziale Zerlegung abzählbarer analytischer Räume. Math. Zeitschrift 83 (1964), pp. 117 - 213.

[7] W. GYSIN : Zur Homologietheorie der Abbildungen und Faserungen von Mannigfaltigkeiten. Comment.Math.Helv. 14 (1941/42), pp. 61 - 122.

[8] P.J. HILTON and S. WYLIE : Homology theory. Cambridge University Press, 1960.

[9] H. HOPF : Über die Abbildungen der dreidimensionalen Sphäre auf die Kugelfläche. Math.Ann. 104 (1931), pp. 637 - 665.

[10] N. KUHLMANN : Über holomorphe Abbildungen komplexer Räume. Arch.d.Math. 15 (1964), pp. 81 - 90.

[11] N. KUHLMANN : Bemerkungen über holomorphe Abbildungen: Festschr.z.Gedächtnisfeier für Karl Weierstrass. Wiss. Abh.d.Arb.Gem.f.Forschung des Landes Nordrhein-Westfa - len 39 (1966), pp. 495 - 522.

[12] S. ŁOJASIEWICZ : Triangulation of semianalytic sets. Ann.Scuola Norm.Sup. Pisa 18 (1964), pp. 449 - 474.

[13] R. NARASIMHAN : Introduction to the theory of analytic spaces. Lecture Notes in Mathematics Nr. 25. Springer - Verlag, 1966.

[14] CH. OLK : Die singuläre Homologietheorie mit geschlos - senem Träger. Diplomarbeit Bonn, 1974/75.

[15] R. REMMERT : Holomorphe und meromorphe Abbildungen kom - plexer Räume. Math.Ann. 133 (1957), pp. 328 - 370.

[16] H. SEIFERT und W. THRELFALL : Lehrbuch der Topolgie. Verlag B.G. Teubner, 1934.

[17] E.H. SPANIER : Algebraic topology. McGraw-Hill, 1966.

[18] K. STEIN : Maximale holomorphe und meromorphe Abbil - dungen, II. Amer.Journ.of Math. 86 (1964), pp. 823 - 868.

[19] "___" : Dependence of meromorphic mappings. Ann. Polo - nici Math. 33 (1976), pp. 107 - 115.

[20] W. THIMM : Meromorphe Abbildungen von Riemannschen Be - reichen. Math.Zeitschrift 60 (1954), pp. 435 - 457.

[21] H. WHITNEY : Complex analytic varieties. Addison-Wesley, 1972.

Universität München
Bundesrepublik Deutschland

On the stability of holomorphic foliations with all leaves compact

Harald Holmann

Introduction.

The following problem was first posed by A. Haefliger:

Let X be a compact differentiable manifold, foliated differentiably with each leaf compact. Under what conditions are all leaves stable?

One of the many equivalent definitions of stability is the following. A leaf L is called stable iff for each neighbourhood U of L there exists an open saturated neighbourhood $U' \subset U$ of L (saturated means that U' is a union of leaves). A foliation is called stable iff all leaves are stable.

If one drops the condition that the manifold is compact since long counterexamples have been known, where the codimension of the leaves is greater than one ([10],[5]). For differentiable foliations with all leaves compact and of codimension 1 Reeb proved its stability ([10]).

The first answer to the Haefliger problem in codimension 2 was given by D.B.A. Epstein ([5]), who showed that for a differentiable periodic flow on a 3-dimensional compact differentiable manifold all orbits are stable.

Generalising this result Edwards, Millett, Sullivan and Vogt proved the stability of all differentiable foliations of a compact differentiable manifold with all leaves compact and of codimension 2 ([4],[13]).

At the same time Sullivan and Thurston found counterexamples (even real analytic ones) in codimension 4, more precisely they constructed 5-dimensional compact differentiable manifolds with a differentiable periodic flow not all orbits being stable ([11], [12]).

Only recently counterexamples (even real analytic ones) in codimension 3 were given by Epstein, Neumann and Vogt in form of 4-dimensional compact differentiable manifolds with an unstable differentiable periodic flow.

In contrast to these examples the author proved that for a periodic "real analytic" flow on a compact complex manifold (or a complex space) all orbits are stable ([9]). Here a real-analytic flow on a complex space X is defined as a continous group homomorphism of the additive group $\mathbb{R}$ into the complex Lie group Aut(X) of all biholomorphic mappings of X onto itself.

In [4] Edwards, Millett and Sullivan gave sufficient homological conditions for the stability of a differentiable foliation of a compact differentiable manifold X with all leaves compact, no matter what its codimension is:

If all homology classes in $H_r(X,\mathbb{R})$ (r being the dimension of the leaves) defined by the leaves belong to an open half space of the real vector space $H_r(X,\mathbb{R})$, then the foliation is stable.
These homological conditions are for example fulfilled for holomorphic foliations with all leaves compact on compact Kähler-manifolds.

Using the results of Edwards, Millet and Sullivan H. Rummler showed that a differentiable foliation with all leaves compact on a compact differentiable manifold is stable if one can find a Riemannian metric such that all leaves are minimal surfaces. This partly generalises a result of A.W. Wadsley who proved that a differentiable foliation by circles of a differentiable manifold X is stable iff there exists a Riemannian metric on X in which each of the circles is geodesic ([14]).

For complex manifolds or even complex spaces no examples of unstable holomorphic foliations with all leaves compact are known. This is even true without any assumption on the compactness of the complex spaces or the regularity of the holomorphic foliations.

In contrast to all the known examples of unstable periodic differentiable flows on compact differentiable manifolds the author showed in the complex analytic case that all periodic holomorphic flows (holomorphic actions of $\mathbb{C}$ with compact complex 1-dimensional orbits) on compact complex spaces are stable ([9]).

In analogy to the stability of 2-codimensional differentiable leaf-compact foliations of compact differentiable manifolds one has the following result in the complex analytic case:

All holomorphic complex 1-codimensional foliations with all leaves compact of a complex space X are stable.

Here one does not have to assume that X is compact or that the holomorphic foliations are regular. (For regular holomorphic foliations of complex manifolds B. Kaup has given a different proof which will appear in Commentarii Mathematici Helvetici.)

We shall give the proof in § 5 of this article.

Furthermore we shall show that for a stable leaf-compact holomorphic foliation the leaf space always has a canonical complex structure (§ 6).

In the first three sections we shall recall the definition of a (not necessarily regular) holomorphic foliation of a complex space and some of its properties; we shall introduce the notion of the bad set of a foliation and of the holonomy group of a leaf and draw some conclusions.

In the fourth section we shall prove that for a fixed leaf of a leaf-compact holomorphic foliation its stability is equivalent to several other conditions (proposition 4.2), for instance the finiteness of its holonomy group.

My thanks go to D.B.A. Epstein for some helpful suggestions and to the I.H.E.S the hospitality of which I enjoyed while writing this article.

§ 1 Holomorphic foliations.

In this section we recollect some definitions and propositions about holomorphic foliations of complex spaces (compare [8] . Complex spaces are always meant to be reduced here.)

Definition 1.1: By a local holomorphic foliation of a complex space X we understand a simple, locally simple, open holomorphic mapping $\beta: U \longrightarrow V$ of an open subset U of X onto a complex space V.

A local holomorphic foliation we mostly denote by (U,β).

<u>Definition 1.2:</u> Two local holomorphic foliations $(U_1,\beta_1),(U_2,\beta_2)$ of a complex space X are called holomorphically compatible iff for each point $x \in U_1 \cap U_2$ there exists an open neighbourhood $W \subset U_1 \cap U_2$ and a biholomorphic mapping $h:\beta_1(W) \longrightarrow \beta_2(W)$ such that $h \circ (\beta_1|W) = \beta_2|W$.

<u>Definition 1.3:</u> A holomorphic foliation of a complex space X is a system $\mathcal{L} = (U_i,\beta_i)_{i \in I}$ of pairwise holomorphically compatible local holomorphic foliations (U_i,β_i) of X with $\bigcup_{i \in I} U_i = X$.
Local holomorphic foliations of X, holomorphically compatible with all (U_i,β_i), $i \in I$, are called local $\mathcal{L}$-foliations.

Let me recall that a continous mapping $f: X \longrightarrow Y$ between topological spaces X,Y is said to be simple iff all fibres $f^{-1}(f(x))$, $x \in X$, of f are connected. f is called locally simple iff for each point $x \in X$ and for each neighbourhood U of x there exists an open neighbourhood $\tilde{U} \subset U$ of x, such that $f|\tilde{U}$ is simple.

In order to introduce the notion of a leaf of a holomorphic foliation $\mathcal{L} = (U_i,\beta_i)_{i \in I}$ of a complex space X we define a topology $T_{\mathcal{L}}$ on X a base of which is given by $\{\beta_i(\beta_i^{-1}(x_i)) \cap U;\ i \in I,\ x_i \in U_i,$ U open in X$\}$.

<u>Definition 1.4:</u> Let $\mathcal{L}$ be a holomorphic foliation on a complex space X, then the connected components of X with respect to the topology $T_{\mathcal{L}}$ are called leaves of $\mathcal{L}$.

Examples of holomorphic foliations can be obtained by integrable Pfaffian systems of partial differential equations on complex spaces,

the global solution manifolds of which are the leaves of the foliations ([8], Satz 2.4).
Other examples of holomorphic foliations are given by complex Lie group actions on a complex space with constant dimension of the orbits. Here the leaves coincide with the connected components of the orbits.

The following lemma ([8], Lemma 2.7) shows, that the leaves in a neighbourhood of a fixed leaf L are in a certain sense "holomorphically equally distributed" along all of L.

<u>Lemma 1.5:</u> Let X be a complex space with a holomorphic foliation $\mathcal{L}$ and let (U_1,β_1), (U_2,β_2) be two local $\mathcal{L}$-foliations. If $x_1 \in U_1$ and $x_2 \in U_2$ belong to the same leaf L of $\mathcal{L}$, then there exist open neighbourhoods $\tilde{V}_i$ of $v_i := \beta_i(x_i)$ in $V_i := \beta_i(U_i)$ for $i = 1,2$ and a biholomorphic mapping $h: \tilde{V}_1 \to \tilde{V}_2$, such that the following holds:

(a) $h_1(v_1) = v_2$

(b) $\beta_2^{-1}(h(v))$ and $\beta_1^{-1}(v)$ belong to the same leaf for each $v \in \tilde{V}_1$.

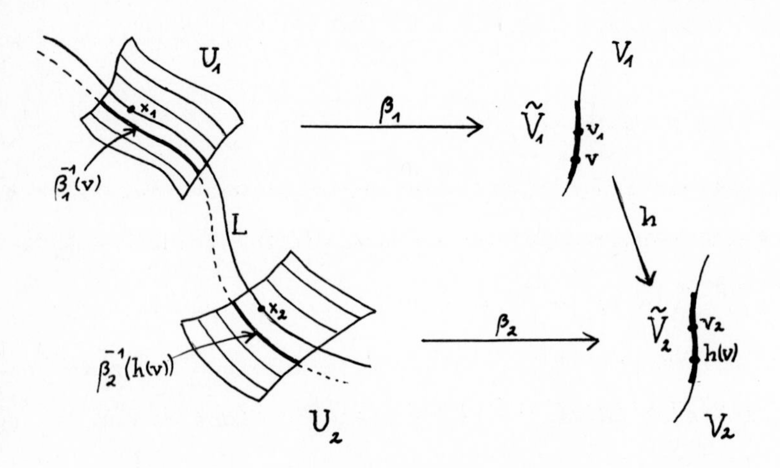

Therefore in order to describe the position of the leaves in a neighbourhood of a fixed leaf L one can choose any local $\mathcal{L}$-foliation (U,β) with $L \cap U \neq \emptyset$ and study the following equivalence relation $R_\beta \subset V \times V$ on $V := \beta(U)$.

Definition 1.6: $v_1, v_2 \in V$ are called R_β-equivalent (i.e. $(v_1,v_2) \in R_\beta$), iff $\beta^{-1}(v_1)$ and $\beta^{-1}(v_2)$ belong to the same leaf.

Remark: Under the assumptions and using the notations of lemma 1.5 the following holds: $(h \times h)\ (R_{\beta_1} \cap (\tilde{V}_1 \times \tilde{V}_1)) = R_{\beta_2} \cap (\tilde{V}_2 \times \tilde{V}_2)$.

A further important consequence of lemma 1.5 is the openess of the projection $\pi: X \longrightarrow X/\mathcal{L}$ of X onto the leaf-space $X/\mathcal{L}$ of $\mathcal{L}$, which associates with each point $x \in X$ the leaf L_x with $x \in L_x$.
Here the leaf-space $X/\mathcal{L}$ is defined as the set of all leaves of $\mathcal{L}$, equipped with the finest topology for which $\pi: X \longrightarrow X/\mathcal{L}$ is continous. ([8], Corollar 2.8).

We shall formulate now some properties of the equivalence relation $R_\beta \subset V \times V$ introduced in definition 1.6 ([8], Lemma 2.10).

Lemma 1.7:

(1) R_β is an open equivalence relation on V.

(2) An equivalence class of R_β is either discrete (i.e. it consists of isolated points only) or has no isolated points at all.

(3) R_β is weakly-analytic, i.e. through each point $(v_1,v_2) \in R_\beta$ passes a local analytic set $R(v_1,v_2) \subset R_\beta$, which is mapped biholomorphically onto an open neighbourhood of v_i by the projection

$R(v_1,v_2) \ni (\tilde{v}_1,\tilde{v}_2) \xrightarrow{q_i} \tilde{v}_i$ for $i = 1,2$ (compare [8]. Complex definition 2.11).

(4) An equivalence class of R_β is countable at the utmost if the topology of the corresponding leaf has a countable base.

(5) An equivalence class is discrete, when the corresponding leaf is closed in X and its topology has a countable base (this is the case for instance, when the leaves are compact).

Remark 1.8: If (U,β) is a local holomorphic foliation one can choose any relatively compact open subset V' of $V := \beta(U)$ and obtains a local holomorphic foliation (U',β') with $U' := \beta^{-1}(V')$ and $\beta' := \beta|U' \to V'$, which is holomorphically compatible with (U,β). (U',β') is called a shrinking of (U,β).

We can therefore always assume that the local holomorphic foliations (U_i,β_i) of a holomorphic foliation $\mathcal{L} = (U_i,\beta_i)_{i\in I}$ are shrinkings of locally holomorphic foliations $(\hat{U}_i,\hat{\beta}_i)$. Mostly we shall also assume that the local $\mathcal{L}$-foliations (U,β) under consideration are shrinkings of other local $\mathcal{L}$-foliations.

For holomorphic foliations with all leaves compact this assumption has the following consequence (we use the notations of definition 1.6): all equivalence classes of R_β are finite. This follows from lemma 1.7(5) already when all leaves are closed and their topologies have countable bases.

Definition 1.9: A holomorphic foliation $\mathcal{L}$ of a complex space X is called regular at a point $x \in X$, iff there exists an open neighbourhood U of x with a complex chart (U,φ) such that the following holds:

1) $\varphi(U) = A \times P^r$, A being a local analytic subset of some $\mathbb{C}^s$ and $P^r := \{(z_1,\ldots,z_r) \in \mathbb{C}^r;\ |z_i| < 1,\ i = 1,\ldots,r\}$.

2) (U,β) with $\beta := p_1 \circ \varphi : U \to A$ is a local $\mathcal{L}$-foliation ($p_1 : A \times P^r \to A$ denotes the projection onto the first component).

$\mathcal{L}$ is called regular iff $\mathcal{L}$ is regular at each point $x \in X$.

Remark 1.10: Let $\mathcal{L}$ be a holomorphic foliation of a complex space X. $\mathcal{L}$ is regular at $x \in X$ iff for every local $\mathcal{L}$-foliation (U,β) with $x \in U$ β is strongly regular at x (see [7], definition 1 and Theorem 1). The subset A of X where $\mathcal{L}$ is not regular is a nowhere dense analytic subset of X ([7], proposition 5).

§ 2 Bad set.

In this section we shall study only holomorphic foliations $\mathcal{L}$ with all leaves compact. Local $\mathcal{L}$-foliations (U,β) are always assumed to be shrinkings of other local $\mathcal{L}$-foliations (remark 1.8). Consequently all equivalence relations R_β (definition 1.6) are open, finite and weakly analytic (lemma 1.7). An equivalence relation is called finite iff all equivalence classes are finite.

Lemma 2.1: Let V be a complex space with an open, finite and weakly-analytic equivalence relation $R \subset V \times V$. The function $a: V \to \mathbb{N}^+$, defined by $a(v) :=$ number of elements (v,v') in R, has the following properties:

(α) $a: V \longrightarrow \mathbb{N}^+$ is semi-continous from below.

(β) $S := \{v \in V;\ a \text{ is continous in } v\}$ is open and dense in V.

Proof: (α) Since R is weakly analytic, there exists for each $v \in V$ a neighbourhood $\tilde{V} \subset V$ with $a(\tilde{v}) - a(v) \geq 0$ for all $\tilde{v} \in \tilde{V}$, i.e. a is semi-continous from below at v.

(β) If a is continous in $v_o \in V$, then there exists a neighbourhood $V_o \subset V$ of v_o with $|a(v) - a(v_o)| < 1$, i.e. $a(v) = a(v_o)$ for all $v \in V_o$. Since $V_o \subset S$ this shows the openess of S.

Let us now assume the existence of an open set U in V, such that $a: V \longrightarrow \mathbb{N}^+$ is discontinous at all points of U. Since a is semi-continous from below, all sets $A_n := \{v \in U;\ a(v) \leq n\}$, $n \in \mathbb{N}$, are closed in U.

$\bigcup_{n \in \mathbb{N}} U_n = U$ because R is finite. There must exist sets A_n with interior points (Baire theorem). We choose the smallest n_o such that A_{n_o} contains interior points. Let U' be an open subset of U with $U' \subset A_{n_o}$. Then $U'' := U' - (A_{n_o - 1} \cap U')$ is open in U and not empty (due to the choice of n_o). We have $a(v_o) = n_o$ for all $v \in U''$, i.e. a is continous on U'', in contradiction to our assumption that a is nowhere continous on U. Thus we have shown that S is dense in V.

Quite analogously one proves:

Lemma 2.2: In addition to the assumptions made in lemma 2.1 we request that A is a closed, R-saturated subset of V. Then the following holds:

(α) $a|A \longrightarrow \mathbb{N}^+$ is semi-continous from below.

(β) S_A:= $\{v \in A;\ a|A$ is continous in $v\}$ is (with respect to the relative topology on A) open and dense in A.

Definition 2.3: (We use the notations of lemma 2.1)

(a) R is called bounded, iff $a: V \longrightarrow \mathbb{N}^+$ is a bounded function.

(b) R is called bounded in $v \in V$, iff there exists an open neighbourhood $V' \subset V$ of v, such that $R' := R \cap (V' \times V')$ is a bounded equivalence relation on V'.

(c) $G := \{v \in V;\ R$ bounded in $v\}$ is called the good set

$B := V - G$ the bad set of R.

From the definition of the good set G follows immediately that G is open in V and $S \subset G$.

Lemma 2.3: We use the notations of lemma 2.1 and defintion 2.3. The bad set B of R is R-saturated, closed and nowhere dense in V.

Proof: We only have to prove that B or G is R-saturated, i.e. for $v_1 \in G$ and $(v_1,v_2) \in R$ we must show $v_2 \in G$. Since R is weakly analytic, there passes a local analytic subset $R(v_1,v_2) \subset R$ through (v_1,v_2) which is mapped biholomorphically onto an open neighbourhood V_i of v_i by the projection $R(v_1,v_2) \ni (u_1,u_2) \overset{q_i}{\longmapsto} u_i$ for i=1,2. We can assume that V_1 is sufficiently small, so that no equivalence class of $R \cap (V_1 \times V_1)$ contains more than M elements. If $w_1,\dots,w_N$ are N different R-equivalent points of V_2, then $w_i' := q_1(q_2^{-1}(w_i))$, $i = 1,\dots,N$ are N different R-equivalent points of V_1. As a consequence $N \leq M$, i.e. $R \cap (V_2 \times V_2)$ is bounded. Thus we have shown that $v_2 \in G$.

We now proceed to the definition of the bad set B of a leaf-compact holomorphic foliation $\mathcal{L} = (U_i, \beta_i)_{i \in I}$ of a complex space X. We shall assume that all (U_i, β_i) are shrinkings of local $\mathcal{L}$-foliations and consequently all R_{β_i} are open, finite, weakly analytic equivalence relations on $V_i := \beta_i(U_i)$.

Let $B_i \subset V_i$ denote the bad set of R_{β_i} which is R_{β_i}-saturated, closed and nowhere dense in V_i. From the remark following definition 1.6 we conclude, that for two points $x_i \in U_i$ and $x_j \in U_j$ lying in the same leaf of $\mathcal{L}$ the following holds:

$$\beta_i(x_i) \in B_i \Leftrightarrow \beta_j(x_j) \in B_j.$$

We can now define the bad set $B \subset X$ of $\mathcal{L}$ as follows:

<u>Definition 2.4:</u> $B := \{x \in X;\ \beta_i(x) \in B_i \text{ for some } i \in I \text{ with } x \in U_i\}$ is called the bad set of $\mathcal{L}$.

<u>Remark:</u> $B = \bigcup_{i \in I} \pi^{-1}(\pi(\beta_i^{-1}(B_i)))$, where $\pi: X \to X/\mathcal{L}$ denotes the canonical projection of X onto the leaf-space $X/\mathcal{L}$ of $\mathcal{L}$.

One sees immediately:

<u>Lemma 2.5:</u> The bad set B of $\mathcal{L}$ is a closed, nowhere dense subset of X, which is saturated, i.e. a union of leaves.

§ 3 Holonomy groups.

Let X be a complex space with a holomorphic foliation $\mathcal{L}$. In order to define the holonomy group of a leaf L of $\mathcal{L}$ we choose a local $\mathcal{L}$-foliation (U,β) with $L \cap U \neq \emptyset$ and select a point v_o from $\beta(U \cap L)$ in $V := \beta(U)$.

Let H(L) denote the set of germs $[h]_{v_o}$ at v_o of biholomorphic mappings $h: V_1 \longrightarrow V_2$ between open neighbourhoods V_1 and V_2 of v_o satisfying the following properties:

(a) $h(v_o) = v_o$,

(b) $(v, h(v)) \in R_\beta$ for all $v \in V_1$ (definition 1.6).

Because of condition (a) the composition of two such germs is always possible and it is again a germ satisfying (a) and (b). Consequently H(L) is a group with respect to this composition.

Definition 3.1: H(L) is called the holonomy group of L.

In order to justify this definition we have to show that for a given holomorphic foliation $\mathcal{L}$ the thus defined holonomy group H(L) of a leaf L of $\mathcal{L}$ depends - up to isomorphy - only on L.

Let $(\tilde{U},\tilde{\beta})$ be an other local $\mathcal{L}$-foliation with $\tilde{U} \cap L \neq \emptyset$ and let $\tilde{v}_o$ be a point from $\tilde{\beta}(\tilde{U} \cap L)$ in $\tilde{V} := \tilde{\beta}(\tilde{U})$. Similar to H(L) we define $\tilde{H}(L)$ as the group of germs $[\tilde{h}]_{\tilde{v}_o}$ at $\tilde{v}_o$ of biholomorphic mappings $\tilde{h}: \tilde{V}_1 \rightarrow \tilde{V}_2$ between open neighbourhoods $\tilde{V}_1$, $\tilde{V}_2$ of $\tilde{v}_o$ in $\tilde{V}$, satisfying the following properties:

(a) $\tilde{h}(\tilde{v}_o) = \tilde{v}_o$,

(b) $(\tilde{v},\tilde{h}(\tilde{v})) \in R_{\tilde{\beta}}$ for all $\tilde{v} \in \tilde{V}$.

We can always assume (at least after shrinking (U,β) and $(\tilde{U},\tilde{\beta})$ properly) that there exists a biholomorphic mapping $g: V \longrightarrow \tilde{V}$ with the following properties:

(a) $g(v_o) = \tilde{v}_o$,

(b) $\tilde{\beta}^{-1}(g(v))$ and $\beta^{-1}(v)$ lie in the same leaf for all $v \in V$.

Let $[h]_{v_o} \in H(L)$ be a germ at v_o of a biholomorphic mapping $h: V_1 \longrightarrow V_2$ between open neighbourhoods V_1, V_2 of v_o. $\tilde{h} := g \circ h \circ g^{-1} | \tilde{V}_1 \longrightarrow \tilde{V}_2$ with $\tilde{V}_i := g(V_i)$, $i = 1,2$, then defines a germ $[\tilde{h}]_{\tilde{v}_o} \in \tilde{H}(L)$. Setting $i[h]_{v_o} := [\tilde{h}]_{\tilde{v}_o}$ we obtain an isomorphism $i: H(L) \longrightarrow \tilde{H}(L)$, as can be seen easily.

<u>Lemma 3.2:</u> Let X be a complex space with a holomorphic foliation $\mathcal{L}$ and L a leaf of $\mathcal{L}$ with a finite holonomy-group $H(L)$. Then there exists a local $\mathcal{L}$-foliation (U,β) with $U \cap L \neq \emptyset$ and a group $H(V)$ of biholomorphic mappings of $V := \beta(U)$ onto itself with a point $v_o \in \beta(U \cap L)$ as fixed point, such that the following holds:

(a) $(v,h(v)) \in R_\beta$ for all $v \in V$ and $h \in H(V)$,

(b) $H(L) = \{[h]_{v_o} ; h \in H(V)\}$,

(c) $\mathrm{Ord}\, H(L) = \mathrm{Ord}\, H(V)$.

<u>Proof:</u> We start with a local $\mathcal{L}$-foliation $(\hat{U},\hat{\beta})$ with $L \cap \hat{U} \neq \emptyset$. We choose a point $v_o \in \hat{\beta}(L \cap \hat{U})$. There exist biholomorphic mappings $f_i: V_i \longrightarrow V_i'$, $i = 1,\dots,N$ ($N = \mathrm{Ord}\, H(L)$), between open neighbourhoods V_i and V_i' of v_o with the following properties:

(α) $f_i(v_o) = v_o$.

(β) $(v, f_i(v)) \in R_{\hat{\beta}}$ for all $v \in V_i$, $i = 1,\dots,N$.

(γ) $H(L) = \{[f_i]_{v_o} ; i = 1,\dots,N\}$.

We can find an open neighbourhood $V_o \subset \bigcap_{i=1}^{N} V_i$ of v_o satisfying:

(1) $f_j(V_o) \subset V_i$ for all $i,j = 1,\dots,N$.

(2) For each pair (i,j) there exists a $k(i,j)$ such that

$$f_i \circ f_j | V_o = f_{k(i,j)} | V_o .$$

Then $V' := \bigcap_{j=1}^{N} f_j(V_o)$ is an open neighbourhood of v_o with

$f_i(V') = \bigcap_{j=1}^{N} f_i(f_j(V_o)) = \bigcap_{k=1}^{N} f_k(V_o) = V'$ for all $i = 1,\dots,N$.

The connected component V of V' with $v_o \in V$ has the same property: $f_i(V) = V$ for all $i = 1,\dots,N$.

Consequently $H(V) := \{f_i | V; i = 1,\dots,N\}$ is a group of biholomorphic mappings of V onto itself with v_o as fixed point.

(U,β) with $U := \hat{\beta}^{-1}(V)$ and $\beta := \hat{\beta}|U$ is a local $\mathcal{L}$-foliation with $V = \beta(U)$. $H(V)$ has the properties (a), (b) and (c) of our lemma.

Lemma 3.3: Let X be a complex space with a holomorphic foliation $\mathcal{L}$ and L a compact leaf of $\mathcal{L}$. We assume that there are given local $\mathcal{L}$-foliations $(\hat{U}_i, \hat{\beta}_i)$, $i = 0,\dots,N$ with the following properties (because of lemma 1.5 this is always achievable):

(a) $\bigcup_{i=o}^{N} \hat{U}_i \supset L$

(b) $\hat{V}_i := \hat{\beta}_i(\hat{U}_i) \subset \hat{V}_o := \hat{\beta}_o(\hat{U}_o)$ for all $i = 1,\dots,N$.

(c) There exists a point v_o in $\hat{V}_o$ with $\hat{\beta}_i(L \cap \hat{U}_i) = v_o$ for all $i = 0,\dots,N$.

(d) $\hat{\beta}_i^{-1}(v)$ and $\hat{\beta}_o^{-1}(v)$ lie in the same leaf for all $v \in \hat{V}_i$, $i=1,\dots,N$.

Then there exists a refinement $(U_j)_{j=o,\dots,M}$ of $(\hat{U}_i)_{i=o,\dots,N}$ (i.e. a mapping $\tau: \{0,1,\dots,M\} \to \{0,.,\dots,N\}$ with $U_j \subset \hat{U}_{\tau(j)}$ for all $j = 0,\dots,M$) satisfying the following properties:

(1) $\bigcup_{j=o}^{M} U_j \supset L$.

(2) (U_j,β_j) with $\beta_j := \hat{\beta}_{\tau(j)} | U_j$ are local $\mathcal{L}$-foliations and $v_o \in V_j := \beta_j(U_j)$ for $j = 0,\dots,M$.

(3) $U_i \cup U_j \subset \hat{U}_{\tau(i)} \cap \hat{U}_{\tau(j)}$, if $U_i \cap U_j \neq \emptyset$.

(4) If $U_i \cap U_j \neq 0$ then there exists a biholomorphic mapping h_{ij} of V_j onto an open subset of $\hat{V}_{\tau(i)}$ with $h_{ij}(v_o) = v_o$ and $\hat{\beta}_{\tau(i)} | U_j = h_{ij} \circ \beta_j$.

(5) $\beta_i | U_i \cap U_j = h_{ij} \circ \beta_j | U_i \cap U_j$ if $U_i \cap U_j \neq \emptyset$.

(6) $[h_{ij}]_{v_o} \in H(L)$ (holonomy group of L), more precisely: $\hat{\beta}_o^{-1}(h_{ij}(v))$ and $\hat{\beta}_o^{-1}(v)$ lie in the same leaf of $\mathcal{L}$ for all $v \in V_j \subset \hat{V}_o$.

<u>Proof:</u> By simple topological considerations (compare [11] , section 5.1.5.) we get a refinement $(U_j)_{j=o,\dots,M}$ of $(\hat{U}_i)_{i=o,\dots,N}$ with respect to a mapping $\tau: \{0,\dots,M\} \to \{0,\dots,N\}$ with $U_j \subset \hat{U}_{\tau(j)}$ for $j = 0,\dots,M$, such that (1), (2) and (3) holds.

If now $U_i \cap U_j \neq \emptyset$ we have $U_j \subset \hat{U}_{\tau(i)}$ because of (3). Since (U_j,β_j) and $(\hat{U}_{\tau(i)},\hat{\beta}_{\tau(i)})$ are holomorphically compatible there must exist (if we have chosen the U_j small enough) a biholomorphic mapping h_{ij} of $V_j := \beta_j(U_j)$ onto an open neighbourhood of v_o in $\hat{V}_{\tau(i)}$ with $h_{ij}(v_o) = v_o$ and $\hat{\beta}_{\tau(i)} | U_j = h_{ij} \circ \beta_j$. That means we can choose the refinement $(U_j)_{j=o,\dots,M}$ always in such a way that also (4) holds.

(5) and (6) follow directly from (1) - (4).

For later use we shall prove here two lemmas for groups of biholomorphic mappings of a complex space onto itself with all orbits finite (compare the analogue for groups of homeomorphisms: [6] theorem 7.3).

Lemma 3.4: Let X be a complex space with finitely many irreducible components $X_1,\dots,X_n$ and G a group of biholomorphic mappings of X onto itself with all G-orbits $G(x) := \{g(x)\ ;\ g \in G\}$, $x \in X$, finite. Then G is finite.

Proof: We give a proof by induction over N.

$N = 1$: Suppose G is infinite, then we form a sequence $(g_\nu)_{\nu \in \mathbb{N}}$ in G with $g_\nu \neq g_\mu$ for $\nu \neq \mu$. $A_{\nu\mu} := \{x \in X;\ g_\nu(x) = g_\mu(x)\}$ is an analytic subset of X, different from X for each pair $(\nu,\mu) \in \mathbb{N} \times \mathbb{N}$ with $\nu \neq \mu$. $\bigcup_{\nu \neq \mu \in \mathbb{N}} A_{\nu\mu}$ is different from X because X is irreducible.
If we now choose an $x \in X - \bigcup_{\nu \neq \mu} A_{\nu\mu}$ we have $g_\nu(x) \neq g_\mu(x)$ for all $\nu \neq \mu$, i.e. the G-orbit $G(x)$ is infinite in contradiction to our assumption.

$N \to N+1$: We assume that X has $N+1$ irreducible components $X_1,\dots,X_{N+1}$. Let G_{N+1} be the subgroup $\{g \in G;\ g(X_{N+1}) \subset X_{N+1}\}$ of G.
Then $G'_{N+1} := \{g|X_{N+1};\ g \in G_{N+1}\}$ is a group of biholomorphic mappings of X_{N+1} onto itself. As shown above G'_{N+1} has to be finite.
$G''_{N+1} := \{g|\bigcup_{\nu=1}^{N} X_\nu;\ g \in G_{N+1}\}$ is by assumption a finite group of bi-

holomorphic mappings of $\bigcup_{\nu=1}^{N} X_\nu$ onto itself.

Since by $G_{N+1} \ni g \longmapsto (g|X_{N+1}, g|\bigcup_{\nu=1}^{N} X_\nu)$ an injective mapping $G_{N+1} \to G'_{N+1} \times G''_{N+1}$ is defined, G_{N+1} is itself finite.

Since $G = \bigcup_{i=1}^{N+1} G_{N+1,i}$ with $G_{N+1,i} := \{g \in G;\ g(X_{N+1}) \subset X_i\}$, we are through with our proof when we can show that all $G_{N+1,i}$, $i=1,\ldots,N$, are finite (or even empty). Let $G_{N+1,i} \neq \emptyset$. We choose a fixed element $g_i \in G_{N+1,i}$. For each $g \in G_{N+1,i}$ we have then $g_i^{-1} \circ g \in G_{N+1}$, i.e. $g \in g_i \circ G_{N+1}$. This proves the finiteness of $G_{N+1,i}$ for all $i = 1,\ldots,N$.

Lemma 3.5: Let X be a complex space with finitely many irreducible components $X_1,\ldots,X_N$, all of which are irreducible at a point $x_o \in \bigcap_{\nu=1}^{N} X_\nu$. If G is a finite group of biholomorphic mappings of X onto itself with x_o as a fixed point, then the following holds:

(1) The group $\hat{G}_{x_o}$, consisting of all germs $[f]_{x_o}$ at x_o of biholomorphic mappings f between open neighbourhoods of x_o with x_o as a fixed point and $f(x) \in G(x)$ for all x from some open neighbourhood of x_o, is finite.

(2) There exists an open G-invariant neighbourhood U of x_o and a group $\hat{G}$ of biholomorphic mappings of U onto itself with x_o as fixed point, such that $\hat{G}_{x_o} = \{[g]_{x_o};\ g \in \hat{G}\}$ and $G|U := \{g|U;\ g \in G\} \subset \hat{G}$.

(3) On can choose $U = X$ and $\hat{G} = G$ if X is irreducible.

Proof: $R_\nu := \{(x,g(x));\ x \in X_\nu,\ g \in G\}$ is a complex subspace of $X_\nu \times X$ for $\nu = 1,\dots,N$. $R_{\nu,g} := \{(x,g(x));\ x \in X_\nu\}$, $g \in G$, are the irreducible, in (x_o,x_o) irreducible components of R_ν. Let $f\colon U_1 \longrightarrow U_2$ be a biholomorphic mapping between open neighbourhoods U_1, U_2 of x_o with $f(x_o) = x_o$ and $f(x) \in G(x)$ for all $x \in U_1$, i.e. $[f]_{x_o} \in \hat{G}_{x_o}$. For a properly chosen neighbourhood $U \subset U_1$ of x_o the in (x_o,x_o) irreducible analytic set $\{(x,f(x));\ x \in U \cap X_\nu\}$ lies in an irreducible component R_{ν,g_ν}, $g_\nu \in G$, of R_ν. This means that for each $\nu = 1,\dots,N$ there exists a $g_\nu \in G$ with $f|X_\nu \cap U = g_\nu|X_\nu \cap U$ for a suitable neighbourhood U of x_o.

In case $N = 1$ we have therefore $\hat{G}_{x_o} = \{[g]_{x_o};\ g \in G\}$. For $N > 1$ the group $\hat{G}_{x_o}$ cannot have more than $N\cdot\mathrm{Ord}(G)$ elements. This shows (1) and (3). The proof of (2) is analogous to the proof of lemma 3.2.

§ 4 Stability criteria.

Definition 4.1: Let X be a complex space with a leaf-compact holomorphic foliation $\mathcal{L}$. A leaf L of $\mathcal{L}$ is called stable, iff each open neighbourhood U of L contains an open saturated neighbourhood U_o of L, i.e. U_o is a union of leaves.

Remark: All leaves of $\mathcal{L}$ are stable iff the leaf space $X/\mathcal{L}$ is hausdorff([1], proposition 10, § 5, no 4 and proposition 8, § 8, no 3).

We shall prove now criteria for stability, which in particular show that the stability of a leaf is equivalent with the finiteness of its holonomy group.

<u>Proposition 4.2:</u> Let X be a complex space with a leaf-compact holomorphic foliation $\mathcal{L}$. For a leaf L of $\mathcal{L}$ the following conditions are equivalent:

(1) L is stable.

(2) Each open neighbourhood $\tilde{U}$ of L contains an open saturated neighbourhood U of L and local $\mathcal{L}$-foliations $(U_j,\beta_j)_{j=o,1,\dots,M}$ with the following properties:

(a) $\bigcup_{j=o}^{M} U_j = U$.

(b) $\beta_j(U_j) =: V$ does not depend on j and there exists a point $v_o \in V$ with $\bigcup_{j=o}^{M} \beta_j^{-1}(v_o) = L$.

(c) There exists a finite group H(V) of biholomorphic mappings of V onto itself with v_o as a fixed point, such that $R_{\beta_j} = \{(v,h(v));\ v \in V,\ h \in H(V)\}$, $j = 0,\dots,M$.

(d) $\{[h]_{v_o};\ h \in H(V)\} = H(L)$.

(e) If $U_i \cap U_j \neq \emptyset$ there exists a biholomorphic mapping $h_{ij} \in H(V)$ with $\beta_i | U_i \cap U_j = h_{ij} \circ \beta_j | U_i \cap U_j$.

(3) L is not contained in the bad set B of $\mathcal{L}$.

(4) The holonomy group H(L) of L is finite.

<u>Proof:</u> <u>(1) $\longrightarrow$ (2)</u>: We shall apply lemma 3.3 and use its notations in the following. We can assume that $\bigcup_{i=o}^{N} \hat{U}_i \subset \tilde{U}$. Since L is stable there exists a saturated open neighbourhood V of v_o, relatively compact in $\bigcap_{j=o}^{M} V_j$ (saturated means: $\hat{\beta}_o^{-1}(v)$ and $\hat{\beta}_o^{-1}(w)$ for $v \in V$ and $w \in \hat{V}_o - V$ never lie in the same leaf).

Because of lemma 3.3(6) h_{ij} maps V biholomorphically onto an open subset of V for all $i,j = 0,\dots,M$ with $U_i \cap U_j \neq \emptyset$. Suppose $h_{ij}(V) \neq V$, then we choose a point $x_o \in V - h_{ij}(V)$ and obtain an infinite set $\{x_\nu := h_{ij}^{\nu}(x_o);\ \nu \in \mathbb{N}\}$ in V such that all $\hat{\beta}_o^{-1}(x_\nu)$ lie in the same leaf. Since V is relatively compact in V_o this contradicts the finiteness of the equivalence relation $R_{\hat{\beta}_o} \cap (V\times V)$ on V. Hence all h_{ij} map V biholomorphically onto itself.

The $h_{ij}: V \longrightarrow V$ with $i,j = 0,\dots,M$ and $U_i \cap U_j \neq \emptyset$, generate a group G of biholomorphic mappings of V onto itself with v_o as a fixed point and all G-orbits finite. We can assume that V has only finitely many irreducible components so that lemma 3.4 applies, i.e. G is finite.

We can choose V sufficiently small such that $\pi^{-1}(\pi(\hat{\beta}_o^{-1}(V)))$ is contained in the open neighbourhood $\bigcup_{j=o}^{M} U_j$ of L. Consequently

$$\bigcup_{j=o}^{M} \beta_j^{-1}(V) = \pi^{-1}(\pi(\hat{\beta}_o^{-1}(V))) = \pi^{-1}(\pi(\beta_i^{-1}(V))) \text{ for } i = 0,\dots,M.$$

We can assume now that the local $\mathcal{L}$-foliations (U_j,β_j), $j=0,\dots,M$, are already chosen in such a way that $V_j := \beta_j(U_j) = V$ for all $j = 0,\dots,M$. $U := \bigcup_{j=o}^{M} U_j$ is then an open saturated neighbourhood of L contained in $\tilde{U}$. One sees immediately that the conditions (2)(a), (b) are satisfied.

We are going to show now that $R_{\beta_o} = \{(v,g(v));\ v \in V,\ g \in G\}$ (one sees immediately that $R_{\beta_j} = R_{\beta_o}$ for $j = 1,\dots,M$).
Let $v_1, v_2 \in V$ be two R_{β_o}-equivalent points. We shall find then a $g \in G$ with $v_1 = g(v_2)$. Let L^* denote the leaf of $\mathcal{L}$ containing $\beta_o^{-1}(v_1)$ and $\{v_1,\dots,v_r\}$ the R_{β_o}-equivalence class of v_1 in V. The

(relative to L*) open sets $\beta_j^{-1}(v_\rho)$, $j = 0,\dots,M$, $\rho = 1,\dots,r$, cover L*. We choose a chain $\beta_{j_o}^{-1}(v_{\rho_o}), \beta_{j_i}^{-1}(v_{\rho_1}),\dots,\beta_{j_m}^{-1}(v_{\rho_m})$ with

$\beta_{j_{i-1}}^{-1}(v_{\rho_{i-1}}) \cap \beta_{j_i}^{-1}(v_{\rho_i}) \neq \emptyset$ for $j = 1,\dots,m$ and $j_o = j_m = 0$, $\rho_o = 1$, $\rho_2 = 2$. If we select $x_i \in \beta_{j_{i-1}}^{-1}(v_{\rho_{i-1}}) \cap \beta_{j_i}^{-1}(v_{\rho_i})$ for $i = 1,\dots,m$, we have:

$$v_1 = \beta_{j_o}(x_1) = h_{j_o j_1} \circ \beta_{j_1}(x_1) = h_{j_o j_1} \circ \beta_{j_1}(x_2) = h_{j_o j_1} \circ h_{j_1 j_2} \circ \beta_{j_2}(x_2) = \dots$$

$$= h_{j_o j_1} \circ \dots \circ h_{j_{m-1} j_m} \circ \beta_{j_m}(x_m) = g(v_2) \text{ with } g := h_{j_o j_1} \circ \dots \circ h_{j_{m-1} j_m} \in G.$$

If V is sufficiently small we can assume that it decomposes into finitely many irreducible components all of which contain v_o and are irreducible in v_o, so that lemma 3.5 is applicable. Again we can assume that V is properly chosen so that there exists a group $\hat{G}$ of biholomorphic mappings of V onto itself with v_o as a fixed point, satisfying the following conditions:
$\hat{G} \supset G$, $\hat{G}(v) = G(v)$ for all $v \in V$, $H(L) = \{[\hat{g}]_{v_o} ; \hat{g} \in \hat{G}\}$.
If we set $H(V) := \hat{G}$ one sees immediately that the conditions (c), (d) and (e) are satisfied.

(2) ⟶ (3): follows immediately.

(3) ⟶ (4): We choose a local $\mathcal{L}$-foliation (U,β) such that $\beta(L \cap U)$ consists of a single point $v_o \in V := \beta(U)$.
We can assume that the equivalence relation R_β on V is bounded, i.e. there exists a positive integer M such that no R_β-equivalence class has more than M elements. We can further assume that V decomposes into finitely many irreducible components $V_1,\dots,V_N$, all of which contain v_o and are irreducible in v_o.

Let now $[g_1]_{v_o},\dots,[g_r]_{v_o}$ be r different elements of the holonomy group H(L), defined by biholomorphic mappings $g_\rho : W_\rho \longrightarrow \tilde{W}_\rho$, $\rho = 1,\dots,r$, between open neighbourhoods $W_\rho, \tilde{W}_\rho$ of v_o, such that $g_\rho(v_o) = v_o$ and $(v, g_\rho(v)) \in R_\beta \ \forall v \in V_\rho$. We choose an open neighbourhood $W \subset \bigcap_{\rho=1}^{r} W_\rho$ of v_o, such that all components $W \cap V_\nu$, $\nu=1,\dots,N$, of W are connected. Among the applications $g_\rho | W \cap V_\nu$, $\rho = 1,\dots,r$, for fixed ν there exist only M mutually different ones. Consequently $r \leqslant N \cdot M$, which proves the finiteness of the holonomy group H(L).

<u>(4) $\longrightarrow$ (1)</u>: W use the notations of lemma 3.3, which is applicable here. Since H(L) is finite we can assume (lemma 3.2) the existence of a finite group $H(\hat{V}_o)$ of biholomorphic mappings of $\hat{V}_o$ onto itself with v_o as a fixed point such that

(a) $(v,h(v)) \in R_{\hat{\beta}_o}$ for all $v \in \hat{V}_o$ and $h \in H(\hat{V}_o)$.

(b) $H(L) = \{[h]_{v_o} ; h \in H(\hat{V}_o)\}$

(c) $\text{Ord } H(L) = \text{Ord } H(\hat{V}_o)$.

We can assume that the biholomorphic mappings h_{ij} of V_j onto open subsets of $\hat{V}_{\tau(i)}$ are restrictions of elements of $H(\hat{V}_o)$. To simplify matters we say that the h_{ij} are from $H(\hat{V}_o)$.

We choose now shrinkings $(U'_j)_{j=0,\dots,M}$ of the open covering $(U_j)_{j=o,\dots,M}$ of L, i.e. U'_j is open and relatively compact in U_j for all $j = 0,\dots,M$ and $\bigcup_{j=o}^{M} U'_j \supset L$. We can choose the U'_j properly, such that the (U'_j, β'_j) with $\beta'_j := \beta_j | U'_j$ are local $\mathcal{L}$-foliations again. We define $V'_j := \beta'_j(U'_j)$.

$U' := \bigcup_{j=o}^{M} U'_j$ is an open neighbourhood of L. $\partial U'_j$ and also $\partial U'_j - U'$ are compact subsets of U_j for $j = 0,\dots,M$. Consequently $\beta_j(\partial U'_j - U')$ is compact in V_j and does not contain v_o. There exists an open, connected neighbourhood $W \subset \bigcap_{j=o}^{M} V'_j$ of v_o with $W \cap \beta_j(\partial U'_j - U') = \emptyset$ for $j = 0,\dots,M$. We can choose W invariant under the action of the finite group $H(\hat{V}_o)$. We shall show now that the open neighbourhood $U'' := \bigcup_{j=o}^{M} \beta'^{-1}_j(W)$ of L consists of complete leaves.

Let L* be a leaf of $\mathcal{L}$ with $L^* \cap U'' \neq \emptyset$. We have to show that $L^* \cap U''$ is an open and compact subset of L*. Because L* is connected it follows $L^* \cap U'' = L^*$. By definition $L^* \cap U''$ is open in L*. In order to prove the compactness of $L^* \cap U''$, we need the relation

(*) $\beta_j^{-1}(W) \cap \overline{U'_j} \subset U''$ for $j = 0,\dots,M$,

which we shall show afterwards. It follows from (*):

$$L^* \cap U'' = \bigcup_{j=o}^{M} (L^* \cap \beta'^{-1}_j(W)) \subset \bigcup_{j=o}^{M} (L^* \cap \beta_j^{-1}(W) \cap \overline{U'_j}) \subset L^* \cap U''.$$

i.e. $L^* \cap U''$ is the union of the compact sets $L^* \cap \beta_j^{-1}(W) \cap \overline{U'_j}$, $j = 0,\dots,M$.

We shall prove now the relation (*). At first we show that $\beta_j^{-1}(W) \cap \overline{U'_j}$ is contained in U'. To this purpose we write

$$\beta_j^{-1}(W) \cap \overline{U'_j} = (\beta_j^{-1}(W) \cap U'_j) \cup (\beta_j^{-1}(W) \cap \partial U'_j) = \beta'^{-1}_j(W) \cup (\beta_j^{-1}(W) \cap \partial U'_j).$$

Since $W \cap \beta_j(\partial U'_j - U') = \emptyset$ it follows $\beta_j^{-1}(W) \cap \partial U'_j \subset U'$. Thus we have $\beta_j^{-1}(W) \cap \overline{U'_j} \subset U'$.

Let x be an element from $\beta_j^{-1}(W) \cap \overline{U'_j}$, then we have to show that $x \in U''$. We know already that $x \in U'$, i.e. $x \in U'_i$ for some index i. Since $x \in U_i \cap U_j$ we can apply lemma 3.3(5): $\beta_i(x) = h_{ij}(\beta_j(x))$.

By assumption $\beta_j(x) \in W$. Since W is invariant under the action of $H(\hat{V}_o)$ and since $h_{ij} \in H(\hat{V}_o)$ also $\beta_i(x)$ belongs to W. Consequently $x \in \beta_i'^{-1}(W) \subset U''$.

As one sees immediately the saturated open neighbourhood U" can be constructed in such a way that it lies in a given open neighbourhood of L.

§ 5 Complex 1-codimensional holomorphic foliations.

Proposition 5.1: Let $\mathcal{L}$ be a holomorphic foliation of a complex space X with all leaves compact and of complex codimension one. Then all leaves are stable.

Proof: Assume the bad set B of $\mathcal{L}$ is not empty. We choose a local $\mathcal{L}$-foliation (U,β) with $U \cap B \neq \emptyset$. We can assume that the equivalence relation R_β on $V := \beta(U)$ is finite, open and weakly-analytic. $B_\beta := \beta(B \cap U)$ is a closed, nowhere dense, not empty subset of V, which consists of all points of V where R_β is not bounded. Furthermore B_β is R_β-saturated and contains, as we shall prove afterwards (lemma 5.2), no isolated points, i.e. B_β is perfect. Let $a: V \longrightarrow \mathbb{N}$ be the counting function introduced in lemma 2.1.
$S_{B_\beta} := \{v \in B_\beta;\ a|B_\beta \text{ is continous in } v\}$ is an open (relative to B_β) and dense subset of B_β (lemma 2.2). We choose a point $v_o \in S_{B_\beta}$. We can assume that V is irreducible in v_o. $\beta^{-1}(v_o)$ lies in a leaf L which is contained in the bad set B, i.e. the holonomy group H(L) is infinite. Let now $[f]_{v_o}$ be an element from H(L), i.e. $f: V_1 \longrightarrow V_2$

is a biholomorphic mapping between open neighbourhoods V_1, V_2 of v_o with $f(v_o) = v_o$ and $(v,f(v)) \in R_\beta$ for all $v \in V_1$. Since B_β is R_β-saturated it follows $f(V_1 \cap B_\beta) \subset V_2 \cap B_\beta$. Because of the continuity of $a|B_\beta$ at v_o we can assume that it is constant on $V_1 \cap B_\beta$ (one has only to choose V_1 small enough). Thus $f|V_1 \cap B_\beta$ is the identity on $V_1 \cap B_\beta$. Since B_β is perfect and V is complex 1-dimensional f itself is the identity on a neighbourhood of v_o, i.e. $[f]_{v_o}$ is the neutral element of the group H(L). This contradicts the fact that H(L) is infinite.

To make the proof above complete we still have to show that B_β has no isolated points. This gap can be filled by the following lemma 5.2 from topology. Now let X be a locally compact, locally connected topological space, R an open equivalence relation on X the equivalence classes of which are all compact and connected. An equivalence class L of R is called stable iff each open neighbourhood U of L contains an open R-saturated neighbourhood U' of L. It is well known that all R-equivalence classes are stable iff R is a proper equivalence relation ([1], proposition 10, § 5, no 4 and proposition 9, § 10, no 4). Using the notations introduced above, the following holds:

<u>Lemma 5.2:</u> There do not exist isolated unstable equivalence classes of R, i.e. each neighbourhood of an unstable equivalence class intersects also with other unstable equivalence classes.

<u>Proof:</u> Let L be an R-equivalence class and W an open neighbourhood of L. We have to show that L is stable if all equivalence classes

different from L intersecting W are stable. The R-saturation $\hat{W}$ of W is an open neighbourhood of L such that all equivalence classes in $\hat{W}-L$ are stable, i.e. R is proper on $\hat{W}-L$. In order to show that L is stable we construct for each open neighbourhood U of L an open saturated neighbourhood $U' \subset U$ of L. We can always assume that U is relatively compact in W. As a consequence the boundary ∂U of U is compact in $\hat{W}-L$. Since R is proper on $\hat{W}-L$ the R-saturation $\widehat{\partial U}$ of ∂U is again compact in $\hat{W}-L$. Therefore $\hat{U}-\widehat{\partial U}$ is an open saturated neighbourhood of L. The same is true for the connected component U' of $\hat{U}-\widehat{\partial U}$ containing L. Since $U' \cap U \neq \emptyset$ and $U' \cap \partial U = \emptyset$ it follows from the connectedness of U' that $U' \subset U$.

§ 6 Canonical complex structures on leaf spaces.

Let us recall what we mean by a canonical complex structure on the quotient space X/R of a complex space X by an equivalence relation R on X. Here we are especially interested in the case of a leaf-space $X/\mathcal{L}$ of a complex space X with a holomorphic foliation $\mathcal{L}$.

Definition 6.1: A complex structure on X/R is called canonical if the following holds: a function $h: U \longrightarrow \mathbb{C}$ on an open subset U of X/R (equipped with the quotient-topology) is holomorphic if and only if $h \circ \pi$ is holomorphic on the open subset $\pi^{-1}(U)$ of X. Here $\pi: X \longrightarrow X/R$ denotes the canonical projection of X onto the quotient X/R.

<u>Proposition 6.2:</u> Let X be a complex space with a holomorphic foliation $\mathcal{L}$, such that all leaves of $\mathcal{L}$ are compact and stable. Then the leaf space $X/\mathcal{L}$ has a canonical complex structure.

Furthermore there exists a complex substructure $\mathcal{O}_{\mathcal{L}}$ of the canonical complex structure with the following properties:

(1) The canonical projection $\pi: X \longrightarrow X/\mathcal{L}$ is holomorphic (as to $\mathcal{O}_{\mathcal{L}}$).

(2) For each local $\mathcal{L}$-foliation (U,β) there exists a holomorphic mapping $\pi': V:= \beta(U) \longrightarrow \pi(U)$, such that $\pi|U = \pi' \circ \beta$, i.e. locally π is factored by all local $\mathcal{L}$-foliations.

This complex substructure $\mathcal{O}_{\mathcal{L}}$ can be discribed explicitely in a neighbourhood of a leaf $L \in X/\mathcal{L}$ as follows:

(3) Choose any local $\mathcal{L}$-foliation (U,β) with $L \cap U = \emptyset$ and a finite group $H(V)$ of biholomorphic mappings of $V:= \beta(U)$ onto itself satisfying (see lemma 4.2):

(a) $H(V)$ has a fixed point $v_o \in V$ with $v_o = \beta(L \cap U)$.

(b) $\{(v,h(v));\ v \in V,\ h \in H(V)\} = R_{\beta}$.

(c) $H(L) = \{[h]_{v_o};\ h \in H(V)\}$.

(4) $\beta: U \longrightarrow V$ induces a biholomorphic mapping $\beta': \pi(U) \longrightarrow V/H(V)$ between the open neighbourhood $\pi(U)$ of $L \in X/\mathcal{L}$ and the quotient space $V/H(V)$ (equipped with the canonical complex structure; see [2], theorem 4), such that the following diagram commutes:

$$(*) \qquad \begin{array}{ccc} U & \xrightarrow{\beta} & V \\ \downarrow \pi & & \downarrow q \\ \pi(U) & \xrightarrow{\beta'} & V/H(V) \end{array}$$

($q\colon V \longrightarrow V/H(V)$ denotes the canonical projection of V onto the quotient $V/H(V)$)

Remark: Under the assumptions of proposition 6.2 the leaf space $X/\mathcal{L}$ is hausdorff with respect to the quotient topology. From this property alone follows already the existence of a complex structure on X no matter whether the leaves are compact or not. But this complex structure generally is not canonical. It becomes canonical when the holomorphic foliation $\mathcal{L} = (U_i, \beta_i)_{i\in I}$ is maximal, i.e. all $V_i := \beta_i(U)$, $i \in I$, carry a maximal complex structure ([9], Satz 3.4). Proposition 6.2 shows that this restriction can be dropped when all leaves are compact. The local description (3), (4) of the complex substructure $\mathcal{O}_{\mathcal{L}}$ of the canonical complex structure on the leaf space $X/\mathcal{L}$ depends decisively on the assumption that all leaves are compact.

Proof: For each leaf L of $\mathcal{L}$ we choose a local $\mathcal{L}$-foliation (U,β) with the properties (3) of proposition 6.2. One sees immediately that there exists a uniquely determined bijective mapping $\beta'\colon \pi(U) \longrightarrow V/H(V) = V/R_{\beta}$ which makes the diagram (*) of proposition 6.2 commutative. Since π, β and q are continous and open mappings, β is a homeomorphism. One proves easily that all such complex charts $(\pi(U), \beta')$ of the leaf space $X/\mathcal{L}$ are mutually holomorphically compatible; i.e. they define a complex structure $\mathcal{O}_{\mathcal{L}}$ on the leaf space $X/\mathcal{L}$, which has the properties (1) - (4). It may happen that $\mathcal{O}_{\mathcal{L}}$ is not yet a canonical complex structure on the leaf space. But we can obtain a canonical one in the following way. All fibres of the holomorphic mapping $\pi: X \longrightarrow X/\mathcal{L}$ ($X/\mathcal{L}$ equipped with the complex structure $\mathcal{O}_{\mathcal{L}}$) are compact and connected. Let us denote by R_π the equivalence relation on X, the equivalence classes of which are the fibres of π, i.e. the leaves of $\mathcal{L}$. By a theorem of H. Cartan ([3], theorem 3) X/R_π has a canonical complex structure. As topological spaces X/R_π and $X/\mathcal{L}$ coincide. The holomorphic projection $\pi: X \longrightarrow X/R_\pi$ induces a holomorphic mapping $i: X/R_\pi \longrightarrow X/\mathcal{L}$, which topologically is the identity. Thus we have found a canonical complex structure on the leaf space of $\mathcal{L}$ with $\mathcal{O}_{\mathcal{L}}$ as a complex substructure.

References

[1] Bourbaki, N.: Topologie générale, Chap. I, 3. éd., Hermann, Paris (1961).

[2] Cartan, H.: Quotient d'un espace analytique par un groupe d'automorphismes. Algebraic Geometry and Topology, a symposium in honor of S. Lefschetz; 90-102, Princeton University Press (1957).

[3] Cartan, H.: Quotients of complex analytic spaces. Contributions to Function Theory. International Colloquium on Function Theory, Tata Institute of Fundamental Research, Bombay (1960).

[4] Edwards, R., Millett, K., Sullivan, D.: Foliations with all leaves compact. Publ. I.H.E.S., June 1975.

[5] Epstein, D.B.A.: Periodic flows on three manifolds. Ann. of Math. 95, 66-82 (1972).

[6] Epstein, D.B.A.: Foliations with all leaves compact. Ann. Inst. Fourier, Grenoble, 26,1 (1976), 265-282.

[7] Holmann, H.: Local properties of holomorphic mappings. Proc. Conf. on Complex Analysis, Minneapolis 1964. Springer 1965.

[8] Holmann, H.: Holomorphe Blätterungen komplexer Räume. Comment. Math. Helvetici 47, 185-204 (1972).

[9] Holmann, H.: Analytische periodische Strömungen auf kompakten komplexen Räumen. Comment. Math. Helvetici 52, 251-257 (1977).

[10] Reeb, G.: Sur certaines propriétés topologiques des variétés feuilletées. Act. Sci. et Ind. No 1183, Hermann, Paris (1952).

[11] Sullivan, D.: A counterexample to the periodic orbit conjecture. Publ. I.H.E.S. No 46 (1976).

[12] Sullivan, D.: A new flow. Bull. Am.Math. Soc. 82, 331-332 (1976).

[13] Vogt, E.: Foliations of codimension 2 with all leaves compact. Manuscripta math. 18, 187-212 (1976).

[14] Wadsley, A.W.: Geodesic foliations by circles, University of Warwick.

Université de Fribourg
Institut de Mathématiques
CH-1700 Fribourg, Pérolles

Vol. 521: G. Cherlin, Model Theoretic Algebra – Selected Topics. IV, 234 pages. 1976.

Vol. 522: C. O. Bloom and N. D. Kazarinoff, Short Wave Radiation Problems in Inhomogeneous Media: Asymptotic Solutions. V. 104 pages. 1976.

Vol. 523: S. A. Albeverio and R. J. Høegh-Krohn, Mathematical Theory of Feynman Path Integrals. IV, 139 pages. 1976.

Vol. 524: Séminaire Pierre Lelong (Analyse) Année 1974/75. Edité par P. Lelong. V, 222 pages. 1976.

Vol. 525: Structural Stability, the Theory of Catastrophes, and Applications in the Sciences. Proceedings 1975. Edited by P. Hilton. VI, 408 pages. 1976.

Vol. 526: Probability in Banach Spaces. Proceedings 1975. Edited by A. Beck. VI, 290 pages. 1976.

Vol. 527: M. Denker, Ch. Grillenberger, and K. Sigmund, Ergodic Theory on Compact Spaces. IV, 360 pages. 1976.

Vol. 528: J. E. Humphreys, Ordinary and Modular Representations of Chevalley Groups. III, 127 pages. 1976.

Vol. 529: J. Grandell, Doubly Stochastic Poisson Processes. X, 234 pages. 1976.

Vol. 530: S. S. Gelbart, Weil's Representation and the Spectrum of the Metaplectic Group. VII, 140 pages. 1976.

Vol. 531: Y.-C. Wong, The Topology of Uniform Convergence on Order-Bounded Sets. VI, 163 pages. 1976.

Vol. 532: Théorie Ergodique. Proceedings 1973/1974. Edité par J.-P. Conze and M. S. Keane. VIII, 227 pages. 1976.

Vol. 533: F. R. Cohen, T. J. Lada, and J. P. May, The Homology of Iterated Loop Spaces. IX, 490 pages. 1976.

Vol. 534: C. Preston, Random Fields. V, 200 pages. 1976.

Vol. 535: Singularités d'Applications Differentiables. Plans-sur-Bex. 1975. Edité par O. Burlet et F. Ronga. V, 253 pages. 1976.

Vol. 536: W. M. Schmidt, Equations over Finite Fields. An Elementary Approach. IX, 267 pages. 1976.

Vol. 537: Set Theory and Hierarchy Theory. Bierutowice, Poland 1975. A Memorial Tribute to Andrzej Mostowski. Edited by W. Marek, M. Srebrny and A. Zarach. XIII, 345 pages. 1976.

Vol. 538: G. Fischer, Complex Analytic Geometry. VII, 201 pages. 1976.

Vol. 539: A. Badrikian, J. F. C. Kingman et J. Kuelbs, Ecole d'Eté de Probabilités de Saint Flour V-1975. Edité par P.-L. Hennequin. IX, 314 pages. 1976.

Vol. 540: Categorical Topology, Proceedings 1975. Edited by E. Binz and H. Herrlich. XV, 719 pages. 1976.

Vol. 541: Measure Theory, Oberwolfach 1975. Proceedings. Edited by A. Bellow and D. Kölzow. XIV, 430 pages. 1976.

Vol. 542: D. A. Edwards and H. M. Hastings, Čech and Steenrod Homotopy Theories with Applications to Geometric Topology. VII, 296 pages. 1976.

Vol. 543: Nonlinear Operators and the Calculus of Variations, Bruxelles 1975. Edited by J. P. Gossez, E. J. Lami Dozo, J. Mawhin, and L. Waelbroeck, VII, 237 pages. 1976.

Vol. 544: Robert P. Langlands, On the Functional Equations Satisfied by Eisenstein Series. VII, 337 pages. 1976.

Vol. 545: Noncommutative Ring Theory. Kent State 1975. Edited by J. H. Cozzens and F. L. Sandomierski. V, 212 pages. 1976.

Vol. 546: K. Mahler, Lectures on Transcendental Numbers. Edited and Completed by B. Diviš and W. J. Le Veque. XXI, 254 pages. 1976.

Vol. 547: A. Mukherjea and N. A. Tserpes, Measures on Topological Semigroups: Convolution Products and Random Walks. V, 197 pages. 1976.

Vol. 548: D. A. Hejhal, The Selberg Trace Formula for PSL $(2,\mathbb{R})$. Volume I. VI, 516 pages. 1976.

Vol. 549: Brauer Groups, Evanston 1975. Proceedings. Edited by D. Zelinsky. V, 187 pages. 1976.

Vol. 550: Proceedings of the Third Japan – USSR Symposium on Probability Theory. Edited by G. Maruyama and J. V. Prokhorov. VI, 722 pages. 1976.

Vol. 551: Algebraic K-Theory, Evanston 1976. Proceedings. Edited by M. R. Stein. XI, 409 pages. 1976.

Vol. 552: C. G. Gibson, K. Wirthmüller, A. A. du Plessis and E. J. N. Looijenga. Topological Stability of Smooth Mappings. V, 155 pages. 1976.

Vol. 553: M. Petrich, Categories of Algebraic Systems. Vector and Projective Spaces, Semigroups, Rings and Lattices. VIII, 217 pages. 1976.

Vol. 554: J. D. H. Smith, Mal'cev Varieties. VIII, 158 pages. 1976.

Vol. 555: M. Ishida, The Genus Fields of Algebraic Number Fields. VII, 116 pages. 1976.

Vol. 556: Approximation Theory. Bonn 1976. Proceedings. Edited by R. Schaback and K. Scherer. VII, 466 pages. 1976.

Vol. 557: W. Iberkleid and T. Petrie, Smooth S^1 Manifolds. III, 163 pages. 1976.

Vol. 558: B. Weisfeiler, On Construction and Identification of Graphs. XIV, 237 pages. 1976.

Vol. 559: J.-P. Caubet, Le Mouvement Brownien Relativiste. IX, 212 pages. 1976.

Vol. 560: Combinatorial Mathematics, IV, Proceedings 1975. Edited by L. R. A. Casse and W. D. Wallis. VII, 249 pages. 1976.

Vol. 561: Function Theoretic Methods for Partial Differential Equations. Darmstadt 1976. Proceedings. Edited by V. E. Meister, N. Weck and W. L. Wendland. XVIII, 520 pages. 1976.

Vol. 562: R. W. Goodman, Nilpotent Lie Groups: Structure and Applications to Analysis. X, 210 pages. 1976.

Vol. 563: Séminaire de Théorie du Potentiel. Paris, No. 2. Proceedings 1975–1976. Edited by F. Hirsch and G. Mokobodzki. VI, 292 pages. 1976.

Vol. 564: Ordinary and Partial Differential Equations, Dundee 1976. Proceedings. Edited by W. N. Everitt and B. D. Sleeman. XVIII, 551 pages. 1976.

Vol. 565: Turbulence and Navier Stokes Equations. Proceedings 1975. Edited by R. Temam. IX, 194 pages. 1976.

Vol. 566: Empirical Distributions and Processes. Oberwolfach 1976. Proceedings. Edited by P. Gaenssler and P. Révész. VII, 146 pages. 1976.

Vol. 567: Séminaire Bourbaki vol. 1975/76. Exposés 471–488. IV, 303 pages. 1977.

Vol. 568: R. E. Gaines and J. L. Mawhin, Coincidence Degree, and Nonlinear Differential Equations. V, 262 pages. 1977.

Vol. 569: Cohomologie Etale SGA $4\frac{1}{2}$. Séminaire de Géométrie Algébrique du Bois-Marie. Edité par P. Deligne. V, 312 pages. 1977.

Vol. 570: Differential Geometrical Methods in Mathematical Physics, Bonn 1975. Proceedings. Edited by K. Bleuler and A. Reetz. VIII, 576 pages. 1977.

Vol. 571: Constructive Theory of Functions of Several Variables, Oberwolfach 1976. Proceedings. Edited by W. Schempp and K. Zeller. VI, 290 pages. 1977

Vol. 572: Sparse Matrix Techniques, Copenhagen 1976. Edited by V. A. Barker. V, 184 pages. 1977.

Vol. 573: Group Theory, Canberra 1975. Proceedings. Edited by R. A. Bryce, J. Cossey and M. F. Newman. VII, 146 pages. 1977.

Vol. 574: J. Moldestad, Computations in Higher Types. IV, 203 pages. 1977.

Vol. 575: K-Theory and Operator Algebras, Athens, Georgia 1975. Edited by B. B. Morrel and I. M. Singer. VI, 191 pages. 1977.

Vol. 576: V. S. Varadarajan, Harmonic Analysis on Real Reductive Groups. VI, 521 pages. 1977.

Vol. 577: J. P. May, E_∞ Ring Spaces and E_∞ Ring Spectra. IV, 268 pages. 1977.

Vol. 578: Séminaire Pierre Lelong (Analyse) Année 1975/76. Edité par P. Lelong. VI, 327 pages. 1977.

Vol. 579: Combinatoire et Représentation du Groupe Symétrique, Strasbourg 1976. Proceedings 1976. Edité par D. Foata. IV, 339 pages. 1977.

Vol. 580: C. Castaing and M. Valadier, Convex Analysis and Measurable Multifunctions. VIII, 278 pages. 1977.

Vol. 581: Séminaire de Probabilités XI, Université de Strasbourg. Proceedings 1975/1976. Edité par C. Dellacherie, P. A. Meyer et M. Weil. VI, 574 pages. 1977.

Vol. 582: J. M. G. Fell, Induced Representations and Banach *-Algebraic Bundles. IV, 349 pages. 1977.

Vol. 583: W. Hirsch, C. C. Pugh and M. Shub, Invariant Manifolds. IV, 149 pages. 1977.

Vol. 584: C. Brezinski, Accélération de la Convergence en Analyse Numérique. IV, 313 pages. 1977.

Vol. 585: T. A. Springer, Invariant Theory. VI, 112 pages. 1977.

Vol. 586: Séminaire d'Algèbre Paul Dubreil, Paris 1975–1976 (29ème Année). Edited by M. P. Malliavin. VI, 188 pages. 1977.

Vol. 587: Non-Commutative Harmonic Analysis. Proceedings 1976. Edited by J. Carmona and M. Vergne. IV, 240 pages. 1977.

Vol. 588: P. Molino, Théorie des G-Structures: Le Problème d'Equivalence. VI, 163 pages. 1977.

Vol. 589: Cohomologie l-adique et Fonctions L. Séminaire de Géométrie Algébrique du Bois-Marie 1965–66, SGA 5. Edité par L. Illusie. XII, 484 pages. 1977.

Vol. 590: H. Matsumoto, Analyse Harmonique dans les Systèmes de Tits Bornologiques de Type Affine. IV, 219 pages. 1977.

Vol. 591: G. A. Anderson, Surgery with Coefficients. VIII, 157 pages. 1977.

Vol. 592: D. Voigt, Induzierte Darstellungen in der Theorie der endlichen, algebraischen Gruppen. V, 413 Seiten. 1977.

Vol. 593: K. Barbey and H. König, Abstract Analytic Function Theory and Hardy Algebras. VIII, 260 pages. 1977.

Vol. 594: Singular Perturbations and Boundary Layer Theory, Lyon 1976. Edited by C. M. Brauner, B. Gay, and J. Mathieu. VIII, 539 pages. 1977.

Vol. 595: W. Hazod, Stetige Faltungshalbgruppen von Wahrscheinlichkeitsmaßen und erzeugende Distributionen. XIII, 157 Seiten. 1977.

Vol. 596: K. Deimling, Ordinary Differential Equations in Banach Spaces. VI, 137 pages. 1977.

Vol. 597: Geometry and Topology, Rio de Janeiro, July 1976. Proceedings. Edited by J. Palis and M. do Carmo. VI, 866 pages. 1977.

Vol. 598: J. Hoffmann-Jørgensen, T. M. Liggett et J. Neveu, Ecole d'Eté de Probabilités de Saint-Flour VI – 1976. Edité par P.-L. Hennequin. XII, 447 pages. 1977.

Vol. 599: Complex Analysis, Kentucky 1976. Proceedings. Edited by J. D. Buckholtz and T. J. Suffridge. X, 159 pages. 1977.

Vol. 600: W. Stoll, Value Distribution on Parabolic Spaces. VIII, 216 pages. 1977.

Vol. 601: Modular Functions of one Variable V, Bonn 1976. Proceedings. Edited by J.-P. Serre and D. B. Zagier. VI, 294 pages. 1977.

Vol. 602: J. P. Brezin, Harmonic Analysis on Compact Solvmanifolds. VIII, 179 pages. 1977.

Vol. 603: B. Moishezon, Complex Surfaces and Connected Sums of Complex Projective Planes. IV, 234 pages. 1977.

Vol. 604: Banach Spaces of Analytic Functions, Kent, Ohio 1976. Proceedings. Edited by J. Baker, C. Cleaver and Joseph Diestel. VI, 141 pages. 1977.

Vol. 605: Sario et al., Classification Theory of Riemannian Manifolds. XX, 498 pages. 1977.

Vol. 606: Mathematical Aspects of Finite Element Methods. Proceedings 1975. Edited by I. Galligani and E. Magenes. VI, 362 pages. 1977.

Vol. 607: M. Métivier, Reelle und Vektorwertige Quasimartingale und die Theorie der Stochastischen Integration. X, 310 Seiten. 1977.

Vol. 608: Bigard et al., Groupes et Anneaux Réticulés. XIV, 334 pages. 1977.

Vol. 609: General Topology and Its Relations to Modern Analysis and Algebra IV. Proceedings 1976. Edited by J. Novák. XVIII, 225 pages. 1977.

Vol. 610: G. Jensen, Higher Order Contact of Submanifolds of Homogeneous Spaces. XII, 154 pages. 1977.

Vol. 611: M. Makkai and G. E. Reyes, First Order Categorical Logic. VIII, 301 pages. 1977.

Vol. 612: E. M. Kleinberg, Infinitary Combinatorics and the Axiom of Determinateness. VIII, 150 pages. 1977.

Vol. 613: E. Behrends et al., L^p-Structure in Real Banach Spaces. X, 108 pages. 1977.

Vol. 614: H. Yanagihara, Theory of Hopf Algebras Attached to Group Schemes. VIII, 308 pages. 1977.

Vol. 615: Turbulence Seminar, Proceedings 1976/77. Edited by P. Bernard and T. Ratiu. VI, 155 pages. 1977.

Vol. 616: Abelian Group Theory, 2nd New Mexico State University Conference, 1976. Proceedings. Edited by D. Arnold, R. Hunter and E. Walker. X, 423 pages. 1977.

Vol. 617: K. J. Devlin, The Axiom of Constructibility: A Guide for the Mathematician. VIII, 96 pages. 1977.

Vol. 618: I. I. Hirschman, Jr. and D. E. Hughes, Extreme Eigen Values of Toeplitz Operators. VI, 145 pages. 1977.

Vol. 619: Set Theory and Hierarchy Theory V, Bierutowice 1976. Edited by A. Lachlan, M. Srebrny, and A. Zarach. VIII, 358 pages. 1977.

Vol. 620: H. Popp, Moduli Theory and Classification Theory of Algebraic Varieties. VIII, 189 pages. 1977.

Vol. 621: Kauffman et al., The Deficiency Index Problem. VI, 112 pages. 1977.

Vol. 622: Combinatorial Mathematics V, Melbourne 1976. Proceedings. Edited by C. Little. VIII, 213 pages. 1977.

Vol. 623: I. Erdelyi and R. Lange, Spectral Decompositions on Banach Spaces. VIII, 122 pages. 1977.

Vol. 624: Y. Guivarc'h et al., Marches Aléatoires sur les Groupes de Lie. VIII, 292 pages. 1977.

Vol. 625: J. P. Alexander et al., Odd Order Group Actions and Witt Classification of Innerproducts. IV, 202 pages. 1977.

Vol. 626: Number Theory Day, New York 1976. Proceedings. Edited by M. B. Nathanson. VI, 241 pages. 1977.

Vol. 627: Modular Functions of One Variable VI, Bonn 1976. Proceedings. Edited by J.-P. Serre and D. B. Zagier. VI, 339 pages. 1977.

Vol. 628: H. J. Baues, Obstruction Theory on the Homotopy Classification of Maps. XII, 387 pages. 1977.

Vol. 629: W. A. Coppel, Dichotomies in Stability Theory. VI, 98 pages. 1978.

Vol. 630: Numerical Analysis, Proceedings, Biennial Conference, Dundee 1977. Edited by G. A. Watson. XII, 199 pages. 1978.

Vol. 631: Numerical Treatment of Differential Equations. Proceedings 1976. Edited by R. Bulirsch, R. D. Grigorieff, and J. Schröder. X, 219 pages. 1978.

Vol. 632: J.-F. Boutot, Schéma de Picard Local. X, 165 pages. 1978.

Vol. 633: N. R. Coleff and M. E. Herrera, Les Courants Résiduels Associés à une Forme Méromorphe. X, 211 pages. 1978.

Vol. 634: H. Kurke et al., Die Approximationseigenschaft lokaler Ringe. IV, 204 Seiten. 1978.

Vol. 635: T. Y. Lam, Serre's Conjecture. XVI, 227 pages. 1978.

Vol. 636: Journées de Statistique des Processus Stochastiques, Grenoble 1977, Proceedings. Edité par Didier Dacunha-Castelle et Bernard Van Cutsem. VII, 202 pages. 1978.

Vol. 637: W. B. Jurkat, Meromorphe Differentialgleichungen. VII, 194 Seiten. 1978.

Vol. 638: P. Shanahan, The Atiyah-Singer Index Theorem, An Introduction. V, 224 pages. 1978.

Vol. 639: N. Adasch et al., Topological Vector Spaces. V, 125 pages. 1978.